分子人类学研究丛书

“十四五”时期国家重点出版物
出版专项规划项目

分子人类学基本原理与应用

韦兰海　李　辉　金　力　**编著**

上海科学技术出版社

图书在版编目（CIP）数据

分子人类学基本原理与应用 / 韦兰海，李辉，金力编著. -- 上海 : 上海科学技术出版社，2022.10
（分子人类学研究丛书）
ISBN 978-7-5478-5894-3

Ⅰ. ①分… Ⅱ. ①韦… ②李… ③金… Ⅲ. ①分子人类学－研究 Ⅳ. ①Q986

中国版本图书馆CIP数据核字(2022)第177845号

分子人类学基本原理与应用
韦兰海 李 辉 金 力 编著

上海世纪出版(集团)有限公司
上 海 科 学 技 术 出 版 社 出版、发行
(上海市闵行区号景路 159 弄 A 座 9F - 10F)
邮政编码 201101 www.sstp.cn
上海雅昌艺术印刷有限公司印刷
开本 787×1092 1/16 印张 16.75
字数 280 千字
2022 年 10 月第 1 版 2022 年 10 月第 1 次印刷
ISBN 978 - 7 - 5478 - 5894 - 3/Q・75
定价：178.00 元

丛书序

睁眼看大象：从分子人类学的视角观察人类历史

人类从哪里来？原始人群怎么发展成民族和文明体？人类演化过程中，基因、环境、文化之间如何协同演变？我们的未来会怎么样？这些问题都非常大，也都是我们尤为关心的。

研究大问题，就不能只用小视角。小视角可以在某个专门领域或某个细化的议题上取得前沿的成果，但也可能导致管窥蠡测。由于现代科学研究的对象背后通常都有复杂的系统成因，狭隘片面地看待科学问题，往往是盲人摸象，结论常令人啼笑皆非。有些所谓的科学结论，明显违背常识，却又有科研数据的支持，这就是小视角的盲人摸象的结果。比如，西方学界坚持认为人种之间没有生物学差异，并且拿出了很多基因组的数据证据，这结论显然违背常识，而根源来自片面视角。如何正确地使用基因组的不同数据去解决人类学的不同问题，这就是分子人类学研究要完成的任务。

人类社会的历史，既涉及人的生物学的属性特征，又涉及人的语言、文化、心理等诸多社会学的属性，甚至复合性的属性。所以人类学的研究，必须从多学科多视角的角度立体地研究，必须进行学科交叉融合。但是学科交叉并不容易，这使得人类学的学科发展走过了漫长的道路。人类学的学科发展历史也因学科交叉程度的不同而分为三个阶段：经典人类学、近代人类学和现代人类学。

经典人类学起源于 16 世纪，当时属于博物学的四大分支之一，与矿物学、植物学、动物学一道，成为对自然万物进行整理分类的基础学科之一，不断完善各地自然博物馆的收藏和系统性分析。最早的人类学研究，是欧洲人类学家到世界各地的民族和部落中去测量人体的各种特征，属于体质人类学的范畴。后来，各个民族的习俗、语言和文物等也引起了博物学的人类学家的关注，因此又发展出了文化人类学、语言人类学和考古人类学。在经典人类学阶段，各学科分支才刚刚萌发起步，学科是不分家的，也不存在学科交叉问题。当时的人类学家看问题往往是多视角的，很多假说虽然证据并不充分，但是至今看来仍有重要价值。

近代人类学是人类学学科发展影响最大的时期。各个人类学分支领域充分发展以后，形成了很多独特的理论和方法，对人类生物属性和文化属性演化过程、演化规律及演化谱系的解读和构建也得到了不同的结果。因为每个分支学科的研究方法都需要较长时间的专业培训，所以培养了很多专门的人才。又由于各个分支得到的结果不同，又无法彼此说服，人类学分化成了独立的四大分支，学科之间几乎没有交叉。近代人类学是一个大争议的时代，是一个发现问题多于解决问题的时代。但是这种争议，现在回头看，都像是摸象的盲人之间的争议。

现代人类学诞生的契机，是人类基因组计划的实施和完成，与分子人类学同步发展成熟。人类基因组分析技术的完善和分子人类学的科学研究逻辑的成熟，使得我们可以整体性地分析人群与人群之间的血缘距离，从而知道彼此之间分开多久了。分子人类学研究可构建从古至今在时间上不间断、具有很高时间分辨率及明确前后继承关系的人类演化谱系，这样的谱系往往已经没有争议空间，可被认为是人类演化历史的“骨骼”。所以语言人类学、文化人类学和考古人类学又可以与生物人类学对话了。人类演化这头“大象”，是时候让我们睁开眼睛来看了。基因组的谱系，用来构建“大象的骨骼”；语言学的系属，用来壮实“大象的肌肉”；考古学的发现，用来填充“大象的脏腑”；文化学的现象，用来陈铺“大象的皮毛”。这些学科交叉融合在一起，才是一头有血有肉的完整的“大象”。我们再也不要用片面的知识去武断地下结论，也不要陷在片面的视角中迷失在浓雾里。现代人类学，再也不需要边界和隔阂。这一切学科发展，都得益于“骨骼”拼接的确定性，如果依赖“肌肉”或者“皮毛”，“大象”永远拼不出来，这就是分子人类学这一“骨骼”之所以关键的原因。

同样是做基因，21 世纪的很多研究，不同的基因材料往往会构建不同的谱系，因为不同基因组片段有不同的演化效应。因为全基因组的分子人类学分析，我们才突破了局部基因的局限。而对于古人类学关注的表型特征的研究，表面的零散的研究方法也显然是不科学而且不符合现代人类学要求的，因此“人类表型组学”应运而生。希望在人类基因组和人类表型组的大科学研究中，我们可以充分解读人类的过去和未来。

复旦大学人类学学科从 1921 年初创，1997 年开始正式成立分子人类学研究课题组，对东亚乃至世界人群开展了大量的研究工作，分析得出了一系列具有学术和社会影响力的成果，包括东亚人群非洲起源、汉藏同源于华北、南岛与侗傣起源于江浙……国内兄弟院校在近几十年也发表了大量的研究成果，国外研究单位也基于遗传学数据对欧亚大陆东部人群的起源演化历史进行了持续的研究，并在其他领域的学者和公众中都产生了很大的关注。这些成果确实到了可以总结成书的时机。本套分子人类学研究丛书，以分册介绍族群研究的方式，旨在总结30多年来分子人类学学科发展形成的科学逻辑和研究成果，解答东亚及相关地区各个族群的演化历史，从而让我们更深入更客观地认识自身。这套丛书对于历史学、考古学、语言学、医学和民族学等相关领域的研究者和爱好者都有参考意义，也为未来的研究发展打下扎实的基础。

让我们一起探索人类的历史，展望人类的未来。

金力　李辉

2022年2月16日

前　　言

分子人类学是一门50多年来兴起的生物人类学的分支学科。其主要研究对象是人类全基因组、线粒体和Y染色体等遗传信息，也涉及与人类有伴生关系的生物（如马、牛、羊和致病菌等）。研究目的是解读有关人类物种和族群起源、民族和族群关系、族群与社会发展历史、群体遗传结构以及迁徙和扩散等人类学基本问题。

1967年，分子生物学家V. M. Sarich和A. C. Wilson利用血清蛋白的氨基酸序列计算了现代人类和非洲猿类的分离时间。这项研究被认为是分子人类学诞生的标志。在分子人类学发展初期，其研究对象以经典遗传标记（如GM血型等）为主。1987年，R. L. Cann等学者利用全球人群的母系线粒体DNA序列数据提出了著名的"非洲夏娃学说"，标志着分子人类学的主要研究对象转变为DNA序列，分子人类学从此进入学科快速发展的阶段。2015年，千人基因组计划公布了第三期（最终）数据集，标志着分子人类学进入以海量基因组为标记的新阶段。当前，研究海量基因组数据、大量古DNA数据以及逐渐普及的个人基因检测成为本学科领域的主要特征。

分子人类学诞生至今，取得了一系列研究成果，尤其是在人类起源演化历史方面获得了不少突破性进展，在学界和公众中产生了较大的影响，但也存在错误或有偏差或者有待细化的阶段性研究成果，引起了不少争议。为此，有必要对分子人类学的基本原理和当前的进展（以第一和第二阶段的研究为主）等进行初步的总结，以期在满足对本领域感兴趣的学者和公众需求的同时，促进学科更好地发展。

因此，我们组织编撰了《分子人类学研究丛书》。本书是其中之一，主要论及本学科的发展历程、基本概念、基本研究方法、当前主要研究进展以及未来的应用前景等。具体如下：本书第1章前7节概述了人科物种的演化历史、各类DNA遗传标记、分子人类学诞生的大致过程、一些基本概念、现代DNA和古代DNA测试技术。后两节较为详细地描述了分子人类学开展研究的基本方法。第2章概述了各类遗传标记的术语体系、变化规则以及相关研究成果。

在大部分时间里，人类社会都属于父系社会，而父系Y染色体很容易产生族群特异性和家族特异性的遗传支系。因此，在积累海量的全基因组和古DNA数据之前，父系Y染色体是研究人类演化、古代人群和现代人群演化历史的重要研究对象。为此，我们在第3章重点描述了欧亚大陆东部地区12类父系类型的起源、扩散过程以及相关人群的演化历史。

在第4章中，综述了当前人类学研究对于现代族群起源演化历史的整体认知。按照语言的分类将欧亚大陆东部的人群划分成10个人群集团，并逐一对其可能的始祖群体和混合路径进行了讨论。在第5章，对分子人类学的研究方法、产生的数据以及研究成果在其他学科领域可能的应用前景进行了描述，包括法医学、民族学、历史学、考古学和语言学等。

东亚地区现代人类的早期起源过程是一个富有争议的、引人入胜的议题。相关的争议共同推进了学科研究的深度和广度，展示了前所未见的复杂演化图景，极大地拓展了我们的认知。目前，在此议题上仍有很多可以讨论的话题。为此，我们在第6章进行了一些讨论。

本书中论及的各项研究进展是国内外兄弟单位、专家同行数十年长期共同努力的结果。谨在此向他们致以崇高的敬意！在数十年的研究过程中，大众对分子人类学的研究给予支持、提供生物样本以及家族起源历史信息等，这是分子人类学领域的研究得以开展、学科得以进步并最终能够为学界和公众做出贡献的最重要基础。在此也向他们致以崇高的敬意！

最后，本书所属的丛书得以立项，并成功获得2020年度国家出版基金资助，得益于上海科学技术出版社的大力支持。包惠芳编辑在过去数年中推动丛书的立项、基金的申请和书稿的编写进度，最后也为书稿质量的提升做出了很大的贡献。在此一并致以深切的谢意！

随着学科的发展，分子人类学的研究涉及的领域越来越多，而作者仅从事其中的少数几个领域。因此，本书有很多需要提升的地方，欢迎广大读者批评指正。

作者

2022年4月30日

目录

Contents

第 1 章 分子人类学概述

1.1 引言

本章旨在对分子人类学的兴起过程、研究对象、测试方法和基本方法论进行简要概述。

近 500 万年以来人科动物的演化历史和现代人类的诞生过程是十分复杂的,化石人类学在这方面做出了基础性的贡献。由于化石的稀缺性,人科物种各分支的演化细节还有很多不清晰之处。现代遗传学兴起之后,基于分子遗传标记开展的研究也为揭示人科物种演化历史做出了一定的贡献。为此,我们对人科物种的分化过程、现代遗传学的兴起过程和常见的遗传标记进行了说明,这些遗传标记也就是分子人类学的主要研究对象。

分子人类学诞生后,近数十年间的研究成果在学界和公众中产生了较大影响,但也存在不少错误、偏差或者有待细化的阶段性研究成果,引起了不少争议。我们在第 1.1 到第 1.4 节对此进行了简单的讨论。在第 1.5 节的末尾,尝试罗列了分子人类学学科的主要研究内容。第 1.6 节则说明了分子人类学研究中经常使用的一些概念。

DNA 测试技术的进步,对分子人类学这门学科的发展起着决定性的作用。在古 DNA 领域尤其如此,古 DNA 技术的突破往往也带来了我们对人类演化历史认知的巨大突破。古今 DNA 的综合分析是未来获得全面而精细的人群演化图景的关键。第 1.7、第 1.8 节对此进行了综述。

分子人类学是一门新兴的学科,其研究方法、工具(如 DNA 数据的时空分辨率等)和研究理论体系都还不成熟,在很多方面还需要不断提升。尽管如此,目前已经形成了一些开展研究的基本方法。第 1.9、第 1.10 节对此进行了介绍,包括如何设计一项研究、如何分析数据、如何利用其他学科的证据以及如何得出结论等。

值得说明的是，近数十年来，无数的学者共同推动了分子人类学这门学科的进步。我们在本章提到或者引用到的学者和著作只是其中很小一部分。如果读者对更多学者的研究经历和研究成果感兴趣，可以自行检索相关的资料。此前学界已出版多部与分子人类学有关的中文著作[1-14]。此外，还有很多外文专著，如作为分子人类学鼻祖的 L. L. Cavalli-Sforza 的 *The History and Geography of Human Genes*[15]等。如果想对分子人类学涉及的其他学科的知识（比如生物信息学）、研究方法（比如绘制演化树的 MEGA 软件）和研究对象有更深入的了解，还需要阅读其他相关学科领域的著作。

1.2 人类学与生物人类学

人类学是一门历史十分悠久的学科。人类学以人自身及其文化为研究对象，研究人类个体和群体的起源和发展过程，以及人类创造的物质文化和精神文化的来源和演变规律。

人类学有很多分支，通常把人类学分为文化人类学和体质人类学[16]20-30两大类，如图 1.1 所示。广义的文化人类学又被称为社会人类学，包括民族学、考古学、语言学和社会学等分支，狭义的文化人类学与民族学等同[17-20]。文化人类学从文化的角度研究人类的各种行为、人类文化各个要素的起源和发展

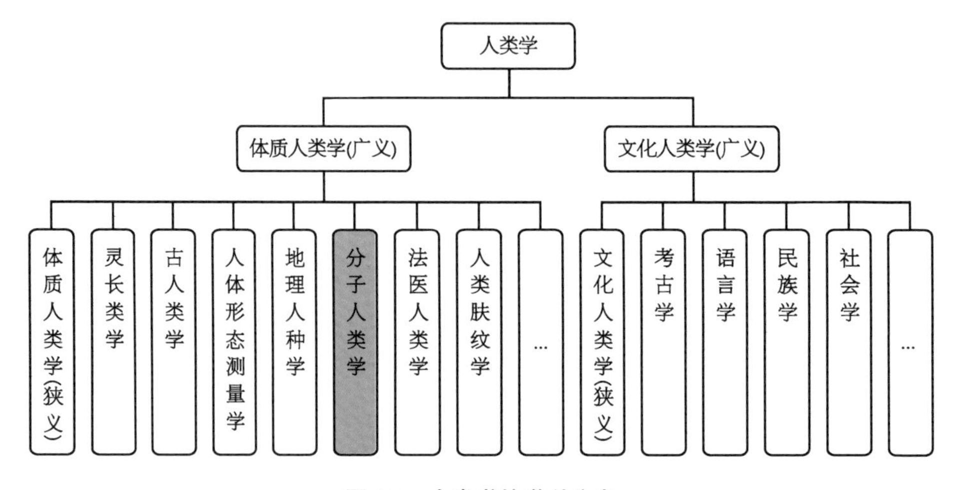

图 1.1 人类学的学科分支

变迁的过程，以及世界上不同地区不同民族文化的差异，探索人类文化各个要素的性质及演变规律。广义的体质人类学又被称为自然人类学、生物人类学，是对人类所有生物属性（如肤纹、骨骼、化石和生理特征等）进行研究和应用的分支，包括灵长类学、古人类学、人类形态学、人种学、法医人类学、人类肤纹学和分子人类学等[21-23]。由于现代人类学的研究对象已经进入DNA以及细胞内部分子等层面，“生物人类学”一词更能囊括人类生物属性方面的所有要素，故而本书中更倾向于使用“生物人类学”一词。而狭义的体质人类学是指对人类的体质形态（如颅面特征）进行测量和研究的学科分支。

1.3　人科物种的演化与现代人类学的诞生

在分子人类学诞生之前，考古学和古人类学已经通过对古人类和古猿类的化石遗骸的研究，阐明了人科物种演化以及现代人类诞生的大致过程。

近年不断完善的灵长类基因组学研究使得我们更深入地认识了人科物种的系统发生关系（图1.2）[24]。根据目前的分类，人科（Hominidae）包括猩猩亚科（红猩猩）和人亚科（大猩猩、黑猩猩、现代人）。在人亚科（Homininae）中，分化出了大猩猩族和人族（Hominini）。根据目前的古生物学发现，最早的人族物种是发现于非洲中部的沙赫人（*Sahelanthropus*），距今约700万年。人族的第二类物种是2000年发现于肯尼亚的千禧人（*Orrorin*），距今约600万年。千禧人的形态与黑猩猩很接近，而其大腿骨的形态甚至比晚200万年的南猿（*Australopithecus*）更接近人类[真人属（*Homo*）]。或许南猿并非我们的直系祖先，人类有可能从千禧人直接演化而来。地猿（*Ardipithecus*）发现于埃塞俄比亚，距今约500万年。这一类群的形态与黑猩猩更为接近，很有可能是黑猩猩的祖先。但是它们的牙齿与南猿的牙齿更接近，所以还难以判断其属于黑猩猩还是人类的分支。约400万年前，南猿出现了，发展成了人族物种中一个兴盛的类群，目前发现的依次有湖畔南猿、阿法南猿、羚羊河南猿、非洲南猿、惊奇南猿、源泉南猿，延续了大约200万年。肯尼亚平脸人（*Kenyathropus*）能否成为一个独立的属，目前还有争议。从南猿演化出了两个演化策略截然相反的类群：傍人（*Paranthropus*）和真人。傍人身体粗壮，头顶有着发达的矢状嵴，也就是有发达的头部肌肉，臼齿有现代人的两倍大，但是颅腔很小。所以傍人有着发达的咀嚼能力，属于四肢发达、头脑简单的类型，很像是一种猛兽。但最新研究认为傍人主要是食草的。与傍人相反，真人属物种脑容量不断增大，四肢和牙齿趋向于纤弱。发达的头脑最终使得真人在演化中胜出，繁衍至今。

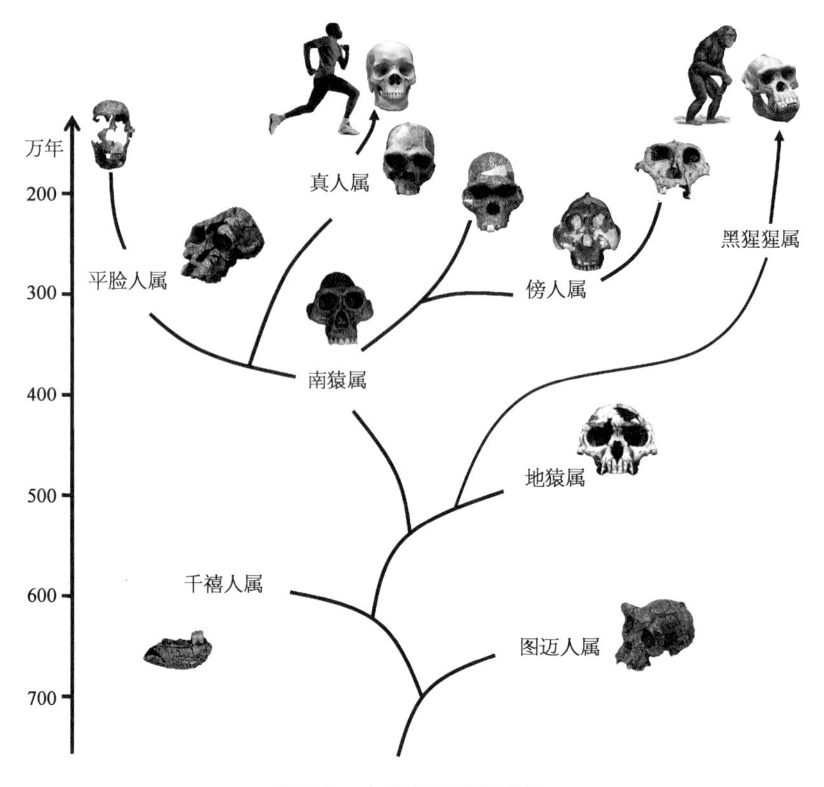

图 1.2　人族各属的系统树

传统意义所称的人类实际上是狭义的人类概念，也就是生物分类学上真人属的各个物种(图 1.3)。目前最早的真人化石是非洲东部约 230 万年前的能人(*H. habilis*)。2010 年在南非的豪登发现的树居人(*H. gautengensis*)在形态上比能人更原始，可能是更早出现的人类。卢道夫人(*H. rudolfensis*)可能是能人的一个分支，发现于肯尼亚，距今大约 190 万年。前期的人类除了上述 3 种以外，在 180 万—130 万年前的非洲东部和南部，还演化出了另一种人类——匠人(*H. ergaster*)。从脑容量等方面看，匠人可能拥有比能人更高的智力，在工具制作方面也比能人更先进。与能人分化以后，匠人成为我们现代人最有可能的直系祖先。作为匠人的最主要的分支，直立人(*H. erectus*)在 180 万年前走出非洲，从西亚扩散到东亚。从匠人演化出的直立人分支上，还可能分化出了数个近缘分支，包括法国的托塔维尔人(*H. erectus tautarelensis*)、意大利的西布兰诺人(*H. cepranensis*)、格鲁吉亚的格鲁吉亚人(*H. georgicus*)。180万年前的格鲁吉亚人是迄今发现在非洲之外的最早的人类化石。比较著名的直立人包括印度尼西亚的爪哇人(*H. Erectus Javanesis*)和我国的北京人(*H. erectus pekinensis*, Peking Man)。2004年之后,考古学家在印度尼西亚东部弗洛勒斯岛陆续发现多具弗洛勒斯人(*H. floresiensis*,俗称小矮人)的化石遗骸[25]。弗洛勒斯人大致生存于9.4万—1.3万年前。弗洛勒斯人很可能是直立人的后裔。但由于特殊的形态,弗洛勒斯人一般被认为是已经区别于直立人的独立物种[26]。

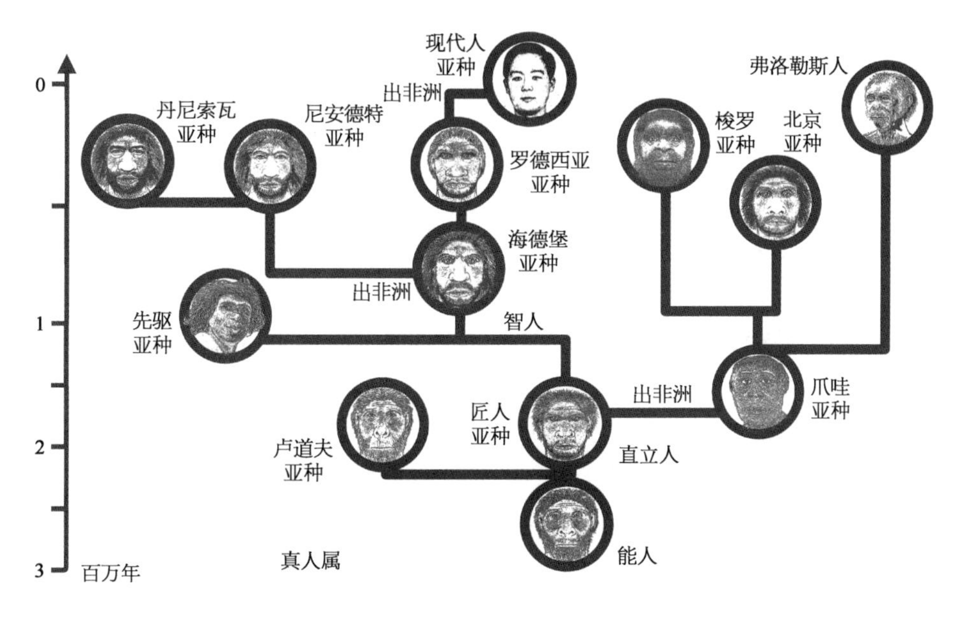

图1.3　真人属内部的谱系结构

目前,我们对智人(*Homo sapiens*)早期分化过程的认识还十分模糊。智人的起源时间估计在大约120万年前。西班牙阿塔坡卡发现的先驱人(*H. antecessor*)可能是智人的最早分支[27]。大约在距今70万年前后,一类以脑容量显著高于直立人的人类种群出现。目前考古学家将非洲和欧洲的此类化石都归类为"海德堡人(*H. Heidelbergensis*)"[28,29]。海德堡人最初发现于欧洲,生存年代大约在60万—40万年前。结合近年新发现的丹尼索瓦人(*H. Denisovian*,简称"丹人")古DNA的相关研究,目前认为现代人、尼安德特人[30,31](*H. neaderthalensis*,简称"尼人")和丹人[32-34]是非洲海德堡人的3个主要分支。此外,狭义的罗德西亚人(*H. rhodesiensis*)是指非洲大陆上

40 万—20 万年前的古代人类种群，被认为是现代人的直系祖先。但为研究尼人的直接起源过程，有学者提出了广义的“罗德西亚人”的概念，用来替代广义的海德堡人的概念[35]。此外，有学者把 25 万年前后非洲东南部的人类化石归类为赫尔梅人（*H. Helmei*），并把赫尔梅人作为现代人的直系祖先[36,37]。目前，就海德堡人、罗德西亚人的概念和分化过程，以及尼人和现代人的直接起源问题，学者们还没有达成一致意见。

目前认为，埃塞俄比亚发现的奥莫人（*H. Omoman*，约 19 万年前）和长者智人（*H. Sapiens idultu*，约 16 万年前）是现代人的直接祖先。根据中东地区的考古发现，以色列 Qafzeh 等遗址出土的人类化石（约 10 万年前）代表了最早走出非洲的现代人类[38,39]。

大约从 5 万年前开始，现代人的直系祖先开始在欧亚大陆上广泛扩散。此后，散布在世界各地的现代人逐渐形成形态上各有差异的地理种群。1863 年，德国生物学家海克尔（E. Haeckel）绘制了一张人类种族起源图谱，把全世界的人类分成 12 个种族。人种学和人体形态测量学相关研究的本意是探索不同地区的人类的起源和分化过程。但不幸的是，人种学研究观察到的差异被种族主义者所利用。近年来，由于政治上反种族主义的需要，西方遗传学界提出了特别的观点，认为种族的概念是没有遗传学根据的。种族主义者的错误在于认为种族有高低贵贱之分，从而导致了人类历史上多次种族灭绝惨剧。反对种族主义，是要反对种族歧视、反对种族在先天上有优劣之分的说法，而不是否认不同种族在外形和遗传历史上的客观差异。如果认为非洲南部人群与欧洲北部人群在生物学上完全没有差异，这显然不符合客观事实。全世界不同地区人群的生物学上的差异，本质上是人类适应当地生活环境的结果。从遗传学的角度研究不同地区人群体质特征的起源，也是人类学研究的一个重要组成部分。

1.4 现代遗传学的兴起与遗传标记

1.4.1 现代遗传学的兴起

关于基因（DNA）的研究导致了现代遗传学的兴起。通过对豌豆性状的长期研究，孟德尔（G. J. Mendel）提出遗传因子的分离和自由组合定律，开创了经典遗传学时代，奠定了现代遗传学的基础[40]。20 世纪初，通过对果蝇各类性状的研究，摩尔根(T. H. Morgan)等学者证明了染色体是遗传因子的载体，并阐述了基因的一系列规律[41]。1944年，埃弗里(O. T. Avery)等学者的细菌转化实验首次证实染色体上的DNA是遗传物质[42]。1953年，在威尔金斯(M. Wilkins)和富兰克林(R. Franklin)所获得的DNA晶体的X光衍射照片的基础上[43]，沃森(J. Watson)和克里克(F. H. C. Crick)结合其他学者的研究结果，提出了DNA的双螺旋结构[44]。从1961年开始，尼伦伯格(M. W. Nirenberg)和马太(H. Matthaei)等学者陆续破译了合成氨基酸的关键因素——密码子[45]。至此，科学家们已经基本弄清染色体、遗传物质(DNA)、信使RNA、氨基酸和蛋白质之间的相互关系。

1985年，穆利斯(K. Mullis)等发明了聚合酶链式反应(PCR)技术，开创了现代遗传学的一个新时代[46]。在自然状态下，DNA的含量是极低的。原有的研究方法(比如原位杂交)存在效率低下等问题。PCR技术使得研究者可以在短时间内复制出大量特定的基因片段，以便进行后续的研究。迄今为止，PCR技术仍然是生物实验室最常用的技术之一。

DNA测序技术的不断进步极大地拓展了现代遗传学研究的广度和深度，是现代生物学最重要的技术之一。所谓的第一代测序法，是指基于传统的化学降解法、双脱氧链终止法、荧光自动测序技术和杂交测序技术等发展起来的DNA测序方法。第一代测序法的特点是逐一地对DNA的碱基进行读取。1975年，桑格尔(F. Sanger)及其同事在前人研究的基础上发明了双脱氧链终止法(又称“Sanger法”、“桑格尔法”)[47]。这是第一种效率和准确性都很高的DNA测序方法。在1990年启动的人类基因组计划(Human Genome Project，HGP)主要是基于第一代测序方法完成的[48,49]。目前，基于Sanger法的自动测序仪仍被广泛使用。在第二代测序技术已经普及的今天，第一代的Sanger法仍然是确定某一特定突变的金标准之一。

随着人类基因组计划的完成，研究者们希望能够对更多的物种、更多的样本进行快速的高精度的DNA测序，以便研究具体基因的功能和复杂疾病的遗传学基础。第一代测序方法已经不能满足这种需求，由此促进了第二代测序技术(next generation sequencing，NGS)的发展。经过多年的发展，第二代测序技术已经基本满足了当前研究者对高通量、高效率和高准确度的需求[50-52]。海量数据的产生也为研究疾病相关的基因和突变打下了坚实的基础。2005年，罗氏公司发布了454测序系统，标志着测序技术跨入高通量并行测序的时代。之后，Illumina公司的测序仪逐渐成为第二代测序的主流平台。此后，第三代测序技术、第四代测序技术以及三维基因组和时空组学等前沿的测序技术不断出现，推动了现代遗传学研究的进步。当前，技术上的进步使现代遗传学的研究达到了前所未有的广度和深度。当前的遗传学已经可以在细胞、DNA 及近原子水平的层面研究生命系统的运行规律。

1.4.2 遗传标记的定义

以下介绍一些常用的遗传标记的定义。更详细的定义请参考遗传学的相关图书。

遗传是指在生物体连续系统中子代重复亲代的特征和性状的现象。变异是指子代与亲代之间特征和性状发生改变的现象。遗传使物种保持相对稳定；变异使物种的演化成为可能。DNA 是生物体内的遗传物质，是遗传的分子基础。真核生物中的 DNA 是由 4 种碱基(A/T/G/C)按一定顺序排列而成的长链。碱基的排列顺序就是 DNA 中储存的遗传信息。这些遗传信息通过转录、翻译等生物过程决定生物的性状。有性生殖过程中，亲代的 DNA 各自有一半传递给子代，是遗传现象发生的基础。然而，DNA 也不是完全不变的，很多因素都会造成 DNA 的变化(突变、重组等)，这种变化是可以遗传给子代的，被称为可遗传变异，是生物演化的重要基础之一。人类的 DNA 大部分存在于细胞核中的染色体(常染色体 DNA 和性染色体 DNA)上，少部分以环状的形式存在于细胞质中的线粒体(线粒体 DNA)中。

遗传标记是指那些能表达生物的变异性，且能稳定遗传、可被检测的性状或物质。19 世纪中期孟德尔发现遗传法则后，人体中一些简单的遗传特征(比如味盲、色盲、舌运动、耵聍等)，成为了最早的遗传标记。由于这些标记都是对形态的描述，被称为形态学标记。形态学标记无法直接反映遗传物质的特征，仅是遗传物质的间接反映，且易受环境的影响，因此具有很大的局限性。随着细胞生物学和分子生物学的不断发展，直接研究生物体内的遗传物质 DNA 成为可能，并相继发现了一系列 DNA 遗传标记。这些 DNA 遗传标记按照标记的类型分成长度多态标记和序列多态标记。长度多态标记包括卫星 DNA 标记、小卫星 DNA 标记、微卫星 DNA 标记、大片段重复标记和 DNA 拷贝数变异(CNV)等。序列多态标记是指单核苷酸多态标记、插入/缺失突变和结构性变异。分子人类学中主要涉及的是微卫星 DNA 标记和单核苷酸多态标记。

微卫星 DNA 又称为**短串联重复序列**(short tandem repeat, STR)，是基因组中存在的高度重复序列，重复单元本身包含数量有限的碱基，一般为 2～6

个碱基。由于STR在基因组中分布广泛，在人群中具有较高的多态性，因此，STR成为目前最通用的遗传标记之一。

单核苷酸多态性(single nucleotide polymorphism, SNP)是指在基因组水平上由单个核苷酸的变异所引起的DNA序列多态性，如腺嘌呤(A)变为胞嘧啶(C)。SNP在人类基因组中分布广泛，是人类可遗传的变异中最常见的一种，占所有已知多态性的90%以上。

插入/缺失突变(insertion/deletion, indel)是指DNA序列相对于参考序列多出或缺失一部分碱基，长度通常在1～50 bp之间。

结构性变异(sturcture variants, SV)是指DNA序列的大片段结构性变异，长度约在1 kb以上。结构性变异包含长度较长的插入/缺失突变，以及很多其他类型的变异，如染色体倒位和拷贝数变异等。

1.5 分子人类学的诞生

关于人类这个物种何时与其他灵长类动物发生分离的研究促成了一门新的学科——分子人类学的诞生。在20个世纪60年代早期就有科学家利用亚洲猿(亚洲褐猿和长臂猿)、非洲猿(大猩猩和黑猩猩)与人类血液中的蛋白质分子，研究它们之间的相互关系，结果发现人类与非洲猿关系最近[53]。但由于这次实验只是给出了定性的结果，并没有引起广泛的关注。随后，美国加州大学伯克利分校的两位分子生物学家——V. M. Sarich和A. C. Wilson进行的一项研究成为分子人类学诞生的标志事件[54]。他们采用定量的方法比较现代人类和非洲猿类的血清蛋白的差异，得出人猿分离时间为约500万年前。而当时科学界普遍认为人猿分离发生在3 000万—1 500万年前，主要证据是当时被认为是人类祖先的腊玛古猿(*Ramapithecus*)生活在约1 300万年前。V. M. Sarich和A. C. Wilson的结果与之相距甚远，一经提出便受到大部分古人类学家的质疑和非议。V. M. Sarich对这些批评做出了强烈的回应，留下了如“分子生物学家确信他们研究的分子都有祖先，而古生物学家只能希望他们研究的化石留下了后代”等经典辩论[55,56]。然而，真正给他们平反的还是考古学。随着考古研究的不断深入，大量新的古猿化石出土，特别是20世纪80年代P. Andrews和D. Pilbeam分别发现的古猿化石否定了腊玛古猿是人类祖先的推断，彻底颠覆了古生物学家原来的观点[57,58]。新的观点认为人和最近的亲属黑猩猩在700万—500万年前发生分离。而原来认为是人类祖先的腊玛古猿只是西瓦古猿(*Sivapithecus*)的一种,是现在分布在亚洲的褐猿的祖先。这个观点与 V. M. Sarich 和 A. C. Wilson 的结论一致。1983 年 V. M. Sarich 正式提出了**分子人类学**(Molecular Anthropology)的概念[59]。

此后,关于现代人起源的研究使分子人类学得到飞速发展。如前文所述,世界各地都有发现古老的人类化石遗骸。但是,对于现代人的起源,学者们有不同的意见。早期人类学家广泛接受的是"多地区演化说"(Theory of Multiregional Evolution),又称"独立起源模型"(Independent Origin Model)或"摇篮模型"(Candelabra Model)[60]。这种模型认为:旧大陆(非洲、欧洲、亚洲和澳大利亚)上现代人的祖先可以追溯到各个地区晚更新世时期的古老人种。在 20 世纪 30 年代,德国人类学家魏敦瑞(F. Weidenreich)提出了"多地区演化说"的雏形。随后美国人类学家库恩(C. Coon)提出了"摇篮模型",认为不同地区的现代人由当地的直立人演化而来[61]。20 世纪 80 年代以后,以密歇根大学沃波夫(M. Wolpoff)为代表的古人类学家对多地区演化说进行了修正[62,63],提出了"现代多地区演化说"(Modern Multiregional Evolution),认为现代人主要是由生活在欧洲、亚洲、非洲和大洋洲的当地直立人直接演化而来的,但同时各地区人群之间存在着广泛的交流(图 1.4)。我国古人类学家吴新智提出的东亚地区现代人"连续演化附带杂交"的演化特征也属于这种理论。他同时认为东西方人类之间的基因交流在后期比早期更为频繁,这种东西方人类之间的基因交流与在中国的

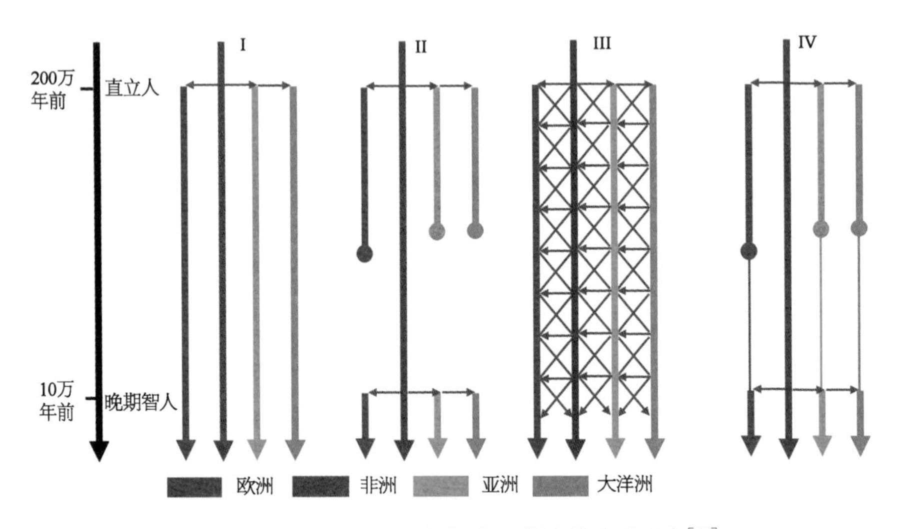

图 1.4 晚期智人(现代人类)起源模式的多种观点[64]

I:多地区演化说;II:非洲起源说;III:现代多地区演化说;IV:非洲起源不排除多地区起源贡献说。

连续演化的主流相比终究是次要的、辅助性的或附带性的[65]。

与上述两种理论完全不同的是20世纪80年代末提出的“非洲起源说”(Out-of-Africa Theory)，也被称“替代模型”(Replacement Model)[56](图1.4)。该理论认为现代人类的祖先诞生于非洲大陆，在大约10万年前走出非洲之后，向世界各地扩散并完全取代了其他地区的古人种；非洲以外的现代人与当地的直立人或早期智人之间不存在遗传上的继承关系，由早期智人向现代人转变的过渡类型只存在于非洲[66,67]。部分遗传学家认为虽然当时已有的DNA证据倾向于“非洲起源说”，但并不排除现代人群中有来自古老型智人的遗传贡献，只是在当时的技术条件下尚未发现[68]。由此，在“非洲起源说”的基础上同时衍生出新的折中的观点，认为以非洲起源为主，但也不排除当地独立起源人类的贡献，这些观点被称为“同化模型”(Assimilation Model)。其主要观点是现代人主要起源于非洲，但原来生活在欧洲、亚洲和大洋洲的直立人与新的移民发生了基因上的融合[69]。

分子人类学的出现为解决现代人起源问题提供了新的思路。1987年，来自美国加州大学伯克利分校的3位分子生物学家——R. L. Cann、A. C. Wilson和M. Stoneking在*Nature*上发表了对世界范围内147名女性的线粒体DNA的研究，提出了著名的“非洲夏娃学说”(图1.5)[70]。通过谱系树的分析，他们认为具有现代人特征的人类最早出现在非洲，生活在大约29万—14万年前(中

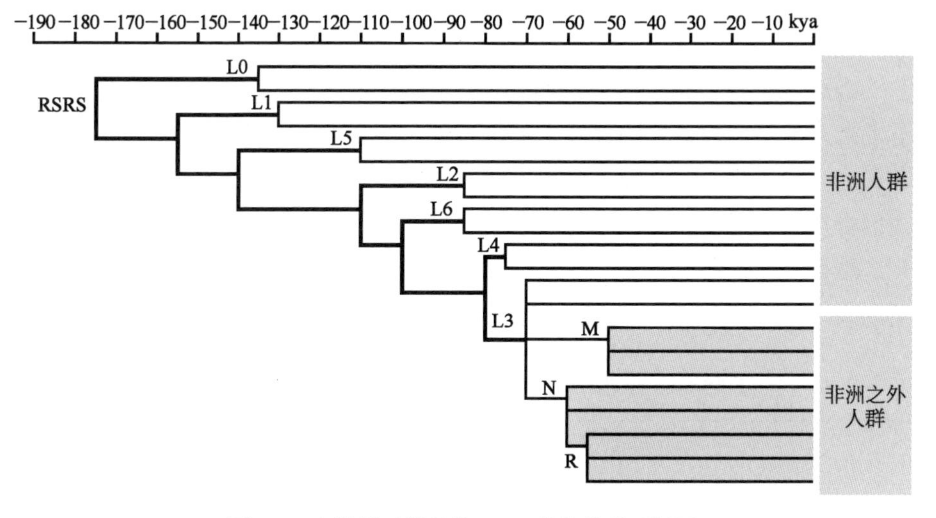

图1.5　人类母系线粒体DNA的简化谱系树图

非洲之外的人群的母系类型基本都属于M、N和R的下游分支。

值为 20 万年前)；这批现代人在大约 18 万—9 万年前开始向世界各地扩散，并取代了当地的直立人及直立人的后裔早期智人；来自非洲的现代人祖先没有和当地更古老的人类发生融合或基因交流，后者最终灭绝了。“非洲夏娃学说”有力地支持了现代人的单一起源说。但是由于线粒体 DNA 自身的一些特点(如突变率过高，序列长度太短导致信息量可能不够等)，这次研究的结论受到了不少来自“多地区演化说”支持者的质疑。

在随后的 20 多年中，线粒体 DNA 的研究手段逐渐成熟，研究者们能够构建世界范围内线粒体 DNA 的精细谱系树(图 1.5)[71]。通过对线粒体全序列的测定和分析，其结果反复地验证了“非洲夏娃学说”。目前在人类线粒体 DNA 的相关数据库中，已经积累了来自世界各地、各个族群的数十万条数据，其结果无一例外地从母系的角度支持“非洲起源说”。

Y 染色体单核苷酸多态(SNP)遗传标记的应用标志着分子人类学进入了一个新的阶段。1997 年 P. A. Underhill 和金力等学者利用高效液相色谱技术(DHPLC)在人类 Y 染色体上发现了首批 19 个 SNP[72]。3 年后，他们利用 218 个 Y 染色体非重组区段(NYR)SNP 位点构成的 131 个单倍型对世界范围内 1 062 个男性的 Y 染色体进行了系谱分析[73]。结果发现，在 Y 染色体系统树中最早出现的分支都发生在非洲人群之中，而后再分出欧洲和亚洲支系，在亚洲支系之下再分化出美洲和澳大利亚的分支。据此，他们提出了与“非洲夏娃学说”相对应的 Y 染色体“亚当学说”，认为现代人类的父系祖先生活在 10 万年前的非洲。分子人类学再一次证实了“非洲起源说”。

不过，通过对尼人[30,34]和丹人[31-33,74-78]的古 DNA 的研究，目前已经确定古老型人类对世界各地的现代人类都有遗传贡献。这两类古老型智人在现代人类的常染色体 DNA 中留下了一些片段，但没有母系和父系类型延续至今。我们将在后文讨论相关问题。

结合当前的研究进展，分子人类学的主要学科任务和研究内容可大致总结如表 1.1 所示。当然，这只是我们个人的浅见，欢迎业内学者予以批评指正。

表 1.1　当代分子人类学的主要学科任务和研究内容

主　题	年代范围	议　　题
人类演化	500 万—100 万年前	人属各物种的演化过程
智人演化	100 万—10 万年前	人类物种的演化过程

（续表）

主 题	年代范围	议 题
走出非洲	10万—1万年前	晚期智人走出非洲并扩散到全世界的过程
体质演化	500万年前至今	人属各物种及不同地区人群体质特征的演化
族群演化	1万年前至今	古代及现代人类族群的演化
文化传统	5万年前至今	人类文化传统演化的生物学/群体遗传学基础

1.6 分子人类学的基本理论及概念

分子人类学是现代遗传学的一个分支，因此，现代遗传学的一些基础理论同样也适用于分子人类学。木村资生（M. Kimura）于1968年提出的分子演化中性学说（Neutral Theory of Molecular Evolution）是现代遗传学的基石之一[79]。J. L. King和T. H. Jukes在1969年用更多的分子生物学证据充实了这一学说[80]。根据这一理论，绝大多数突变是中性的，无所谓"有利或不利"。根据分子演化中性学说，生物的演化是中性突变在自然群体中发生随机的"遗传漂变"的结果，与"选择"无关（图1.6）。可以通俗地解释为：突变是随机发生的，在突变发生之时，并不能"预知"这个突变是否对个体产生不利。新的突变在群体中的积累，是带有突变的个体的后代在更加宏观层面的自然环境中随机演化的结果。分子演化中性学说与达尔文创立的自然选择学说有本质的差异[81]，因而被称为"非达尔文演化说"[82]。但另一方面，"选择"在生物界随处可见。如何解释生物学材料中观察到的、与"分子演化中性学说"偏离的现

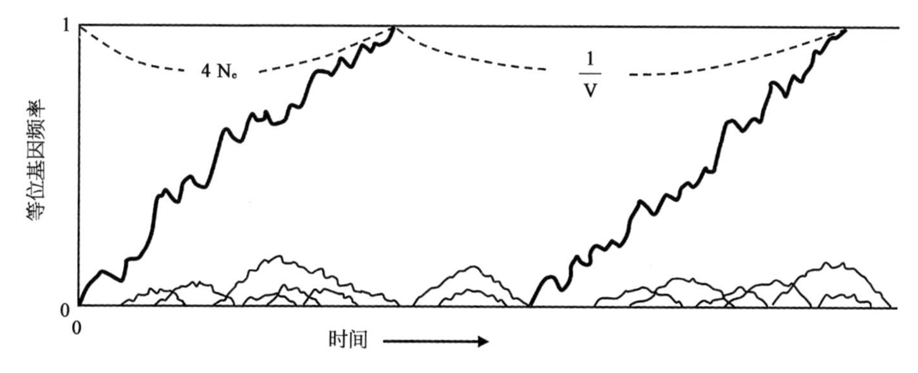

图1.6 突变基因型在群体中频率的随机变化（引自木村资生的论文[79]）

象,常常使人们对于研究对象产生了更深刻的认识。关于镰刀形红细胞与疟疾的关系即是一个很好的例证[83]。以下是分子人类学的一些基本理论及概念。

分子钟假说(Molecular Clock Hypothesis):它的基本内涵是:随着时间的推移,基因或蛋白质的序列以相对恒定的速率发生变化,并且同一种基因或蛋白质的速率在不同的有机体里大体一致[84]。可以预见,分子钟假说如果能成立,将成为一种有效的计算 DNA 序列分化和生物演化时间的工具。通常某一遗传标记最初的突变速率是通过化石证据来校正的[85]。不过,理想的分子钟往往难以成立[86]。目前,松散的分子钟被越来越多的学者所接受[97]。松散的分子钟需要较多的校正因素,但也因此可以产生更准确的结果。有很多因素可以导致实际的分子钟偏离理想的分子钟。比如,相比于世代间隔时间长的物种,世代间隔时间短的物种能够更快地积累更多的 DNA 复制的错误,也就是突变。甚至可以认为,在分子钟大致成立的背景之下,细微层面上观察到的对理想分子钟的偏离,是自然界真实且完整的状态,也正是整个自然界多样性的来源之一。

分子演化中性学说:它与"分子钟假说"的结合,使得通过蛋白质氨基酸或 DNA 序列的差异估算年代成为可能。分子演化中性学说认为,分子演化速率取决于蛋白质或核酸等大分子中的氨基酸或核苷酸在一定时间内的替换率。E. Zuckerkandl 和 L. Pauling 在 1962 年发表论文称,在对比了来自不同物种的相同血红蛋白分子的氨基酸排列顺序之后,他们发现氨基酸在单位时间内以近似的速度发生置换[88]。之后,越来越多的证据,特别是 DNA 序列本身,证实分子演化速度的恒定性是大致成立的。

选择(selection):是遗传学中的一个非常重要的概念。选择又分为正选择和负选择两种。**正选择**(positive selection)也称为达尔文选择(Darwin selection),是指当一个突变能够提高个体生存能力时,拥有这个突变的个体会比其他个体留下更多的后裔,从而使携带这种突变的个体在整个群体的比例迅速增加[89,90]。**负选择**(negative selection)又称净化选择(purifying selection),是指一个有害的突变会使拥有这个突变的个体生存能力下降且留下比其他个体更少的后裔,最终携带有害突变的个体会从群体中被淘汰[91,92]。例如,在线粒体序列中,可以观察到非同义突变的比例远远低于同义突变的比例。因为线粒体为细胞提供能量,而非同义突变可能会导致线粒体无法正常产生能量,这将导致产生突变的个体无法生存或者生存能力下降[93,94]。因此,并不是非同义突变本身不会产生，而是携带有非同义突变的个体留下后裔的概率会更小，经过数个世代之后可能完全消失。这就是净化选择的结果。

线粒体 DNA(mtDNA)：是一种严格遵守母系遗传规律的遗传物质。它的遗传方式是：子女都继承了母亲的 mtDNA，但只有女儿能将这个 mtDNA 遗传给她的子女。因此，mtDNA 成为追溯母系历史的理想遗传标记。根据一些突变类型(包括 SNP 突变和高变区突变)的划分，mtDNA 单倍群和 Y-SNP 单倍群一样，在不同的人群之间的差异很大。各个地理区域或者不同语系的人群倾向于拥有自己独特的 mtDNA 类型，我们称之为人群特异的 mtDNA 单倍群。不同人群的个体可以归属于一种 mtDNA 单倍群，但是他们的高变区的基因序列可能会有很大差异。不同人群的个体如果有母系继承关系，那么他们会共享某种特有的突变类型。

线粒体的序列分为编码区和非编码区。非编码区也叫控制区。控制区中包含 D 环片段。D 环中含有两个高变区，即高变 I 区(HVS I)和高变 II 区(HVS II)。由于此区域不编码蛋白，因此积累了很多突变，是产生区分 mtDNA 单倍群的主要区域之一。但也因为突变速率较快，在不同单倍群下常常发生平行突变。基于高变区(HVS)的众多突变数据，用 Network 可绘制出它的分化网络图。根据网络图的分支情况，可以推断这种母系类型在人群中的漫长分化过程。

线粒体的总长度只有 16 569 个碱基对(约 1.7 Kbp)，因此在 2000 年就实现了**全序列测试**。1987 年，A. C. Wilson 等学者发表文献报道称，全世界人类的母系线粒体 DNA 系统树的根部出现在非洲人群中[70]。据此，他们提出了著名的**"非洲夏娃学说"**。"非洲夏娃学说"支持现代人单一起源说，极大地拓展了我们对于现代人类早期起源和扩散过程的认识。后续对 mtDNA 的全序列研究均支持此文献中呈现的拓扑结构[95]。

Y 染色体单倍群：在一名男性的 Y 染色体非重组区发生的稳定突变(假设为突变 A，A 只是一个代码)，会被他的男性直系后裔一直继承下去。在男性直系后裔身上不断出现新突变的同时，在所有男性直系后裔的 Y 染色体 DNA 序列上都仍然会保留着突变 A。于是，所有这些保留着突变 A 的子代，都可以被看作属于"单倍群 A"。也就是说，我们可以将"单倍群"理解为"源自同一个父系祖先的一大群男性的统称"。因为 SNP 是最常用的突变，下文以"Y-SNP 单倍群"简称之。

某一单倍群的地理分布能一定程度上反映这个单倍群诞生以后的扩散历

史。在父系社会中，大规模的人口迁徙往往是男性主导的，因此父系遗传的Y染色体单倍群的分布有助于理解历史上的人口迁徙事件。从各个单倍群的起源地、起源年代、扩散状态以及它在现代/古代人群中的分布，可以推测历史事件发生的过程。

Y染色体短串联序列重复(简称Y－STR)：基因序列上的碱基片段重复序列是突变导致的一种多态形式，如片段AATC重复20次。不同的男性个体可以同属于一个Y染色体单倍群，但STR往往是不同的。一般情况下，父子的Y－STR是相同的。一种STR数值组合类型，我们简称为Y－STR单倍型。Y染色体上有数万个Y－STR，具有很高的多样性。

当不同的男性个体属于同一个Y染色体单倍群时，我们只能通过Y－STR来区分他们。由于Y－STR相对Y－SNP的突变速率很高，因此往往能找到较多的差异，有助于研究比较晚近的人口迁徙。

Y染色体单倍群的**分布图**：首先计算出某个Y染色体单倍群在不同人群中的比例，然后通过Sufer等软件在地图上画出比例的等值图。颜色深的地方表示这个Y－SNP单倍群在当地的人群中占有比较高的比例，颜色浅的地方表示这个Y－SNP单倍群在当地人群中的比例比较低。

通过地理分布图，大致可以直观地看出某个Y－SNP单倍群的起源、分化和迁徙。不过，比例最高之处也并不一定是最初的起源地，详见1.10的讨论。

Y－STR网络图：如果两个男性个体同属于一个Y－SNP单倍群，就只有通过STR的数值才能区别他们。Network软件将所有个体的STR数据，根据中值邻接等距离算法，画出不同个体之间的STR数值的亲缘关系。比如，在DYS390这个位点上，一部分人是24而另一部分人是25，那Network软件会将24和25的个体用一根线连接起来，表示DYS390这个位点上24到25的突变(或者相反)。画图者根据原始数据，确定突变的起始点(也就是根节点)在哪里。即便是有亲缘关系的两个人群，他们的STR通常差异也会很大，这有助于研究历史时期的人群迁徙。详见下文的描述。

连锁不平衡(linkage disequilibrium, LD)：是指染色体上相邻位点上的等位基因的非随机关联。连锁不平衡产生的本质原因是位点之间的连锁以及由于非随机交换产生的等位基因之间的非随机重组。

基因渗入(gene introgression)：是指不同的人类种群之间的遗传物质的交流。目前，已经通过古DNA研究确定现代人、尼人和丹人之间不存在生殖隔离。并且，这3个种群之间曾经发生过多次相互之间的遗传交流。

1.7　分子人类学常用的 DNA 测试方法

现代分子人类学的主要研究对象是母系线粒体 DNA、父系 Y 染色体和常染色体基因组。为了获得这些序列的数据，分子人类学的研究使用到多种 DNA 测试方法，包括 Sanger 法、RFLP、DHPLC、Tagman、SNaPshot 和第二代测序技术等。目前广泛应用的 ABI 公司 3730 系列自动测序仪使用了毛细管电泳和基于 Sanger 法的荧光自动测序技术。目前，第三代测序技术也已经开始被广泛使用。

1.7.1　第一代 DNA 测序技术

早期有关人类线粒体的研究主要使用限制性酶切多态性技术(RFLP)。其基本原理是限制性内切酶能特异地结合于一段特定序列构成的识别位点上，并对双链 DNA 进行切割。如果线粒体 DNA 上某一位点的突变或多态造成限制性内切酶识别位点的出现或者消失，这种突变或多态就会被 RFLP 方法检测到。事实上，在 20 世纪 80 年代到 90 年代初期，由于分子生物学技术的限制，线粒体基因组上的 RFLP 标记是研究者们唯一可以选择的标记。之后，由于 PCR 技术的发明，基于 PCR 反应的限制性酶切位点多样性分析在线粒体基因分型中得到了广泛的应用。在 21 世纪初第二代测序技术被用于测试线粒体全序之前，用 PCR+RFLP 的方法研究线粒体的单倍群和高变区序列是通行的做法。

1997 年 P. A. Underhill 和金力等学者利用高效液相色谱技术(DHPLC)在人类 Y 染色体上发现了首批 19 个 Y-SNP 标记点[72]。此后，其他研究者使用该方法陆续发现了更多的 Y-SNP 标记位点。在第二代测序技术被用于测试 Y 染色体全序(约 2008 年)之前，研究者主要通过 Sanger 法和 DHPLC 法来发现新的 Y-SNP 标记位点。利用这些方法发现 Y-SNP 的效率不高，因此，早年的 Y-SNP 位点的总数不多。

TaqMan 探针杂交技术也是一种被使用过的 SNP 分型技术。TaqMan 探针法的原理是：在进行 PCR 扩增时，加入一对两端有不同荧光标记的特异探针来识别不同的等位基因。目标序列碱基的差异会导致不同的荧光产生，从而通过检测设备判断不同的基因型。TaqMan 技术的应用很广泛，但也有成本较高等诸多缺点。

SNaPshot 法是一种应用比较普遍的方法。针对多个已知的突变位点，设计不同长度的延伸引物，从而使样本可以在一个反应体系中同时进行多重 PCR 反应，进而通过电泳结果中的长度(对应某一个位点)和颜色(对应某一个基因型)来判断此样本在多个位点的基因型。对于数十至数百个目标位点而言，SNaPshot 法是比较适用的，其成本也比较低。不过，为了避免不同引物之间相互作用，需要进行一些试验才能确定最佳的反应条件。

基因芯片法(gene chip)是在人类基因组计划完成之后兴起的一种新测序技术。基因芯片是进行基因突变分析、基因测序和基因表达研究的高效方法之一。基因芯片技术将各种形式的探针固定在芯片上极微小的阵列之上，进而通过探针与待测样品的杂交来判断 DNA 序列。芯片上的探针可以是针对已知突变位点设计的一系列探针，也可以是样品 DNA 片段。在全基因组水平上，在全世界不同人群中存在差异的位点数以百万计。基因芯片法非常适用于分析某一组样本在已知的全基因组关键位点上的基因型。基因芯片法实现了高速度、高通量、集成化和低成本的特点，因此被研究者所普遍关注。对于群体遗传学而言，研究者感兴趣的、可能与各种性状和疾病的位点很多，基因芯片法在这方面也很受欢迎。

1.7.2 第二代 DNA 测序技术

第二代 DNA 测序技术的发展极大地促进了生物学和遗传学的研究。目前所称的第二代测序技术包括 Roche 的 454 技术、Illumina 公司的 Solexa、ABI 公司的 SOLiD 技术、Life Tech 的半导体测序仪 Ion Torrent PGM & Proton 和 Complete Genomics 的纳米阵列与组合探针锚定连接测序法。第二代测序技术的核心思想是边合成边测序，其目标是实现大规模平行测序(massively parallel sequencing)，也就是在同一时间内对基因组的多个片段进行测序。第二代测序技术也称下一代测序技术(next generation sequencing, NGS)或高通量测序技术(high-throughput sequencing, HTS)。经过多年的发展，第二代测序技术已经基本满足了当前研究者对高通量、高效率和高准确度的需求。目前，第二代测序技术可以在一天或数天内完成一个人的基因组的测试，相比于实施人类基因组计划时的效率而言已经是极大的进步。同时，海量数据的产生也为研究疾病相关的基因和突变打下了坚实的基础。但目前第二代测序技术仍然存在读长较短、准确率不高等问题。

随着第二代测序设备的进步，测序成本越来越低，目前已经下降到可以普及个人全基因组测试的程度。第二代测序技术的实施，使研究者迅速获得海量的 DNA 序列数据。更重要的是，研究者通过第二代测序技术发现了大量的新的突变位点。以 Y 染色体为例，截至 2020 年底，全人类的 Y - SNP 数量已经超过了 80 万个。新发现的 Y - SNP 位点大大提高了 Y 染色体标记对不同地理区域内的不同族群和不同家族的分辨力，从而使分子人类学的研究得到了极大的进步。目前，由一个研究小组对全人类的父系 Y - SNP 列表进行维护。可以直观地通过 Y 染色体浏览器查看各类信息：http：//ybrowse.org/gb2/gbrowse/chrY/。所有的 Y - SNP 列表可参见：http：//ybrowse.org/gbrowse2/gff/。

以 Illumina 公司的测序技术为例，第二代测序技术主要包括以下几个步骤(参考测序仪的工作流程 Protocol)。第一步是建 DNA 文库。首先需要从样本中提取 DNA，再用超声波将 DNA 打断，筛选出合适长度的片段，然后进一步经过末端平齐处理和加接头。之后，对 DNA 进行扩增，使 DNA 的量增加到测序需要的浓度。第二步是把样本加入测序仪中，进行多重桥式 PCR。经过多次 PCR 反应，每个 DNA 序列片段就会扩增成为序列完全相同的一个簇。第三步是测序。通过不同的荧光判断持续加入的是哪一种碱基，从而判断目标样品序列上的碱基。测序是对所有 DNA 片段同时进行的，因此可以在短时间内测试样本的所有 DNA 片段。如果测试的目标不是全基因组而是基因组的某一部分时，则需要多进行两个步骤。第一是在建文库之前需要设计目标区域的捕获探针。第二是在 DNA 制备阶段用捕获探针来富集目标区域的片段，而去除不需要的区域。

由于第二代测序技术的读长比较短(约 70～400 bp)，因此需要在获取测序数据之后进行比对和拼接(mapping)。测序数据的拼接和分析都需要使用一系列专门的软件和分析工具。而不同测序平台的数据格式之间有很大差异，很难整合到一起。通过数据分析得到可靠的 DNA 序列以及突变之后，就可以结合样本的个体和群体信息进行群体遗传学和人类学的相关分析。

1.7.3　第三代 DNA 测序技术

在 2008 年之后，陆续出现了多种第三代测序技术，包括 Heliscope 公司的 Heliscope 单分子测序、Pacific Biosciences 公司的 SMRT 技术、Oxford Nanopore Technologies 的纳米孔单分子测序技术和 Bionano 公司的单分子光学图谱技术等。第三代测序技术区别于第二代技术的特点是单分子测序，不需要对测序对象进行扩增。目前 SMRT 技术已经商业化，并在从头组装物种的基因组方面取得了丰硕的成果。而纳米孔单分子测序技术被普遍认为是最有前景的一项测序技术，目前已经实现初步的商业化。Bionano 公司的单分子光学图谱技术在检测 DNA 序列结构性变异方面的表现极为优异，目前逐渐被广泛使用。

1.8 古 DNA 测试方法

古 DNA 测试技术是人类学研究中一项比较特殊的技术。了解现代人类和现代族群的历史，是人类学研究的重要目标之一。而基于现代人数据，我们可以对古代的历史进行一系列的推测。这些推测即便非常接近于事实，但最终仍需要古 DNA 的证实。因此，直接对古代人类的遗骸进行 DNA 测试，其重要性是不言而喻的。

进行古 DNA 的研究有两个主要的限制。其一，远古人类不一定都能留下足够的人类化石和遗骸。越是古老的人类化石和遗骸，就越是罕见。如果某一个时段内某些人群确实没有留下足够的化石和遗骸，我们也需要接受这一事实，并且只能从现代人数据的角度去推测古代人的历史。其二，化石中的 DNA 可能降解到无法被探测到的程度。古代人类化石和遗骸的保存环境各有差异。在某些环境下，DNA 会被彻底破坏。比如热带的湿热环境、强酸性的土壤环境和重金属污染等。相比较而言，来自干旱地区和寒冷地区的人类化石和遗骸中的 DNA 的保存状况会好一些。不幸的是，非洲撒哈拉以南的部分地区、南亚和东南亚的大部分地区的环境都比较湿热，土壤偏酸性。而这些地区又恰好是现代人类起源以及扩散到东亚的必经之路。因此，对来自这些地区的人类化石和遗骸的 DNA 测试存在较大的难度。

从 20 世纪 80 年代开始，来自瑞典乌普萨拉大学的 S. Pääbo* 在 PCR 技术被发明之后就开始进行古 DNA 测试技术的研究。S. Pääbo 在 1985 年发表了对古埃及木乃伊的古 DNA 研究，从而使古 DNA 测试这项新的技术广为人知[96]。早期的古 DNA 研究以测试有限的几个至数十个位点为主。因为来自环境和现代人的 DNA 的污染是很难避免的，所以早期的古 DNA 研究结果常常被质疑。

---

*：S. Pääbo 在古人类基因组研究和人类演化方面做出了重要贡献，并因此而获得了 2022 年诺贝尔生理学或医学奖。

经过多年的发展，现有的测试技术已经足以对 40 万年以来的人和其他动物的古基因组进行准确的全基因组测试。样本的制备和 DNA 的提取需要在经过严格控制的净化间中进行，通常加上空白对照以便获得可靠的结果。此外，通常还需要在另一个独立的实验室进行验证。古 DNA 测序技术的关键是 DNA 提取这一步骤。随着古 DNA 技术不断发展，相关技术的介绍也不断更新[97-104]。

第二代测序技术的出现使古 DNA 测序技术得到了重大的突破。第二代测序技术可以同时测试数百万个碱基，甚至整个基因组的序列。古 DNA 片段的特征是包含各种形式的损伤，其中最主要的损伤形式是胞嘧啶(C)的氨基脱落，变成尿嘧啶(U)。这种损伤在第二代测序获得古 DNA 片段中大量出现。经过近 40 年的钻研，S. Pääbo 以及他领导的德国马普所的研究团队已经测试了 5 万—3 万年前的多个尼人、丹人和现代人的基因组序列[32,34,105]。目前，研究者已经成功测试了距今 40 万年前的胡瑟谷古人以及洞熊的古 DNA[106,107]。其研究结果无可辩驳地证明了古 DNA 测序技术的强大力量。此外，丹麦哥本哈根大学的研究团队也在很早的时候就开展古 DNA 研究，也发表了一系列重要的成果[108-112]。对尼人和丹人古 DNA 的测试，堪称 21 世纪以来人类演化领域最重要的成果之一。

国内的学术机构也在很早的时候就开展了古 DNA 研究。目前，仍在持续进行古 DNA 研究的机构有吉林大学、复旦大学、厦门大学、中国科学院古脊椎动物与古人类研究所、中国社会科学院考古研究所、中国科学院昆明动物研究所，以及各省考古研究机构和高校的古 DNA 实验室。相关的古 DNA 研究揭示了中国古代族群的演变过程。但整体而言，国内古 DNA 的研究比国外要相对滞后一些，期待国内研究机构不断进步，取得更多的研究成果。

1.9　分子人类学基本的数据分析方法

获得 DNA 序列的数据只是遗传学研究的一个基础步骤。需要用生物信息学的统计和计算工具才能从这些 DNA 序列中解读出对人类学有意义的结果。生物人类学(包括分子人类学)涉及的常用概念和方法主要有以下这些。

通过比较 DNA 序列的差异，可以把数个等位基因的组合称为**单倍型**(haplotype)。对于常染色体序列而言，这种组合也就对应着一个 DNA 片段。但对常染色体或 Y 染色体的短串联重复序列(STR)而言，一组散布在不同染色体不同区域的 STR 的数值也可以称为单倍型。常染色体 STR 是现代法庭科学认可的具有个体识别功能的遗传标记。而 Y 染色体 STR(Y-STR)则具有区分男性的作用。

父系遗传的 Y 染色体的男性特异区和母系遗传的线粒体在遗传的过程中**不发生重组**。对于 Y 染色体 NRY 区域,部分序列上产生的稳定突变会被其所有直系男性后裔所继承。如果这种突变在现代人群的男性中达到了一定的比例,我们就对这个突变进行命名,并把携带有这个突变的所有男性合起来称为一个 Y 染色体**单倍群**(haplogroup)。同理,线粒体上产生的稳定突变会被这个女性的所有直系女性后裔所继承。相应地,也可以用线粒体序列上的突变来定义一个母系线粒体单倍群。

在对一组来自不同地区、不同族群的样本进行一系列测试之后,就可以获得不同人群中不同基因型的**频率分布**。这些基因型数据的形式可能是各类常染色体变异、父系 Y-SNP 单倍群、父系 Y-STR 单倍型、母系线粒体单倍群和母系线粒体高变区序列。如果是基于基因芯片或第二代测序技术进行的测试,那么获得的就是一组 DNA 序列的碱基数据。这些数据是后续所有统计和计算的基础。对于某一种单倍型或单倍群在地理上的分布,可以用饼状图在地图上展示,也可以用 Sufer 等地理信息分析软件在底图上画出等值图。以地图为底图的**频率分布图**可以很直观地展示某一种单倍型或单倍群的空间分布状态,有助于判断它们的起源和扩散历史。

方差分析(analysis of variance, ANOVA):用于检验两组数据的平均数之间是否存在显著的差异。其中,用 P 值来判断差异是否显著,P 值小于或等于 0.05 就是显著的,P 值大于 0.05 则不显著。事实上,方差分析包含一些很复杂的统计方法,但通常我们仅仅使用其中比较简单的部分。例如,可以用 Arlequin 软件对两个群体的单倍群频率进行费希尔精确检验(Fisher's exact test),从而判断两个群体的基因型频率之间是否存在显著差异。又例如,如果研究的群体本身能够按语系或其他因素划分为数个小组,则可以用 Arlequin 软件进行组间差异和组内差异的比较,从而研究基因型的分布是否确实与分组方案相匹配。此外,Fst 是评价群体之间分化程度最常用的统计量,在下面提到的 PCA 和 MDS 分析都是基于 Fst 距离矩阵来进行的。

主成分分析(principal components analysis, PCA):是一种很有用的统计方法。其主要作用是通过算法将一组数量很多的可能存在相关性的变量转换成较少的一组新的综合变量,但又尽可能多地反映原来的变量信息。

我们称这种综合变量为主成分。通常只对前四个主成分进行分析。以Y染色体单倍群为例，东亚人群中存在数十种主要父系类型。这些父系在整个东亚人群中的频率各有差异，经过测试得到的父系类型频率表格无疑是非常复杂的。为了研究某一人群与其他语系或语族人群的父系差异，我们需要对包含数十种单倍群（也就是变量）的频率表进行PCA分析，从而提取出1～4个主成分。这些主成分可被视为特征成分，足以把所研究人群与其他人群区分开来。这样就能对所研究人群的历史进行进一步研究。PCA可以用多种软件来实现。

对于主成分分析的结果，还可以进一步进行**相关性分析**（correlation analysis）。SPSS软件在完成PCA分析的同时，也会给出相关性分析的结果。相关性系数的含义是：经过PCA提取出来的主成分往往是多个变量（例如一组单倍群）共同作用的结果，而不同的变量对主成分的贡献度是不一样的。如果某些变量的分布趋势与主成分完全相反，那么它们的相关性系数就是负数。

多维尺度分析（multidimensional scaling, MDS）：是一种与PCA类似的分析方法。多维尺度分析法基于数据之间的相似程度，把包含多个变量（也就是维度，例如单倍群）的一组数据减少到1～2个新的变量，但尽可能地保留样本（例如某一个人群）之间在更高维度上的空间关系。PCA的主要目的是提取出最能体现原始数据的结构的新变量，而MDS更着重于呈现原始数据之间的相对关系。PCA和MDS在某种程度是类似的：都是对多个变量（也就是多个维度）进行降维，从而用更少的变量来呈现样本间的相似关系。如果把样本之间的相似度定义为样本之间的欧式距离，那么PCA和MDS就是等价的。但是，MDS还可以使用其他定义的相似度。用SPSS软件可以实现MDS分析。

在分析父系Y-STR和母系的高变区（HVR）序列时，**网络图**（Network）是常用的分析方法。Network软件构建网络图主要基于简化中值法（reduced median）和中介邻接法（median joining）。这两种算法主要实现了这种功能：通过预先设定的突变速率或权重，评估不同样本的单倍型之间差异的突变顺序，并以某一个单倍型为中心，拟构出不同样本之间的突变分支顺序和网络结构。通常而言，两个样本的单倍型的数值越接近，它们在网络图上的位置也就越接近。

系统发生树（phylogenetic tree）：也称系统发育树、系统演化树。它的构建是现代生物学研究中普遍使用的最重要的研究方法之一。系统发育分析以携带遗传信息的生物分子序列(或为DNA,或为基因组的其他结构,或为蛋白质序列)为研究对象,用一系列数理统计算法来计算生物间的亲缘关系,最终呈现出类似树状分支的系统发生树。有多种软件可以实现系统发生树的构建,包括PHYLIP、PHYML、PAUP、CLUSTAL、MEGA和BEAST等,有关这些软件的应用都有非常经典的实例。为了实现演化树的构建,还需要进行序列对比(如ClustalX)、确定碱基替换模型和把树形结构呈现为图形(如FigTree和TreeView)等步骤。

对DNA序列的分化过程进行**年代估算**,是系统发生树研究中的一个重要部分。对于不同的遗传标记,估算年代的方法有很大差别。对于Y染色体的Y-STR,可以用ASD算法或BEAST软件来进行。对于序列数据而言,计算年代的三大关键因素是所有样本的整体树形结构、每个样本的私有位点数量以及突变速率。对于线粒体全序列,通常用基于ρ统计量的多种突变率和贝叶斯方法来进行。对于Y染色体序列的分析,通常用BEAST软件来完成。在对线粒体和Y染色体的系统发生树进行年代估算时,涉及人口增长模型、碱基替换模型和突变速率等多个比较复杂的因素。因此,年代的估算是分子人类学研究的难点之一。

常染色体突变的时间估算是比较难以实现的。通常是以突变所在的序列片段周围的微卫星位点以及连锁的位点之间的距离作为基础数据,以某个已知的群体历史事件的时间点作为参考进行计算(比如化石所见的人类与黑猩猩的分离时间等)。在此类计算中,需要用到复杂的人口模型和算法(如approximate Bayesian computation),得到的年代结果的置信区间也比较宽泛。比较著名的例子有乳糖耐受基因[113]、酒精代谢相关基因[114]以及肤色相关突变SLC24A5[115]等。

群体混合年代的时间估算能够计算两个始祖群体融合形成后裔族群的大致发生时间。在两个始祖群体的遗传结构本身存在较大差异的前提下,群体混合之后来自始祖人群的DNA片段的长度会因为每一代的序列重组而不断变短。根据常染色体的重组率和来自始祖的连锁片段的长度可以估算出群体混合的时间。在美国黑人和印度尼西亚东部的南岛语人群的相关研究中就成功地进行了这样的计算[116,117]。但是,对于那些始祖群体本身差异就不大的现代人群而言,这种方法并不是很适用。

STRUCTURE分析本质上也是一种主成分分析。但是STRUCTURE分析通常应用于数百万个位点的全基因组数据,其复杂程度远远超过一般只有数十个变量的主成分分析。STRUCTURE 分析的原理是：通过基因型在不同群体中的差异来推测群体的亚结构(cluster)，并把每一个样本划分到这个亚结构中。同时，每一个基因型也会被归类到某一个组(group)中，而每一个个体本身有可能是不同的组的基因型的混合。亚结构的数量(即 K 值)可以是 2 以上的任何整数。在 K 值增加到某一个整数时，划分出来的亚结构能够最大化地呈现所有群体之间的差异，并清楚地揭示那些混合群体的遗传成分的来源。此后继续增大 K 值对解析人群演化历史的意义不大。

混合路径分析是近年来古 DNA 领域出现的一种新的分析方法。在获得古人类的全基因组数据之后，人们很自然地想要知道古人的 DNA 为现代人提供了多少遗传成分。但是，人类历史上的人群混合历史是十分复杂的。为此，古 DNA 研究者开发出 TreeMix 和 ADMIXTUREGRAPH 以及其他很多软件。这些软件的分析结果很直观地展示了古代人群的遗传成分如何通过不同历史时期的混合传递到现代人群之中的过程。

研究分子人类学需要使用到生物信息学和计算生物学的很多种统计方法和软件。这些统计方法和软件背后包含着一系列比较复杂的数学和遗传学的方法论。如果要进一步了解，可以参考与生物信息学和分子演化与系统发育等领域相关的图书。

1.10　分子人类学的基本方法论

分子人类学是一门通过计算生物学的方法分析 DNA 分子上的多样性标记，用以解析人类学的各种问题的学科。分子人类学主要通过分析常染色体、母系的线粒体和父系的 Y 染色体 DNA 来解析人群起源、迁徙和演化问题，也关注人群历史上受到的自然选择和人类体质形态的演化过程[118]。

使用 DNA 序列的数据来解读人类历史的相关问题，需要用到一系列的方法论。我们回顾了近 30 年来分子人类学的相关文献，总结了以下一些被普遍使用的方法论。

1.10.1　如何选择合适的 DNA 序列作为研究对象

人类基因组的结构是很复杂的。在基因组的不同区域，DNA 序列的突变模式会有很大的差异。在选择 DNA 序列作为研究对象时，需要考虑是否符合所使用的分析方法本身的逻辑。

线粒体序列主要分为两个区域，即编码区和控制区。实现线粒体功能、编码蛋白质的基因大多位于编码区之内。而控制区则包括一个复制起点、两个转录起点和D环区。D环区包括两个高变区（HVR I和HVR II）。因为不参与编码蛋白质，所以高变区序列上的突变基本不影响线粒体的功能。因此，人类线粒体的高变区序列上积累了比其他区域更多的突变。高变区的突变往往能够标识不同地理区域、不同人群的独特母系类型，因此是研究母系遗传结构的对象。随着全测序的实现，线粒体序列上编码区和控制区的突变足以区分全世界不同地区、不同人群的母系类型。但是，因为本身所处在的序列的特殊结构，高变区中有几个位置上的碱基会在完全无关的个体身上反复地发生同样的突变。这些位置包括309、315、515－522、16182、16183、16193和16519。因此，在进行分析的时候，需要排除这些位点。人类母系线粒体DNA的谱系树可参见 http：//www.phylotree.org/tree/。

Y染色体总长约60 Mbp，结构非常复杂。Y染色体的两端是拟常染色体（PAR）区，在减数分裂的时候会与X染色体发生重组。而其他的区域被称为非重组（NRY）区域或者男性特异（MSY）区。Y染色体男性特异区还存在大量的回文序列和扩增区域。这些区域由大量的重复片段组成。目前的测试技术还无法准确测试这些区域的序列。此外，Y染色体男性特异区上还散布着长短不一的重复序列。因此在当前的研究中，回文序列、扩增区和重复片段通常也会被排除。Y染色体男性特异区还可能会发生极少量的平行突变，但这并不会影响整个谱系树的构建。由于频繁发生平行突变之故，Y－STR两翼的序列通常也会被排除。一个男性个体的Y染色体男性特异区的稳定突变会被他的所有直系男性后裔所继承，而这些男性后裔本身也可能发生新突变并被他们的直系男性后裔所继承。因此，Y染色体男性特异区的稳定突变（Y－SNP）可以用于构建有明确上下游关系的谱系树。一系列的突变点构成一个单倍群，相应地，也就囊括了产生这些突变的男性的所有直系男性后裔。

Y染色体短串联序列重复标记（Y－STR）的突变速率较快，因此适合于区分属于相同父系单倍群、共享一个晚近父系祖先的一群男性个体。不过，根据目前家系调查的经验，对于由同一个男性始祖在近300年以内繁衍而来的男性而言，他们的Y－STR数值在常用的Yfiler的17个位点上的差别是很小的。如果需要区分共祖时间相当晚近的一组男性，需要测试更多的或者更高突变速率的位点。Y－STR可以用于计算某一个Y－SNP单倍群的年代，也可以用于构建网络图，以便分析群体之间的关系。需要说明的是，Y-STR标记本身的多样性来自重复片段的数值，而这个数值是会反复增加或减少的。因此，可以认为Y-STR标记是一种会频繁发生平行突变和回复突变的标记，遗传度丢失严重，不是一种可以体现绝对先后继承关系的遗传标记。在对Y-STR数据进行分析的时候需要注意它的这一特性。

对于常染色体而言，情况则稍微复杂。人类基因组总长约为30亿个碱基对。人类基因组的着丝粒和端粒的序列本身是由重复片段组成的。而重复片段也大量出现在人基因组的其他区域。在相关的研究中，这些区域通常是被排除的。由于人类基因组过于庞大，基因功能的研究者通常只会关注与研究对象直接相关的一小部分序列。在分子人类学研究中，通常把单核苷酸突变(SNP)作为遗传标记来研究群体之间遗传结构的差异。通过第二代测序技术筛选可靠的SNP突变的过程，本身也就排除了可能出现平行突变和回复突变的区域。

但是，常染色体上的重复片段并非都是没有意义的。常染色体的微卫星位点的片段重复数值在人群中的多样性很高，因此常染色体微卫星位点(STR)可以作为个体识别的标记。目前，在现代法庭科学中，常染色体STR是认定一个个体不可或缺的遗传学数据。而在人类学研究中，某一个常染色体突变所在的片段两侧的STR可以用于计算这个突变产生的年代。

可能存在的疑问是，用经过筛选的序列得出的研究结果，在未来是否可能会被基于被排除的序列得出研究结果所推翻？对于作为单倍体的线粒体和Y染色体而言，答案是否定的。如上所述，线粒体上被排除的那些位点会在无关的个体中反复发生突变，因此对这些位点的分析不会提供任何有用的信息。对于Y染色体的拟常染色体区而言，并不属于单纯父系遗传的范畴。因此，对于父系遗传而言，拟常染色体区实际上与男性特异区属于两个独立、无关的部分，所以并不存在相互影响的可能。但是，对于常染色体而言，研究目标的DNA序列大小千差万别，基因或者生物分子之间的相互作用是很复杂的，因此难以做出总结。以编码氨基酸的基因为例，调控这个基因表达水平的增强子和抑制子可能位于距离这个基因很远的位置上，甚至在别的染色体上。在常染色体相关的研究中，研究者通常都已经充分考虑到了类似的因素。随着科学研究的不断进步，研究者会逐步揭示有关研究对象更加完整的信息。

值得说明的是，部分坚持“多地区起源说”的学者对于“走出非洲学说”存在这样的批评：作为研究对象的母系线粒体(约 1.6 Mbp)和父系 Y 染色体的长度(目前有效研究区域为约 10 Mbp)非常短，占人全基因组(～3 Gbp)不到 1%的比例。基于这么短的 DNA 序列得到的研究结果可能是不全面、不正确的。需要说明的是，线粒体、Y 染色体和常染色体是三套不相关的、独立的遗传物质。基于全基因组序列的研究结果可能会揭示人类历史的更多细节部分，也已经揭示了尼人、丹人与古晚期智人之间存在遗传物质的交流，但不会也无法推翻基于线粒体和 Y 染色体所观察到的所有现存人类的谱系都可以归结到一个晚近的、位于非洲的始祖的事实。在 2013 年以前，研究者确实没有足够的数据来在全基因组水平上说明全人类的扩散历史。在 2016 年，*Nature* 杂志刊出了两篇基于全世界人群的、高精度的全基因组数据，其结果支持非洲之外的现代人是 10 万年前后非洲人群向外扩散的结果[119,120]。

不过，确如批评者所指出的那样，基于较短的 DNA 序列的研究可能是不全面的。在母系线粒体和父系 Y 染色体上，数十年来测试的全世界各个人群的所有现代人类样本确实只能追溯到一个晚近的共同祖先，也就是线粒体“夏娃”和 Y 染色体“亚当”。但在常染色体上观察到不同的情形。目前有充分的古 DNA 证据说明现代人在走出非洲扩散到世界各地的过程中与古老型人类发生了混合(详见后文)。现代人与尼人之间至少发生了 3 次混血事件[91,121,122]，现代人和丹人之间也至少发生了 3 次混血事件[31,33,74-78]。非洲之外的现代人都拥有少量来自尼人(0～4%)和丹人(0～6%)的 DNA 序列。随着更多古 DNA 的测试，我们将会看到更加复杂的人类起源和演化的历史过程。

1.10.2 如何构建 DNA 序列的系统发生树

Y 染色体男性特异区和线粒体属于单倍体，在遗传的时候不发生重组。因此，Y 染色体男性特异区和线粒体上的突变本身会形成严格的上下游关系，因此可构建出准确的谱系树。对于少数例外的突变(如平行突变)，在样本量足够多的情况下，仍然可以把这些突变准确地分配到不同的下游支系之中。不过，正如上文所述，Y 染色体男性特异区中有很大一部分高度重复的区域并没有被纳入目前的研究范围。在未来技术进步的前提下，这些区域有可能会被准确地测序。那时，这些区域将会提供更多有用的突变位点。但新增加的这些位点并不会推翻旧有的研究结果，而只会提供更加细化的分析结果。在已获得可靠序列的基础上，可以人工方式或借助于软件来构建谱系树。

整个基因组的序列也可用来谱系树的构建。我们知道，地球上所有的生物，包括它们的基因组序列，都有共同的祖先。随着 DNA 序列上的变异不断积累，生物种群内部发生分化并最终形成新的物种。这种过程与树干—树枝—树叶的分化过程很相似。因此，可以用 DNA 序列来构建不同物种和物种内部的分化关系，其结果以树形的形式呈现，故而称为分子演化树(evolutionary tree)或系统发生树(phylogenetic tree)。另一方面，物种之间存在少量遗传物质的平行传递，但这并不影响整个物种间的演化关系。除了 DNA 外，DNA 序列的排列方式和二级结构、RNA 和蛋白质分子以及它们的高级结构都可以用于构建谱系树。随着测序技术的进步，目前研究者已经可以对各种细菌、病毒、植物叶绿体基因组和动物进行相关的演化树分析。

DNA 或蛋白质序列谱系树的构建方法是生物信息学中非常重要的一个部分，包含了比较复杂的方法论和算法。如果读者对这些方法论和算法感兴趣的话，可以参考生物信息学和分子演化与系统发育等领域的相关图书。有多种软件可以实现分子演化树的构建，包括 PHYLIP、PHYML、PAUP、CLUSTAL、MEGA 和 BEAST 等。这些软件还需要配合序列比对工具以及图形化软件一起使用。

人类基因组中存在一些经历过晚近的强烈选择的突变。这些突变所在的片段在较短时间内在人群中达到很高的比例，没有因为重组而碎片化到无法分析的程度，还保持着紧密的连锁关系。这种片段也适用于构建谱系树和进行年代的计算。并且，这种突变往往与生理功能密切相关，同时也与非常重要的人类群体历史相关。因此，对于经历过强烈选择的突变的研究，是当前学术界关注的焦点。此外，不同物种间和同一物种内部的同源基因也可以用来构建谱系树。发挥基本生理功能的基因的序列通常相对保守，突变点的比例相对较低，因此可以使用 SNP 等标记来进行谱系树的构建。

选择过短的片段、插入/缺失突变、不稳定的插入单元和突变位点可能会导致研究者构建出错误的演化树。在未来的相关研究中，应注意避免类似的错误。例如，人类与黑猩猩在物种上分离之后，黑猩猩的基因组中丢失了大量的 DNA 片段。这就导致没有丢失这些片段的人类和红毛猩猩在某一些区域看起来更为接近，这并不符合物种分化的真实情况。在整个现代人类的演化历史中，DNA 片段的丢失也在持续大量地发生。因此，构建谱系树时需要尽量避免插入/缺失突变。

线粒体 DNA 在较早的时候就实现了全序列的测试，因此能够避免上述的错误。另一方面，早期使用的一些 Y 染色体突变标记就属于不稳定的位点。例如 LINE1 是一个很常见的重复序列，LLY22g 突变实际上可能是两个重复碱基之中的任意一个。再如，在 L 系列的 Y－SNP 位点中，有部分位点位于 STR 的两侧，因此可能会在无关的男性支系中反复发生突变。因此，应该避免使用类似的位点来构建谱系树。

1.10.3 如何计算一种 DNA 类型的分化和扩散时间

计算某一种 DNA 序列或突变产生的年代一直是生物学研究的难点之一。早期的遗传学家在这方面做出了很多经典的研究成果。例如，前文提到，V. M. Sarich 和 A. C. Wilson 对现代人类和非洲猿类的血清蛋白序列进行研究，得出人猿分离时间为约 500 万年前，推翻了当时科学界的普遍认识[54,55,59]。血清蛋白虽然不是一种 DNA 序列，但血清蛋白的序列本身也是由 DNA 序列直接决定的。在 V. M. Sarich 的文章中，使用现代人类与旧大陆猴类的分化年代（约 3 000 万年前）作为年代校正点，这个年代校正点本身是来自考古学的证据[54]。在当时已经观察到其他蛋白质的变化速率基本恒定的情况下，假设所有猿类和人类的血清蛋白序列的变化速率是恒定的。他们的计算结果在当时受到了古人类学家的强烈批评，但考古学最终证实了他们的研究结果。血清蛋白属于免疫系统的一部分，因为受选择的原因，其演化速率在不同的物种间会有轻微的差异。但在上百万年的尺度之下，这种差异是可以被忽略的。

计算一种 DNA 类型或突变的产生和分化年代，需要两个关键因素：一是可靠的 DNA 序列；二是可靠的突变速率和算法模型。获得可靠的 DNA 序列的方法有多种：通过广泛的采样以提高样本的代表性、反复测试以提高序列的准确性、测试更长的或更完整的片段以及采用更加先进的测试技术等。而获得可靠的突变速率则是一个难点。通常，计算 DNA 序列突变速率的基础是有确切测年的考古学证据、有明确时间记载的历史事件以及有测年数据的古 DNA 序列。

2000 年，研究者通过比较人类和黑猩猩基因组中一系列假基因的序列之间的差异，使用人类与黑猩猩之间的化石分化年代（本身也有多个数值）作为校正点，得到了一组人类常染色体突变速率[123]。这一组速率的中值是 2.5×10^{-8} 个/位点/代，这一速率随后被广泛使用。不过，这篇文章同时使用 20 年和 25 年作为世代间隔，同时使用 3 个人类与黑猩猩之间的化石分化年代作为基准，然后对多个速率的计算结果取中值，其中存在较多的不合理之处。之后，千人基因组计划(1000 Genomes Project)基于大样本量的父子对之间的突变数，计算得到了比较准确的常染色体突变速率[$(1.0\sim1.2)\times10^{-8}$个/位点/代][124]。而基于DECODE Project中冰岛人群的大样本量数据也给出了很接近的常染色体突变速率[125]。可见，目前人类常染色体的突变速率已经是比较确定的了。而基于目前的速率计算得到人类—黑猩猩的分化年代远远超过化石给出的年代，可能的原因是黑猩猩种群的常染色体突变速率远远大于人类的突变速率(黑猩猩的世代间隔比人类短很多)。这一问题还有待进一步研究。

线粒体DNA的突变速率最早是由R. L. Cann等学者提出的[70]。他们在1987年发表的文章中，首先分辨出了巴布亚人、澳大利亚人和美洲原住民特有的线粒体类型，然后用考古学所揭示的人类出现在这些地区的年代作为这些特有支系的诞生年代。考古学的证据显示，巴布亚人、澳大利亚人和美洲原住民在首次扩散到他们现有的居住地之后，就与世界上其他地区的人群发生了漫长的隔离[126]。因此，R. L. Cann等学者提出的年代校正方法得到了广泛的认可。现代人类母系的“线粒体夏娃假说”正是基于这篇文章的结论而提出的。随着全序列测试的实现，线粒体DNA的突变速率不断得到修正。不过，仍然可能存在的疑问是，现代的巴布亚人、澳大利亚人和美洲原住民确实是最早的那批迁徙到当地的现代人类的直系后裔吗？至少从现有的考古学证据而言，是支持这种假设的。之后，研究者不断地发表了更多来自有准确考古测年的样本的古代线粒体DNA序列。基于这些新的数据重新计算的人类线粒体突变速率，与原有的突变速率非常接近[127,128]。因此，古DNA中线粒体序列从独立的角度验证了旧有的线粒体DNA突变速率的准确性。

Y染色体的长度(约60 Mbp)远远大于母系线粒体的长度(约1.6 Mbp)。Y染色体全序列的测试直到第二代测序技术普及(2008年)之后才得以实现[129,130]。大量数据的积累则要等到2015年以后。由于其本身的特性，Y-STR并不适用年代计算。但在2008年之前，计算Y-SNP单倍群年代的唯一办法是基于Y-STR数据。Y-STR的突变速率有两种：其一是家系速率，通过比较大量的父子对样本之间差异而得来；另一种速率是“演化速率”。通过比较父子对样本之间的Y-STR数值的差异得到的突变速率，就是Y-STR在两代男性之间真实的突变速率，被称为“家系速率”[131]。不过，如果历史上某一个男性没有直系男性后裔存活至今，那么相应的突变信息就完全无法被测试到。此外，Y-STR 的数值本身就会反复增加或减少。这两个因素都会导致 Y-STR 多样性和遗传度的丢失。可以预见，对于那些经历过晚近的人口扩张、生活在食物丰沛地区的父系支系，绝大部分男性都有直系的男性后裔繁衍至今。那么，这一类父系支系的 Y-STR 多样性会很高。而那些在非常久远的年代、只经历过微弱的人口扩张、生活在食物匮乏地区的父系支系，存活至今的男性后裔则相对要少很多。那么，这一类父系支系的 Y-STR 的多样性可能会很低。由于 Y-STR 数据有回复突变的特点，而丢失了相当多的遗传度，故它并不完全真实地反映遗传突变历史。总之，有很多因素会影响 Y-STR 数据的多样性，使得它并不太适用演化历史方面的研究。

Y-STR 的"演化速率"是由 L. A. Zhivotovsky 等学者基于一系列的假设而计算得到的[132]。其一，通过考古学证据认定毛利人和库克群岛居民定居到当地的时间是约 800 年前，同时假设毛利人和库克群岛居民中的主要父系 C-M38 的 Y-STR 多样性就是近 800 年以来积累的结果。其次，通过历史材料认定保加利亚吉卜赛人出现在当地的时间是约 700 年前，同时假设保加利亚吉卜赛人中的主要父系 H-M82 的 Y-STR 多样性就是近 700 年以来积累的结果。第三组数据是全世界 52 个人群的常染色体 STR、Y 染色体 STR 数据和已知的常染色体 STR 的突变速率。他们认为，在相同的群体中，常染色体 STR 观察到的多样性与 Y 染色体 STR 的多样性是相同群体演化过程的结果，因此两者应该存在对应关系。基于以上三组数据和假设，通过一系列的算法，得到了一组 STR 的"演化速率"，然后用这一组速率重新计算了班图人扩张的时间、萨摩亚人与毛利人的分离时间以及保加利亚吉卜赛人群体与其他吉卜赛群体之间的分离时间。最后 L. A. Zhivotovsky 等学者认为，基于"演化速率"的计算结果能够解读这些人群的历史。除了"家系速率"和"演化速率"之外，在很长一段时间中，研究者并没有更好的基础数据和计算模型来计算人类父系 Y 染色体类型的分化时间。因此，这两种突变速率在之后的研究中被广泛使用。

Y-STR 的"家系速率"和"演化速率"之间存在很大差异。早期父系遗传结构的相关文章通常同时用这两种速率来对某一个 Y 染色体单倍群的年代进行计算。而基于这两种速率计算出的年代的差别有时多达 3～4 倍。研究者必须对比其他学科（比如历史学）的研究结果来判断应该选择哪一种计算结果，进而用这些计算结果来判断所研究的群体的历史。这种现状事实上是需要改进的。根据学者最新的总结，“演化速率”大概更适用于旧石器时代（超过1万年）的父系单倍群的计算，而“家系速率”则比较适用于近几千年来经历了显著扩张的父系支系[133]。

第二代测序技术（NGS）在2008年后开始应用于Y染色体全序列测试。随着测序成本的不断下降，在2013年以后不断涌现大样本量的Y染色体全序列研究。千人基因组计划从2008年开始实施，2013年大致完成所有测试，在2016年时基本完成了数据分析和项目的所有研究目标[124]。不过，千人基因组计划的序列平均覆盖度比较低（2x～5x）。在医学方面，各个国家和研究机构开展了数量极为庞大的全基因组测序计划，因此未来将会出现越来越多的Y染色体序列的数据。

在获得有准确考古测年的古代Y染色体序列之前，学者们提出了计算Y染色体突变速率的多种方法。有的基于人类—黑猩猩的分离年代来进行估算[129,134]，有的基于一个深度家系的序列来计算[130,59]，有的通过对比常染色体的突变速率而得出[135]，有的通过考古学所见的当地人类群体起源的时间来进行校正[136,137]。这些方法得到的突变速率有较大的差异，大致在$(0.53 \sim 1.5) \times 10^{-9}$个/位点/年之间。

参考之前的类似研究，在获得古DNA中Y染色体序列之后，学者们开始以古DNA来校正Y染色体的突变速率。M. Rasmussen等学者测试了约4 000年前的Saqqaq文化遗骸的古DNA，确定其父系属于单倍群Q-L54*(xM3)[138]。之后又测试了1.26万年前的Anzick-1遗骸的古DNA，确定其父系属于单倍群Q1*-MEH2[108]。基于这两个古DNA数据中的Y染色体序列，Karmin等学者计算得到的突变速率约为0.74×10^{-9}个/位点/年[139]。此外，付巧妹等学者对西伯利亚Ust'-Ishim出土的约4.5万年前的一个男性个体进行了古DNA研究。这个古代个体的父系属于单倍群pre-NO[105]。通过这个个体的古Y染色体序列，计算得到人类Y染色体的突变速率是0.76×10^{-9}个/位点/年。可以看到，基于美洲的两个古DNA得到的速率与基于Ust'-Ishim个体得到的速率（0.74 vs 0.76）已经很接近。可以认为，这两个突变速率就是人类Y染色体SNP突变在数万年以来真实的“演化速率”。另外，研究基于冰岛人群家系数据估算得到了Y染色体突变的“家系速率”约为0.871×10^{-9}个/位点/年，略高于上述“演化速率”[140]。这篇文献还研究了Y染色体不同区域突变速率的差异。在人类的各类遗传标记中，“家系速率”通常都会略大于“演化速率”，这可能是因为演化选择会消除部分晚近产生的有害突变。对于人类 Y 染色体更精确的演化过程，还有待进一步的研究。

基于不同的突变速率计算得到的全人类男性共祖时间有很大差别。之前，F. L. Mendez 等学者在非洲西部的 Mbo 人群中发现了迄今为止人类父系谱系上最早分化出去的支系 A00[135]。使用基于常染色体估算出的速率，F. L. Mendez 等学者计算出的人类父系共祖年代约为 33.8 万年前。而 M. Karmin 等学者使用基于古 Y 染色体 DNA 校正得到的人类父系共祖年代约为 25.4 万年前[139]。F. L. Mendez 等学者计算的年代远远大于现代人类或其近缘祖先的化石年代，也远远大于基于母系线粒体计算出的人类共祖年代，这是非常不合理的。而 M. Karmin 等学者计算出的年代则与现代人类最接近的晚期智人(赫尔梅人[36]，约 25 万年前)吻合，也与母系线粒体计算出的人类共祖年代(约 21 万年前)更为接近。由此我们可以看到，使用准确的突变速率是一件十分重要的事情。

特别值得说明的是基于 DECODE Project 的 Y 染色体突变家系速率[140]。DECODE Project 的目标是对冰岛人群进行大规模的全基因组测试，以便获得深度研究人类基因组的理想数据集。现代冰岛人群几乎都是 1 200 多年前迁入地居民的后裔，并且现代全体冰岛人的家族谱系都是比较清晰的。因此，冰岛人群成为一个大规模群体遗传学研究的理想对象。研究者分析了来自 274 个家系 753 个男性的 Y 染色体全序列，得到了迄今为止最为精确的 Y 染色体突变家系速率。结果认为，人类 Y 染色体 21.3 M 区域内的突变速率约为 0.87×10^{-9} 个/位点/年。这项研究也观察到 Y 染色体不同区域内的突变速率有轻微的差异，并且不同单倍群的突变速率也有一定的差异。不过，对于常规的研究，这些差异可以忽略。

截至 2017 年底，学者们已经普遍接受基于古 DNA 计算得到的 Y 染色体突变速率。在冰岛人群之中观察到的家系速率，要稍大于基于 4.5 万年前的 Ust'-Ishim 古人的古 DNA 校正得到的突变速率，这是完全可以理解的。其差异主要是世代的长短以及净化选择引起的。有确切证据表明，随着父亲年龄的增长，子代的 Y 染色体的突变数会显著增加[125]。现代人类的旧石器时代从 20 多万年前延续到 1 万年前后，其间的世代间隔的差异足以造成非常大的影响。此外，在母系线粒体中，同样观察到了明显的净化选择。针对母系线粒体 DNA 的研究显示，非同义突变(很可能有害的)的比例在近期突变中的比例要高于其在更古老时期发生的突变中的比例[93,94]。这意味着有害的突变可能在漫长的历史时期中被渐渐淘汰。因此，对于近数千年以内得到成功扩张的群体而言，其Y染色体上可能积累了更多的突变。这是完全可以理解，并且是更符合事实的。目前，可以使用基于古DNA校正的速率来研究新石器时代以前的人类群体历史。而对于近数千年以内的群体历史，则需要配合更多的晚近的时间校正点进行综合计算，才能得到比较准确的结果。同时，还要考虑不同的生活环境可能对群体历史造成的影响。

1.10.4　如何推测一种DNA类型的起源地和扩散路径

推测一种DNA类型的起源和扩散路径是将DNA数据用于解读人类历史的关键一步。进行推测的证据包括频率分布、多样性、外类群和早期分支的分布、来自其他学科的证据(已知或推测的迁徙事件)以及古DNA。

现代人类群体的历史十分复杂。在漫长的历史时期，人群经历反复的扩张、迁徙和融合，几乎所有现代人群都是古代多个人群混合的结果。因此，使用现代人的遗传结构数据来推测古代发生的群体历史，需要十分谨慎。来自其他学科的证据是不可或缺的。此外，古DNA是古代人群遗传结构的直接证据。在研究中加入古DNA证据会提高研究结果的准确性。

1. 用于判断的多方面证据

DNA类型的频率分布是推测起源地和扩散路径的条件之一。考古学的证据表明，在新石器时代以后，随着食物来源的稳定，掌握农业技术的人群的人口持续增加。而随着人口的增加，部分人口向外扩散以寻找更多适合农业生产的区域。人口的增加在遗传上表现为谱系上更多新支系的诞生。如果在之后的历史时期没有发生反复的人群回迁和覆盖，那么可以推测频率分布的中心可能就是起源地。然而，这种假设在绝大部分情况下是不成立的。此外，向外扩散的那一部分群体，有可能经历瓶颈效应，从而使始祖人群中某一个类群迅速增加到很高的比例。总之，进行起源地和扩散相关的研究要结合其他方面证据。

多样性也是推测起源地和扩散路径的重要条件之一。使用这一类证据的理论依据是：在不考虑外来因素扰乱群体遗传结构的情况下，人口的自然增长必然会导致多样性的增加。某一个DNA类型在其起源地经历了长时间的繁衍，因此多样性较高。而在那些更晚时期才开始定居的地区，某一个DNA类型经历了较短时间的繁衍，因此多样性较低。然而，这种假设在绝大部分情况下也不一定成立：起源地的人口可能在某个时期由于环境变化发生人口锐减直至完全消失，也可能在某一个时间被不同起源的外来人口完全地或部分地替换。对于历史上发生的人口锐减事件或者人口替换事件，仅仅用频率和多样性是难以做出最终判断的。因此，需要结合其他方面证据来进行判断。

某一个 DNA 类型的外类群和早期分支的分布是判断这一个 DNA 类型起源的十分关键的证据。在旧石器时代，采集狩猎人群的活动范围很大，因此很容易扩散到彼此距离遥远的地区，然后在更晚的历史时期在不同的地点经历成功的扩张，并形成当地的优势群体。对于一个在某一个地区占优势的 DNA 类型而言，其最接近的外类群和早期分支在其他地区的分布频率可能很低。但是，如果有其他证据支持，外类群和早期分支的主要分布地也有可能正是这一种 DNA 类型的起源地。对于新石器时代以后强势兴起的 DNA 类型，则可能发生另外一种情形：即使发生过大规模的征服和人群替换事件，由于食物来源的充足以及原来已存在的较大的人口基数，人群通常不会被完全替换。因此，早期分支仍然可能以较低的频率存在于起源地附近。

来自其他学科的证据（已知或推测的迁徙事件）也是判断某一个 DNA 类型的起源地和扩散路径的决定性证据之一。对于人类的历史，历史学、考古学和语言学等其他学科已经取得了丰硕的研究成果。分子人类学能够帮助解决这些学科目前还没有解决，或者还存在较大争议的问题。反之，这些学科已经经过论证并形成结论的证据可以用来判断分子人类学所观察到的各种遗传结构的现状。在有文字记录的历史时期，有关人群迁徙和扩散的记载有助于分子人类学判断 DNA 类型的迁徙路径和混合历史。对于没有文字记录的史前时期，考古学提供了最为详细的人类活动的历史。考古学的研究成果是分子人类学研究的关键证据来源。而对于那些没有历史记录、相关考古研究也不充分的边疆地区少数族群的历史，民族学研究和民俗学调查能够提供这些族群在过去及当下的发展情况、相关口传历史和神话传说。这些都有可能成为支持分子人类学研究的关键证据。此外，语言学的研究提供了迄今为止关于人群族群的最精确的划分以及族群起源关系的最详细的谱系结构。语言学所划分的语系、语族和语支是分子人类学进行群体划分的最重要依据之一。总之，分子人类学和其他学科是相辅相成的，最终的目的都是详细地解读所有人类族群在过去的演化历史进程，进而为人类未来的发展提供借鉴。

毫无疑问，来自古代人类遗骸的古 DNA 证据是判断古代人群演化历史和现代人类族群形成历史的最关键证据之一。基于现代人群遗传结构的调查以及结合其他学科而形成的判断，有可能是错误的、有偏差的，也有可能与事实完全符合。而古 DNA 数据将为这些判断提供最确切的证据。不过，获取古

DNA证据是有难度的，其原因有很多种。其一，新石器时代以前存在过的人类群体并不一定都能留下足以代表其起源结构的化石或遗骸。相反，能够留下化石的才是极少数。因此，我们需要接受以下事实：人类的演化历史中存在着大量的关键缺环，而这些缺环有可能永远无法通过化石和古DNA来填补。与此相对的是，新石器时代以后，各地的人群人口大量增加，形成了稳定的葬俗，因此留下了较多的墓葬和遗骸。其二，旧石器时代或部分新石器时代以后的化石或遗骸的年代比较久远，内含的DNA可能已经降解为非常短的片段，以致到了无法被测试的地步。影响化石或遗骸中内含DNA质量的因素，除了年代外，还有当地气温、土壤的水分含量、酸碱程度以及是否受重金属或其他物质污染等。其三，特别值得提出的是，在南亚、东南亚大陆和岛屿地区以及中国南部地区，湿热的环境以及酸性土壤非常不利于古代遗骸的保存。在很多情况下，出土在这些地区的人类遗骸还具有外在的形态，但实质上整体已呈现粉末状，几乎无法提取DNA。而上述地区正是早期人类扩散到东亚、东南亚和澳大利亚地区的必经之路。目前，出土于上述地区的7万—4万年前的人类化石遗骸是极其稀少的。我们只能寄希望于未来能够发现更多保存完好的人类化石遗骸。

综上所述，判断一种DNA类型（无论是父系单倍群、母系单倍群还是常染色体类型）的起源地和扩散路径，不但需要对分子人类学本身观察到的各种数据进行深入的分析，还需要结合其他学科的研究成果来进行综合的论证。由于这类论证是分子人类学中最重要的研究议题，以下将举出多个目前被证明为正确或错误的研究，以便为未来的研究提供借鉴。

2. 此前研究的错误案例

第一个例子与非洲班图人的扩张有关。在分子人类学兴起之前，历史学、考古学和语言学的相关研究已经论证了班图人的大致扩张过程[141]。大约在3 000年前，他们开始从非洲中西部地区开始向非洲东部和南部扩张，大约在1 700前就扩散到了现在的南非。班图人的成功扩张被认为与铁器技术的使用有关。不过，由于考古材料的缺乏以及邻近语言的相互影响，班图人各个支系的具体扩散路径的细节还有一定的争议。分子人类学的研究通过对撒哈拉以南非洲人群的大规模研究[142]，根据遗传学标记的多样性以及各个人群相互之间的群体差异的变化，论证认为南部班图语人群很可能是从东部班图语人群中分化出来的，而与西部班图语人群有较远的距离。这个例子表明，分子人类学的研究可以在分子水平上对本身比较接近的一系列群体之间的亲疏关系进行相对准确的划分。类似的研究为解决其他分支学科中有争议的问题提供了更多的证据。此外,分子人类学的研究还确定了与班图人的扩张直接相关的核心父系类型[143],并且确定班图人扩张的过程伴随着明显的性别偏向性[144]。

第二个例子与现代人走出非洲的确切年代有关。在2013年以前,因研究者们还无法得到大样本量的人类基因组数据,而几乎所有的研究都表明,非洲之外人群的主要父系和母系都是在约6万—5万年前后才发生大规模扩张的[145]。以色列Qafzeh人骨的年代(约10万年前)与后世Manot 1人骨的年代(约5.5万年前)之间存在非常大的年代缺环[146]。因此,当时认为,现代人类走出非洲可能有两次。以色列的Qafzeh等遗址代表了早期的一次扩散,而这次扩散以失败告终,并没有留下后裔[147]。第二次走出非洲大约发生在6万年前,也就是非洲之外母系M/N/R在谱系上发生扩张的年代。总之,早期对于人类走出非洲年代的估算主要是基于父系Y染色体和母系线粒体的研究。由于没有足够多的数据,常染色体的相关研究只能把人类走出非洲的年代确定在12万年前[148]到6万年[149]前,而未能给出确切的年代。

随着第二代测序技术的普及、测序成本的下降以及众多学者的通力合作,研究者们开始了一系列大样本量的全基因组测序项目。2013年,千人基因组计划完成了全部的测试和初步的数据整理,其目标是以较低的覆盖度(2x—4x)测试全世界超过2 000个个体(包括大量的亲代—子代样本)的全基因组[124]。而SGDP Project(The Simons Genome Diversity Project)则于2013年开始展开,于2016年完成第一阶段的测试,更多的测试还在进行中[120]。SGDP Project的目标是用极高的覆盖度(>30x)准确地测试全世界各个人群的基因组,以便进行精确的群体遗传学和医学方面的研究。DECODE Project本是一家位于冰岛的生物公司发起的,旨在利用冰岛人群作为一个本身遗传结构比较相似、彼此亲缘关系比较清晰的大型人群队列,进行精确的群体遗传学和医学方面的研究[125]。不过,由于种种原因,DECODE Project没能够持续正常地运行。不过,这个项目已产生的数据是十分庞大的。此外,还有更多由政府支持的或者生物公司发起的大规模的人类全基因组测试项目。在未来,将会出现越来越多高质量的人类全基因组数据。

基于上述大规模的全基因组测试项目,研究者们通过对比大量的亲代—子代样本(包括父亲、母亲和儿子或女儿)之间的差异,计算得到了精确的人类全基因组中常染色体的突变速率[(约1.0~1.2)$\times 10^{-8}$个/位点/代]。之前,研究者通过比较人类和黑猩猩基因组中一系列假基因序列之间的差异而得到了一个人类常染色体突变速率(2.5×10^{-8}个/位点/代)[123]。基于人类亲代—子代样本的精确测序得到的速率只有之前速率的一半左右。因此,使用旧的常染色体突变速率而得出的一系列研究结论都需要重新评估。根据新的常染色体突变速率以及来自全世界人群的高质量全基因组数据,研究者们计算发现,非洲人群与非洲之外人群的分离时间超过 10 万年,由此在常染色体水平上确认人类走出非洲的年代早于 10 万年前,而不会晚到 6 万年前[119,120]。从上述人类走出非洲年代的研究过程可以看出,获得更为完整的人类基因组的 DNA 序列(来自全世界的高质量全基因组数据)是得到正确结论的关键。到 2017 年底,分子人类学已经获得了足够多的人类母系线粒体、Y 染色体和常染色体的完整全长序列。早年,其他学科对早期分子人类学研究的批评主要包括"仅仅研究人体所有基因组中的极小片段"和"突变速率不确定"。就目前的进展而言,这类批评提到的问题已经得到解决。

第三个例子与非洲之外现代人的起源和扩散过程有关。在上一段论述的基础上,更进一步的疑问是:既然现代人类在 10 万年前已经走出非洲,为什么人类直到 6 万前之后才开始大规模扩散到澳大利亚大陆以及欧亚大陆的内陆地区呢?这事实上是一个非常重要的问题。如前文所述,目前为止几乎所有的研究都表明,非洲之外人群的主要父系和母系都是在约 6 万—5 万年前之后才开始发生大规模扩张的[145]。而澳大利亚最早的人类遗址的年代也只有 5 万年前左右。这一问题,直到 2015 年才得到解决。首先,学者们先后发表了约 1.26 万年前的 Anzick-1 遗骸[108]和约 4.5 万年前的 Ust'-Ishim 男性个体的全基因组序列[105]。基于这些古 DNA 数据中的 Y 染色体序列,M. Karmin 等学者重新评估了人类 Y 染色体的突变速率,并计算了全世界男性的共祖年代和分化年代[139]。他们的研究显示,非洲之外所有人群男性的父系共祖类型 CT-M168在 10 万年前与非洲特有的父系类型 B-M60 发生分离,之后经历了长达 4.7 万年的瓶颈效应。父系 CT-M168 经过 4.7 万年的繁衍,到5.3万年前后只留下 7 个有效的男性后裔。在这里,我们使用了"有效男性始祖"的概念,意思是指那些还有直系男性后裔存活至今的古代男性个体。在那个时代,可能存在更多的男性个体,但他们都没有直系男性支系后裔存活至今。并且,在 M. Karmin 等学者所发现的 5 个父系之外,研究者还在我国西藏[150]和尼日利亚发现两个罕见的 DE* 支系[151,152]。可见,早期人类种群经历的瓶颈效应是非常强烈的。M. Karmin 等学者的研究显示,在 5.3 万—4.5 万年前,人类的Y染色体谱系在很短时间诞生了大量的下游支系，而这些下游支系正是现今从欧洲到亚洲、澳大利亚和美洲的所有人类族群的男性所属于的父系类型。

M. Karmin等学者所揭示的扩张过程，与之前从母系线粒体DNA方面得到的结果是一致的：确实存在这样的情况，即现在非洲所有人群的绝大部分父系和母系支系都是在6万年前之后一个比较短的时期中诞生的，并且这一时段诞生的支系在现代都具有一定程度的地区特异性。这表明人类群体在这一时段发生了很大规模的扩张，迅速扩散到了世界不同地区，从而形成了地区特异性的后裔支系。同时，他们的研究结果也让我们重新评估以往在线粒体领域的一些观点。我们知道，线粒体母系L6主要分布在也门，而也门也被认为是“走出非洲的南部路线”的观点中人类迁徙的第一站[148]。以往的研究重点关注了非洲之外的主体母系M/N/R的起源，而忽略了L6的分布所代表的意义。因为也门与非洲非常接近，L6在非洲之外的出现有可能是某一个未知的历史时期从非洲迁来的一个小支系。总之，只有极少数学者把L6在也门的出现与人类早期走出非洲的历史联系起来。而现在可以看到，L6与非洲特有的L0'1'2'5的分离年代是105 300±24 150年前[95]。这个年代与从父系上观察到的非洲之外的类型DT与非洲特有支系的分离年代（约10万年前）是一致的。在M. Karmin等学者的研究发表之后，我们可以重新考虑以往研究的不完善之处。以往的研究认为6万年前是人类走出非洲并扩散到世界各地的时间。而根据上述最新的研究，可以判断，6万—4.5万年前的这个时段并不是人类走出非洲的时间，而是非洲之外的人类群体发生最后一次大规模扩张并迅速扩散到全世界的时段。由于没有准确的Y染色体和常染色体突变速率以及高精度的Y染色体全序列和人类全基因组数据，2015年以前的分子人类学的研究无法对人类走出非洲的时间进行准确的判断。这个例子说明，没有准确的突变速率和作为研究对象的有代表性的整体数据，研究得出的结论可能会有一定的错误或者片面性。在学术发展的某一个阶段，在可以利用的材料比较有限的情况下，研究所提出的观点可能存在偏差，也是可以理解的。此外，这个例子也说明，技术上的进步对于学术的进步而言非常重要。

第四个例子与DNA类型的频率和多样性的高低有关。根据历史学和民族学方面的知识，我们知道人类群体的不同成分的来源十分复杂。在历史上，发生过无数次人群的扩张、迁徙、混合和人群替换事件。较高的频率和多样性有可能是来自人群在当地长期繁衍积累的结果，也有可能是从真正的发源地反复多次地迁入现居住地、发生混合而导致的。而在原起源地，频率和多样性可能因为人口锐减或外来人群的混合和替换而降低。

以欧洲高频的父系 R1b－M269 为例。这一父系类型以西北欧为分布中心，在欧洲其他地区的频率呈梯度下降趋势[153]。推测来自中东地区的代表了农业扩散的父系类型 G 和 J2 在东南欧有较高的比例，在欧洲其他各地呈梯度下降趋势[154,155]。两类父系的分布梯度趋势是相反的。因此，早期的研究推测 R1b－M269 可能代表了欧洲旧石器时代人群的遗传成分[153]。然而，对 Y－STR进行更为详细的分析[156]以及对 Y 染色体全序列的分析显示[157]，欧洲的绝大部分 R1b－M269 都是一个约 5 500 年的男性共祖（R1b－L11）的后裔。在 R1b－M269 频率比较低的小亚细亚和高加索地区反而发现了更多的早期分支[156]。另一方面，古 DNA 研究者在 6 000—5 000 年前的颜那亚文化遗骸中发现了极高频的 R1b－M269[112,158-160]。而在现代生活在颜那亚文化分布地区的人群（俄罗斯人以及其他俄罗斯境内的少数族群）中，R1b－M269 的比例很低甚至接近零[156]。这说明 R1b－L11 在其起源地的频率和多样性因为人群替换的原因而降低了，而 R1b－L11 扩散到欧洲之后，经历了极为成功的扩张，从而导致其在欧洲各地的高频。综合以上研究过程可以看到，如果仅仅通过某个 DNA 类型在现代人群中的分布状态来推测其早期起源和扩散地，可能会得到完全错误的结果。

父系单倍群 N 在东亚和欧亚大陆北部地区的分布也是一个值得讨论的议题。父系单倍群 N 在欧亚大陆北部的很多人群中都有很高的比例，比如东部的楚科奇人和西部的芬兰人。在欧洲东北部和西伯利亚西北部的乌拉尔语人群中，父系单倍群 N 的 Y－STR 的多样性很高，下游支系繁多。而这个父系类型在东亚人群中的比例并不高。早期的研究推测这个父系类型的早期起源和扩散中心可能在东欧[161]，但这一推论在后来被证明是错的[162]。

导致错误的原因是：以 N 的不同下游支系为主要父系的古代人群在不同的历史时期迁徙到东欧和西伯利亚西部并在这里混合。混合的人群拥有分化时间已经很久的不同支系，因此 Y－STR 的多样性很高。而在实际的扩散起源地（东亚东北部），父系 N 在人群中的比例很低，所以 Y－STR 的多样性不高。乌拉尔语人群中高频的 N1a2b－P43 以及 N1a1a－M178 的早期分支目前只在南西伯利亚-阿尔泰山地区以及东亚东北部找到[139,163-165]。而 N1a2b－P43 与 N1a1a－M178 的上游支系的更早旁系分支（N1b－F2930）在汉族和藏缅语人群中存在一定的比例[163-165]。根据这些下游支系分布的现状以及我们尚未发表的大量数据，可以推测，父系单倍群 N 最早的分化地点可能位于中国华北、中国东北、蒙古高原东部和西伯利亚东部之间的交界地带。然而在这一地区的现代人群中，父系单倍群 N 的比例比较低（布里亚特人是一个特例，在后续章节会讨论）。由此可见，在更晚的历史时期发生的人群迁徙和替换事件会抹去父系单倍群 N 早期分化和活动的大部分痕迹。关于父系单倍群 N 的早期历史，还有待古 DNA 研究给出更多细节。另外，根据现有的研究，父系单倍群 N 从更上游的单倍群 NO－M214 上分化出来后，经历了超过 2 万年的瓶颈期。如果未来也无法发现更多属于单倍群 N 的古代遗骸的话，我们将无法得知在这 2 万年中以单倍群 N 为主要父系的人群到底经历了什么样的演化过程。

第五个例子与使用错误的突变速率和算法有关。之前的研究表明，父系类型 O1b1a1－M95 是南亚语人群的唯一优势父系类型，印度境内的南亚语人群拥有很高比例的父系 O1b1a1－M95[166-168]。V. Kumar 等学者在 2007 年对南亚语人群的父系 O1b1a1－M95 进行了研究[166]。使用 Y－STR 的"演化速率"，计算得到蒙达部落群中的父系 O1b1a1－M95 年代高达 6.5 万年，进而认为印度蒙达部落是整个南亚语人群分化的中心。这项研究有多个缺陷。其一，使用了不适合经历晚近扩张群体的 Y－STR 的演化速率。其二，来自东南亚和中国西南部地区的南亚语人群的样本非常少。其三，考古学的研究揭示南亚语人群的扩张伴随着水稻在东南亚和南亚扩张。而上述研究的结论明显违背了考古学所揭示的人群迁徙的方向。之后，针对南亚语人群更广泛的研究以及父系 O1b1a1－M95 更精确的谱系树构建都确定印度境内的南亚语人群仅仅是整个南亚语人群向西扩散的一个分支[169,170]。这个例子说明，样本代表性不足、使用不适合的突变速率以及忽略来自其他学科的证据等因素，会使分子人类学的研究结果产生明显的错误。

综上所述，研究一个 DNA 类型的起源和扩散历史，需要考虑多种因素来进行综合判断。更大样本量、更精确的 DNA 序列、更适合的突变速率和人口演化模型以及古 DNA 证据是得出准确判断的重要条件。而来自其他分支学科的证据也是不可或缺的。

1.10.5 如何确定某一大类族群的父系/母系的特征单倍群

现代人类群体几乎都是多个古代人群混合的结果。只有那些极端隔离的、人口数量极少的人群才有可能完全避免与其他人群发生交流，比如安达曼群岛上的安达曼人。目前的研究显示，现代人类群体的父系和母系遗传结构中通常都存在多种单倍群。各个单倍群的频率有高有低。各个单倍群在不同的人群共享的状态也各不相同。因此，需要一些通用的准则来判断某一个人群或多个人群的特征单倍群。对于如何判断一个单倍群在现代人群形成过程中发挥的作用，具体的分布状态以及产生的年代是非常重要的参考数据。

属于同一个语族（language group）的人群通常是从数千年前的始祖群体中分化出来的，彼此之间存在比较密切的亲缘关系。因此，我们通常采用语言学中的语族来对多个现代人群（populations）进行群体（group）的划分。根据考古学和历史学的研究，在新石器时代之后出现农作物和驯化动物，提供了稳定的食物来源，使人类群体的人口数量得到持续的增加。这在遗传上表现为谱系树上出现更多的分支。人口的膨胀推动人群向外扩张，形成覆盖广阔地域的各种考古文化。这在遗传上表现为不同地理区域的独特支系的产生。自青铜时代以来，世界各地特别是在欧亚大草原上的人群迁徙越来越频繁，人群融合的事件持续发生。这在遗传上表现为不同起源的单倍群支系相互混合并出现在同一个人群中。在某些情况下，语言替换可能发生在一个很短的时期。这种情况在遗传上表现为来自同一语族（或语系、语支）的人群的遗传结构具有普遍的相似性，但也存在少数例外的情况。

根据分子人类学以往的研究以及上述考古学和历史学的研究成果，我们总结了判断某一个语族的人群的特征父系和母系单倍群的准则（也称为“奠基者父系”和“奠基者母系”）。第一，绝大部分来自同一个语族的人群都拥有较高比例的、经历过晚近扩张过程的某一种或多种单倍群，而这些单倍群在其他不属于这个语族的人群中的比例普遍很低或者罕见。第二，绝大部分来自同一个语族的人群都拥有一定比例的某一种或多种单倍群，而这些单倍群在其他不属于这个语族的人群中几乎不存在。第三，对于不符合前两个准则的那些单倍群，如果来自其他学科的证据能够明确证明存在晚近的人群融合和语言替换事件，则基于前两个准则的判断仍然可以成立。简单而言，第一个准则用于判断那些经历了成功扩张而直接导致现代人群形成的单倍群。第二个准则用于判断那些参与了现代族群形成但没有成为绝对优势类型的单倍群。第三个准则用于判断由于晚近的历史事件（如人群大规模混合或语言替换）而导致的例外情况。除了此处我们用的“语族”，语言学中的语系和语支也是对人群的有效划分。因此，上述判断准则在语系和语支的层面上也是成立的。

以欧洲人群的父系为例。根据整体的频率，欧洲人群的主要父系依次为R1b、R1a、I1/I2、J2和G[154,156,171,172]。基于现代人的数据以及古DNA的研究，单倍群 I1/I2 应该是旧石器时代欧洲大陆上的采集狩猎人群的主要父系类型[173]。而 J2 和 G 则代表了新石器时代之后从中东迁来的早期农人的主要父系类型。这两种类型在中东地区的现代人群拥有很高的比例。J2a－M410 在全世界的分布呈现出明显的以中东地区为中心的扩张态势[174]。而 R1b 和 R1a 则代表了现代印欧语人群的直接始祖人群的主要父系类型。整体而言，现代欧洲人群的常染色体遗传结构是三大始祖群体的混合，包括旧石器采集狩猎人群、来自中东地区的早期农人以及里海和黑海北岸的新石器时代至青铜时代的古代人群[173]。

如果通过上述准则推测得到的某一个语族或语系的始祖人群拥有多个不同源的父系或母系单倍群，那么推测更早时期发生的历史事件就需要特别谨慎。以东亚人群以及东亚各个语系形成的历史为例。基于目前的证据，南亚语人群的唯一优势父系单倍群是 O1b1a1－M95。这种父系类型在南亚语人群中普遍高频[166,167]。而一部分其他语系的人群中也有一定比例的 O1b1a1－M95，但都可以解释为人群混合的结果[175,176]。南亚语人群也有很多其他混合的成分。除了南亚语系之外，东亚其他语系的人群都含有多个占优势的父系类型，而这些父系类型中有一部分是完全不同源的。这意味着，创造这些语系的始祖人群本身就是多个不同源的更远古时期的人群混合的结果。这就为研究更古老时期的历史增加了难度。我们需要更多的古 DNA 证据才能解读远古时期的不同人群发生混合、之后发生扩张并形成现代人群的历史过程。

1.10.6 如何确定某一大类族群的主要常染色体遗传成分

分析现代人类群体常染色体遗传结构的软件主要是 STRUCTURE[177]。STRUCTURE 分析通过常染色体 DNA 序列的基因型在不同群体中的差异来推测人类群体的亚结构。对于所研究的人类群体，亚结构的数量一般设定为 2～20 个(也就是 K 值)。程序会根据 K 值的设定，把这个基因型分配到不同的 Group 中(Group 的总数就是设定的 K 的数值)。分配的原则是使基因型在划分之后的群体间的差异最大化。这个 Group 就可以理解为一个“大类遗传成分”。每一个个体以及每一个人群都是多种“大类遗传成分”(Group)的混合。而彼此相似的人群形成一个簇，也就是人类群体的亚结构。K 值的设定并不是越大越好。研究者需要重点考虑的是哪一个 K 值计算的结果最能体现所研究的人类群体的分化历史。简言之，STRUCTURE 分析的作用是从常染色体 DNA 序列中提炼出能够代表某一个人类群体亚结构的独特的遗传成分，同时也评估出这种独特的遗传成分在所有人群中的比例。

以泛亚 SNP 计划协作组(The HUGO Pan-Asian SNP Consortium)的研究成果为例[178]。通过对常染色体 SNP 的 STRUCTURE 分析，研究者总结了东亚各个族群的“大类遗传成分”，用不同的颜色标识。图 1.6 只是研究结果的一小部分截图，更详细的结果请参考原文。通过比较所有人群的分析结果，可以总结认为，红色成分(多个 Group 之一)是南亚语人群的独特成分。粉色成分是泰国 Mlabri 人的独特成分。这个人群是一个南亚语人群，但本身是一个长期孤立的小群体，因此在南亚语人群内部呈现出了独特的成分。绿色成分相当于侗台语和南岛语的主要遗传成分。浅蓝色是苗瑶语人群的独特成分。黄色是日韩人群的主要成分。而深蓝色成分广泛存在于各个群体之中，同时也是汉语人群的主要成分。这可能可以解释为汉藏语人群的主要祖先群体对所有东亚人群的遗传结构都施加过深远的影响。如图 1.7 所示，除了长期孤立的 Mlabri 人，几乎所有人群都是多种遗传成分的混合，但来自同一个语系或语族的人群通常都会聚类在一起。对于人群的历史而言，这些状态意味着绝大部分现代东亚人群是多个古代人群混合的结果。在现代语系和语族形成的时候，始祖群体本身是经过充分混合的群体，以至于继续分化产生的不同语系或语族的人群之间仍具有很大的相似性。当然，这是就整体情况而言，对于每一个语系和语族的人群的形成过程，有必要进行更加详细的分析。此外，在泛

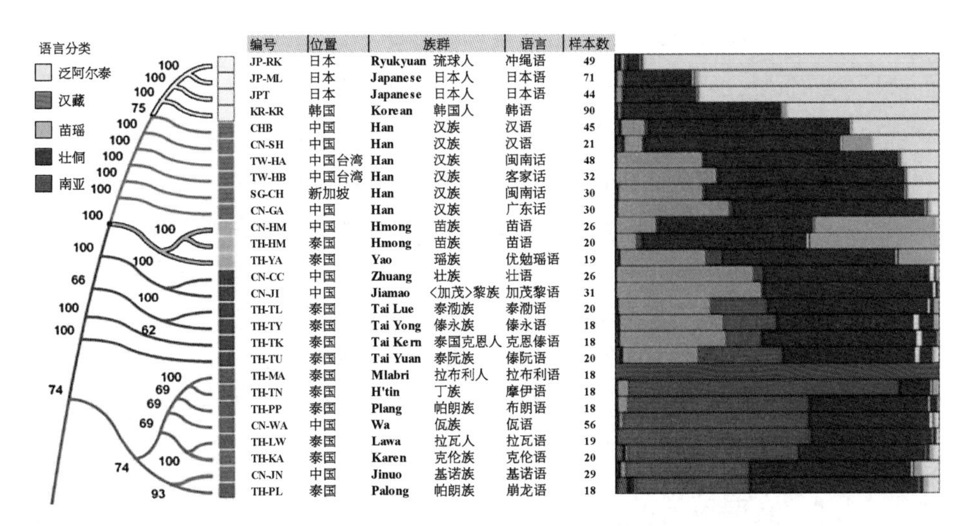

图 1.7　人群的常染色体遗传成分的分类(修改自参考文献[178])

亚SNP计划协作组2009年发表的这项成果中，来自“阿尔泰语系”人群的样本还比较少。在未来，对“阿尔泰语系”人群进行更深入的分析，有可能会揭示出欧亚大陆中部和北部地区人群演化历史的更多细节。

在古DNA研究方面，研究者开发出了TreeMix和ADMIXTUREGRAPH等软件。ADMIXTUREGRAPH的分析结果很直观地展示了古代人群的遗传成分如何通过不同历史时期的群体传递到现代人群之中的过程。截至2017年底为止，欧洲古代人群的遗传结构已经得到比较充分的研究[173]，而东亚地区古代人群遗传结构的相关分析才刚刚开始[179,180]。因此，我们以欧洲的相关研究为例。一系列的研究表明，现代欧洲人群主要是3个古代人群混合的结果，包括旧石器采集狩猎人群（WHG）、来自中东地区的早期农人（EEF）以及古代欧亚大陆北部人群（ANE）[173]。对欧洲人群而言，ANE的成分主要是通过里海和黑海北岸的新石器时代至青铜时代的古代人群继承而来（图1.8）。I. Lazaridis等学者的研究简单地展示了上述研究成果[173]。TreeMix和ADMIXTUREGRAPH软件不但可以研究已经获得基因组数据的古代人群的遗传成分传递到现代人群的路径，也可以模拟出一个尚未得到测试的古代始祖人群。这对研究者来说也是很有指导意义的。

在常染色体相关的研究中，可能导致结论出现错误或者偏差的原因有多种。其一，如果把混合群体当成纯粹的群体作为参考人群，那么相关的研究可能出现偏差。例如，我们已经知道傣族在常染色体上是一个含有很多混合成分的族群。如果把傣族作为壮侗语人群的代表进而去评估其他人群中来自壮侗语人群的混合比例，其研究结果显然会出现较大的偏差。因此，通过对更多的群体进行分析，进而准确地确定参考人群，是重要的基础。其二，需要意识到现代人群是不同古代人群混合的结果，而不能反过来认为某一个古代人群混合了多个现代不同地区人群的遗传成分。对于西伯利亚的2.4万年前的马尔他（Mal'ta）男孩的遗传成分，有些人的认识就出现了这样的偏差：认为在马尔他男孩的基因组中观察到了一定比例的现代欧洲人群的遗传成分。但这种认识与事实恰恰相反。马尔他男孩所代表的古代人群被称作ANE，而ANE很可能以颜那亚文化及其后续文化人群为中介，最终为现代欧洲人群提供了大量的遗传成分[181]。应该认为古代的ANE作为始祖人群为后来的欧洲人提供了关键遗传成分，而不是ANE中存在现代欧洲人的遗传成分。ANE也是很多亚洲北部人群和美洲原住民的始祖人群，这种认识在学者中是被普遍接受的。其三，由于已经测试的古代样本的数量还是少数，目前对于始祖人群的

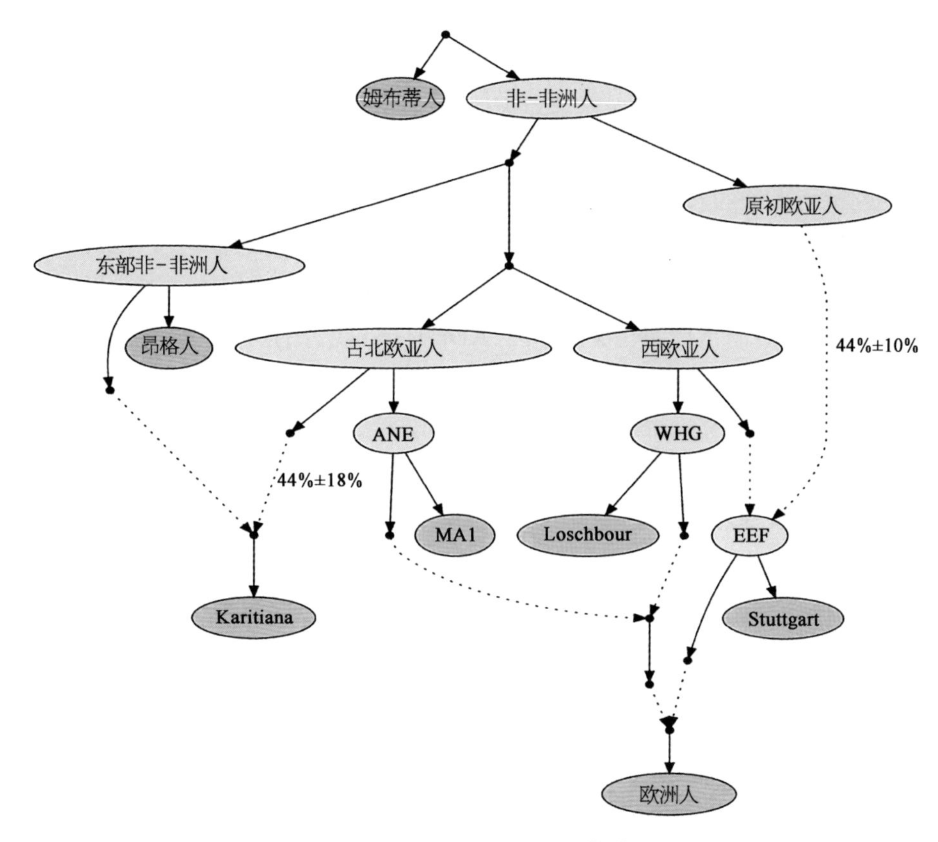

图 1.8　常染色体混合过程[173]

模拟可能存在偏差，这是完全可以理解的。随着更多古 DNA 研究的开展，将会看到越来越清晰的分析结果。

1.10.7　如何研究体质特征的相关基因

确定决定人类体质特征的相关基因是人类学研究者长期以来努力追求的目标。众所周知，大部分人类体质的性状是由多个基因共同作用的结果，只有极少部分是由单个基因或单个突变决定的。除了 DNA 序列，每一个个体的体质性状还可能受其他遗传调控因子、表观遗传、个体营养状况、后天生活习惯以及外界自然环境等多种因素影响。可以预见，准确地研究出决定某一种体质特征的基因是有难度的。除了研究相关的生理功能外，有关人体各种测量性状的研究也是法庭科学非常重要的一部分。法医学的研究和实践使用人体测量性状、人种差异、指纹、血型和容貌恢复技术来为追溯犯罪提供关键的证据。随着人类学研究的进步,未来将能够揭示更多直接决定人类体质性状(特别是面部特征)的基因和其他遗传因素。

经典遗传学在很早的时候就对人体的免疫系统和各种血型进行了详尽的研究。其中,GM 血型在全世界不同人群中具有较大的特异性,因此一度被用于研究现代人群的起源以及相互亲缘关系的研究[182]。此外,人类 16 号染色体上 ABCC11 基因中的 rs17822931 等位基因型决定了耵聍的性状(即耳垢的干湿性状),是人类发现的第一个由单一突变 DNA 多态性决定的、外表可见的遗传性状[183]。酒精代谢相关的基因(ADH1B)在晚近的历史时期经历了快速的扩散[114,184]。在新石器时代以后,农业的发展使人类有更多的剩余食物用于酿酒,从而导致能降低酒精伤害的 ADH1B 突变类型在人群中的比例迅速增加。

由于人类基因组的复杂性,很多体质相关基因的发现是通过对患有某种疾病或特殊性状的家系进行研究而得到的。以色列的研究者通过对一个没有指纹的人及其家庭成员的基因组进行了分析,确定了 4 号染色体上 SMARCAD1 基因的突变影响了指纹的形成[185]。通过对一个汗腺、毛发和牙齿发育紊乱的家族进行研究,学者们确定了位于 2 号染色体上非常重要的 EDAR 基因[186]。通过对著名的语言能力失调的 KE 家族的长期研究,学者们最终确定了一个决定人类语言能力的生理基础的基因[187,188]。之后,更深入的研究发现了 FOXP2 基因事实上参与调控一系列与大脑神经回路发育相关的基因,包括 CNTNAP2、CTBP1 和 SRPX2 等[189]。色盲以及血友病相关基因的研究也属于这一类研究。

有关 SLC24A5 基因与欧洲人群肤色相关的研究,堪称同类研究的典范[115]。科学家们发现普通斑马鱼的变种——金斑马鱼的黑素体比普通斑马鱼数量少、体积小,而且色素分布稀。针对金斑马鱼色素浅的现象,经分析发现,单个氨基酸分子的细微不同在导致色素深浅方面扮演着重要角色,这便是 SLC24A5 基因[115]。该基因的变异导致色素沉着过程中某一种主要蛋白质的数量减少。进而,通过对人类染色体的研究,研究人员发现人的 SLC24A5 基因在序列上与斑马鱼基因极为相似[190]。欧洲人祖先携带的 SLC24A5 基因发生了变异,正是这一基因差异造成了人类肤色的差异。同时,该基因的某些变异,也可导致头发颜色的差异。之后,全基因组的相关研究发现了一系列决定不同地区人群肤色差异的基因[191]。特别值得说明的是,亚洲北部人群的浅肤色主要是独立演化的结果,有一系列相关的基因突变[192],而并非全部都是来自欧洲人群的混合。

在第二代测序技术和基因芯片测试兴起之后，全基因组关联分析(genome wide association study，GWAS)方法成为发现疾病和性状相关基因的有效办法。由伦敦大学人类遗传学教授K. Adhikari主持的一系列研究可作为很好的范例[193,194]。拉丁美洲人群是美洲原住民与来自欧洲和非洲的人群的混合。这3个始祖人群本身的体质特征(特别是面部特征)差异较大。因此，拉丁美洲人群是研究面部特征的一个理想群体。研究者首先收集近6 300个拉丁美洲人的样本，同时确定了这些个体的14个面部特征(如鼻梁的宽度、鼻子突出的程度，还有鼻尖的形状等)。之后，用基因芯片对所有样本进行测试，获得一系列SNP数据。最后通过GWAS方法对SNP突变与面部形态性状之间的关联进行研究。分析发现GLI3和PAX1基因控制鼻孔的大小，RUNX2基因控制鼻梁的宽度，而DCHS2基因调控鼻子的突起程度。此外，EDAR也影响一系列性状。之前的研究已经确定这些基因参与了骨和软骨的合成以及颅面部的发育，因此，这项研究的结果表明GWAS方法是十分有效的。此外，中国科学院计算生物学重点实验室暨中国科学院马普合作伙伴计算研究所的研究团队也在持续开展人类(特别是东亚人群)面部形态相关基因的一系列研究，成果显著[195,196]。未来将会有更多这方面的研究成果。

有关人类体质特征相关基因的研究往往还涉及极有难度的功能性研究。以EDAR基因为例。在相当早的时候，研究者们已经确定EDAR基因在胚胎中的外胚层发挥作用，进而影响一系列组织的形成，包括汗腺、毛发和牙齿等[197]。EDAR基因上的突变——EDARV370A，在东亚和美洲人群中达到很高的比例，被认为经历了强烈的选择[198]。然而，早期人们并不了解这个突变的产生过程及其在人群中的扩散过程，也不了解这个突变以何种方式最终影响东亚人和美洲人群的体质特征。在一项研究中，研究者首先在较大的样本量中确定了汉族人群牙齿、头发和汗腺等形态与EDARV370A突变的相关性[199]。然后，研究者通过基因敲入的方法建立了携带EDARV370A突变的小鼠模型。相比于没有携带这个突变的野生型小鼠，带有突变的小鼠的毛发更为浓密、乳腺分支更为密集、汗腺数量大大增加。这项研究用强有力的证据确定了EDARV370A突变的演化历史及其在生理上的影响，为同类研究提供了很好的范例。

总之，研究人类体质特征的相关基因有很大的难度。但是一旦获得确定的研究成果，其应用(特别是在法庭科学方面)将十分广泛。

参考文献

[1] 卡瓦利-斯福扎 L L,卡瓦利-斯福扎 F.人类的大迁徙——我们是来自于非洲吗? 乐俊河,译.北京：科学出版社,1998.

[2] 崔银秋.新疆古代居民线粒体 DNA 研究——吐鲁番与罗布泊.长春：吉林大学出版社,2003.

[3] 布莱恩·赛克斯.夏娃的七个女儿——追寻人类遗传先祖的科学故事.金力,李辉，等译.上海：上海科学技术出版社,2005.

[4] 朱泓.东北、内蒙古地区古代人类的种族类型与 DNA.长春：吉林人民出版社,2006.

[5] 史蒂夫·奥尔森.人类基因的历史地图.霍达文,译.北京：生活·读书·新知三联书店,2006.

[6] 斯宾塞·韦尔斯.人类前史——出非洲记 地球文明之源的 DNA 解码.杜红,译.北京：东方出版社,2006.

[7] 金力,褚嘉祐.中华民族遗传多样性研究.上海：上海科学技术出版社,2006.

[8] 蔡大伟.分子考古学导论.北京：科学出版社,2008.

[9] 周慧,吉林大学边疆考古研究中心,东北亚生物演化与环境教育部重点实验室,等.中国北方古代人群线粒体 DNA 研究.北京：科学出版社,2010.

[10] 张振.人类六万年.合肥：安徽人民出版社,2013.

[11] 隆娜·弗兰克.我的美丽基因组——探索我们和我们基因的未来.黄韵之,李辉,译.上海：上海科技教育出版社,2015.

[12] 李辉,金力.Y 染色体与东亚族群演化.上海：上海科学技术出版社,2015.

[13] 周慧,吉林大学边疆考古研究中心,吉林大学生命科学学院.中国北方古代人群及相关家养动植物 DNA 研究.北京：科学出版社,2018.

[14] 大卫·赖克.人类起源的故事——我们是谁,我们从哪里来.叶凯雄,胡正飞,译.杭州：浙江人民出版社,2019.

[15] Cavalli-Sforza L L, Menozzi P, Piazza A. The History and Geography of Human Genes. Princeton: Princeton University Press, 1996.

[16] 人类学概论编写组.人类学概论.北京：高等教育出版社,2019.

[17] 林惠祥.文化人类学.上海：商务印书馆,1934.

[18] 梁钊韬,陈启新.文化人类学.广州：中山大学出版社,1991.

[19] 荣顺安,张珠圣.文化人类学.成都：四川人民出版社,1992.

[20] 马广海.文化人类学.济南：山东大学出版社,2003.

[21] 朱泓.体质人类学.长春：吉林大学出版社,1993.

[22] 张实.体质人类学.昆明：云南大学,2003.

[23] 李法军.生物人类学.广州：中山大学出版社,2007.

[24] 李辉.从基因中重新认识人类演化历程.现代人类学通讯,2013(7)：1－11.

[25] Brown P, Sutikna T, Morwood M J, et al. A new small-bodied hominin from the Late

Pleistocene of Flores, Indonesia. Nature, 2004, 431(7012): 1055 - 1061.
[26] Argue D, Donlon D, Groves C, et al. Homo floresiensis: microcephalic, pygmoid, Australopithecus, or Homo? J Hum Evol, 2006, 51(4): 360 - 374.
[27] Bermúdez De Castro J M, Arsuaga J L, Carbonell E, et al. A hominid from the lower Pleistocene of Atapuerca, Spain: possible ancestor to Neandertals and modern humans. Science, 1997, 276(5317): 1392 - 1395.
[28] Stringer C. The status of *Homo heidelbergensis* (Schoetensack 1908). Evol Anthropol, 2012, 21(3): 101 - 107.
[29] Mounier A, Caparros M. The phylogenetic status of *Homo heidelbergensis*: a cladistic study of Middle Pleistocene hominins. Bull Mem Soc Anthropol. Paris, 2015, 27: 110 - 134.
[30] Green R E, Krause J, Briggs A W, et al. A draft sequence of the Neandertal genome. Science, 2010, 328(5979): 710 - 722.
[31] Meyer M, Kircher M, Gansauge M T, et al. A high-coverage genome sequence from an archaic Denisovan individual. Science, 2012, 338(6104): 222 - 226.
[32] Reich D, Green R E, Kircher M, et al. Genetic history of an archaic hominin group from Denisova Cave in Siberia. Nature, 2010, 468(7327): 1053 - 1060.
[33] Reich D, Patterson N, Kircher M, et al. Denisova admixture and the first modern human dispersals into Southeast Asia and Oceania. Am J Hum Genet, 2011, 89(4): 516 - 528.
[34] Prufer K, Racimo F, Patterson N, et al. The complete genome sequence of a Neanderthal from the Altai Mountains. Nature, 2014, 505(7481): 43 - 49.
[35] Hublin J J. Out of Africa: modern human origins special feature: the origin of Neandertals. Proc Natl Acad Sci U S A, 2009, 106(38): 16022 - 16027.
[36] Mcbrearty S, Brooks A S. The revolution that wasn't: a new interpretation of the origin of modern human behavior. J Hum Evol, 2000, 39(5): 453 - 563.
[37] Basell L S. Middle Stone Age (MSA) site distributions in eastern Africa and their relationship to quaternary environmental change, refugia and the evolution of *Homo sapiens*. Quatern Sci Rev, 2008, 27(27 - 28): 2484 - 2498.
[38] Mcdermott F, Grun R, Stringer C B, et al. Mass-spectrometric U-series dates for Israeli Neanderthal/early modern hominid sites. Nature, 1993, 363(6426): 252 - 255.
[39] Stringer C B, Grun R, Schwarcz H P, et al. ESR dates for the hominid burial site of Es Skhul in Israel. Nature, 1989, 338(6218): 756 - 758.
[40] Meneses Hoyos J. The discovery and rediscovery of the laws of heredity. (The work of Johann Gregor Mendel). Rev Asoc Medica Mex, 1960, 40: 401 - 410.
[41] Green M M. A century of Drosophila genetics through the prism of the white gene. Genetics, 2010, 184(1): 3 - 7.
[42] Avery O T, Macleod C M, Mccarty M. Studies on the chemical nature of the substance inducing transformation of pneumococcal types: induction of transformation

by a desoxyribonucleic acid fraction isolated from pneumococcus type iii. J Exp Med, 1944, 79(2): 137 - 158.

[43] Franklin R E, Gosling R G. Molecular configuration in sodium thymonucleate. Nature, 1953, 171(4356): 740 - 741.

[44] Watson J D, Crick F H C. Molecular structure of nucleic acids: a structure for deoxyribose nucleic acid. Nature, 1953, 171(4356): 737 - 738.

[45] Matthaei J H, Nirenberg M W. Characteristics and stabilization of DNAase-sensitive protein synthesis in *E. coli* extracts. Proc Natl Acad Sci U S A, 1961, 47(10): 1580 - 1588.

[46] Rabinow P. Making PCR: A Story of Biotechnology. Chicago: University of Chicago Press, 1996.

[47] Sanger F, Nicklen S, Coulson A R. DNA sequencing with chain-terminating inhibitors. Proc Natl Acad Sci U S A, 1977, 74(12): 5463 - 5467.

[48] Lander E S, Linton L M, Birren B, et al. Initial sequencing and analysis of the human genome. Nature, 2001, 409(6822): 860 - 921.

[49] Venter J C, Adams M D, Myers E W, et al. The sequence of the human genome. Science, 2001, 291(5507): 1304 - 1351.

[50] Von Bubnoff A. Next-generation sequencing: the race is on. Cell, 2008, 132(5): 721 - 723.

[51] Mardis E R. The impact of next-generation sequencing technology on genetics. Trends Genet, 2008, 24(3): 133 - 141.

[52] Schuster S C. Next-generation sequencing transforms today's biology. Nat Methods, 2008, 5(1): 16 - 18.

[53] Goodman M. Serological analyses of the systematics of recent hominoids. Hum Biol, 1963, 35: 377 - 437.

[54] Sarich V M, Wilson A C. Immunological time scale for hominid evolution. Science, 1967, 158(3805): 1200 - 1203.

[55] Sarich V M. Just how old is the hominid line? Yearbook of Physical Anthropology, 1973, 17: 98 - 122.

[56] Stoneking M. Human origins. The molecular perspective. EMBO Rep, 2008, 9(Suppl 1): S46 - 50.

[57] Andrews P, Cronin J E. The relationships of Sivapithecus and Ramapithecus and the evolution of the orangutan. Nature, 1982, 297(5867): 541 - 546.

[58] Pilbeam D, Rose M D, Barry J C, et al. New Sivapithecus humeri from Pakistan and the relationship of Sivapithecus and Pongo. Nature, 1990, 348(6298): 237 - 239.

[59] Sarich V M. Retrospective on hominoid macromolecular systematics//New Interpretations of Ape and Human Ancestry. Ciochon R L, Corruccini R S. New York: Plenum Press, 1983.

[60] 吴汝康.魏敦瑞对北京猿人化石的研究及其人类演化理论.人类学学报,1999,18(3):

161－164.
[61] Coon C S. The Origin of Races. New York：Alfed A. Knopf，1962.
[62] Wolpoff M H，Hawks J，Caspari R. Multiregional，not multiple origins. Am J Phys Anthropol，2000，112(1)：129－136.
[63] Wolpoff M H，Wu X Z，Thorne A G. Modern *Homo sapiens* origins：a general theory of hominid evolution involving the fossil evidence from East Asia//The Origins of Modern Humans：A World Survey of the Fossil Evidence. Smith F H，Spencer F. New York：A. R. Liss，1984：411－483.
[64] 蔡晓芸.Y染色体揭示的早期人类进入东亚和东亚人群特征形成过程.上海：复旦大学,2009.
[65] 吴新智.古人类学研究进展.世界科技研究与发展,2000,5(22)：1－6.
[66] Waddle D M. Matrix correlation tests support a single origin for modern humans. Nature，1994，368(6470)：452－454.
[67] Harding R M，Fullerton S M，Griffiths R C，et al. Archaic African and Asian lineages in the genetic ancestry of modern humans. Am J Hum Genet，1997，60(4)：772－789.
[68] Jin L，Su B. Natives or immigrants：modern human origin in East Asia. Nat Rev Genet，2000，1(2)：126－133.
[69] 谭婧泽,徐智,李辉,等.现代人起源于非洲的分子人类学证据.科学,2006,58(6)：21－25.
[70] Cann R L，Stoneking M，Wilson A C. Mitochondrial DNA and human evolution. Nature，1987，325(6099)：31－36.
[71] Wilson A C，Cann R L. The recent African genesis of humans：genetic studies reveal that an African woman of 200,000 years ago was our common ancestor. Sci Am，1992，266(4)：68－73.
[72] Underhill P A，Jin L，Lin A A，et al. Detection of numerous Y chromosome biallelic polymorphisms by denaturing high-performance liquid chromatography. Genom Res，1997，7(10)：996－1005.
[73] Underhill P A，Shen P，Lin A A，et al. Y chromosome sequence variation and the history of human populations. Nat Genet，2000，26(3)：358－361.
[74] Larena M，Mckenna J，Sanchez-Quinto F，et al. Philippine Ayta possess the highest level of Denisovan ancestry in the world. Curr Biol，2021，31(19)：4219－4230. e10.
[75] Jacobs G S，Hudjashov G，Saag L，et al. Multiple deeply divergent Denisovan ancestries in Papuans. Cell，2019，177(4)：1010－1021. e32.
[76] Lu D，Lou H，Yuan K，et al. Ancestral origins and genetic history of Tibetan Highlanders. Am J Hum Genet，2016，99(3)：580－594.
[77] Vernot B，Tucci S，Kelso J，et al. Excavating Neandertal and Denisovan DNA from the genomes of Melanesian individuals. Science，2016，352(6282)：235－259.
[78] Qin P，Stoneking M. Denisovan ancestry in East Eurasian and native American populations. Mol Biol Evol，2015，32(10)：2665－2674.

[79] Kimura M. Evolutionary rate at the molecular level. Nature, 1968(217): 624 - 626.
[80] King J L, Jukes T H. Non-Darwinian evolution. Science, 1969(164): 788 - 798.
[81] Darwin C R. The Origin of Species. Abridged Edition. New York: W W Norton & Co Inc, 1975.
[82] Bowler P J. The Non-Darwinian Revolution: Reinterpreting a Historical Myth. Baltimore: Johns Hopkins University Press, 1992.
[83] Aidoo M, Terlouw D J, Kolczak M S, et al. Protective effects of the sickle cell gene against malaria morbidity and mortality. The Lancet, 2002, 359(9314): 1311 - 1312.
[84] Zuckerkandl E, Pauling L. Evolutionary Divergence and Convergence in Proteins// Evolving Genes and Proteins. Bryson V, Vogel H J. New York: Academic Press, 1965: 97 - 165.
[85] 唐先华,赖旭龙,钟扬,等.分子钟假说与化石记录.地学前缘,2002,9(2): 456 - 474.
[86] 罗静,张亚平.分子钟及其存在的问题.人类学学报,2000,19(2): 151 - 159.
[87] Drummond A J, Ho S Y, Phillips M J, et al. Relaxed phylogenetics and dating with confidence. PLoS Biol, 2006, 4(5): e88.
[88] Zuckerkandl E, Pauling L. Molecular disease, evolution, and genetic heterogeneity// Horizons in biochemistry. Kasha M, Pullman B. New York: Academic Press, 1962: 189 - 225.
[89] Zhang Q, Zhang F, Chen X H, et al. Rapid evolution, genetic variations, and functional association of the human spermatogenesis-related gene NYD - SP12. J Mol Evol, 2007, 65(2): 154 - 161.
[90] Wang Y Q, Qian Y P, Yang S, et al. Accelerated evolution of the pituitary adenylate cyclase-activating polypeptide precursor gene during human origin. Genetics, 2005, 170(2): 801 - 806.
[91] Vernot B, Akey J M. Complex history of admixture between modern humans and Neandertals. Am J Hum Genet, 2015, 96(3): 448 - 453.
[92] Wilson Sayres M A, Lohmueller K E, Nielsen R. Natural selection reduced diversity on human Y chromosomes. PLoS Genet, 2014, 10(1): e1004064.
[93] Soares P, Ermini L, Thomson N, et al. Correcting for purifying selection: an improved human mitochondrial molecular clock. Am J Hum Genet, 2009, 84(6): 740 - 759.
[94] Stewart J B, Freyer C, Elson J L, et al. Strong purifying selection in transmission of mammalian mitochondrial DNA. PLoS Biol, 2008, 6(1): e10.
[95] Behar D M, Van Oven M, Rosset S, et al. A "copernican" reassessment of the human mitochondrial DNA tree from its root. Am J Hum Genet, 2012, 90(4): 675 - 684.
[96] Pääbo S. Preservation of DNA in ancient Egyptian mummies. J Archaeol Sci, 1985, 12(6): 411 - 417.
[97] 蔡胜和,杨焕明.方兴未艾的古代 DNA 的研究.遗传,2000,22(1): 41 - 46.
[98] 杨永杰.古代生物遗迹中 DNA 的 PCR 分析.生命科学,2000,12(1): 18 - 20.

[99] 蔡大伟，王海晶，韩璐，等.4 种古 DNA 抽提方法效果比较.吉林大学学报（医学版），2007，33(1)：13－16.

[100] 盛桂莲，赖旭龙，侯新东.古 DNA 实验体系及技术.中国生物化学与分子生物学报，2009，25(2)：116－125.

[101] 王传超，李辉.古 DNA 分析技术发展的三次革命.现代人类学通讯，2010，4：e6.

[102] 申万祥，姚默，赵兵，等.生物考古中的 DNA 分析技术概况.畜牧与饲料科学，2012，33(2)：11－14.

[103] 柳天雄，罗佳，黄菊芳，等.古 DNA 提取技术新进展.现代生物医学进展，2014，14(26)：5170－5175.

[104] 赵静，王传超.古 DNA 提取技术对比及概述.人类学学报，2020，39(4)：706－716.

[105] Fu Q, Li H, Moorjani P, et al. Genome sequence of a 45,000-year-old modern human from western Siberia. Nature, 2014, 514(7523): 445－449.

[106] Meyer M, Arsuaga J L, De Filippo C, et al. Nuclear DNA sequences from the Middle Pleistocene Sima de los Huesos hominins. Nature, 2016, 531(7595): 504－507.

[107] Barlow A, Cahill J A, Hartmann S, et al. Partial genomic survival of cave bears in living brown bears. Nat Ecol Evol, 2018, 2(10): 1563－1570.

[108] Rasmussen M, Anzick S L, Waters M R, et al. The genome of a Late Pleistocene human from a Clovis burial site in western Montana. Nature, 2014, 506(7487): 225－229.

[109] Sikora M, Pitulko V V, Sousa V C, et al. The population history of northeastern Siberia since the Pleistocene. Nature, 2019, 570(7760): 182－188.

[110] Moreno-Mayar J V, Potter B A, Vinner L, et al. Terminal Pleistocene Alaskan genome reveals first founding population of Native Americans. Nature, 2018, 553(7687): 203－207.

[111] De Barros Damgaard P, Martiniano R, Kamm J, et al. The first horse herders and the impact of early Bronze Age steppe expansions into Asia. Science, 2018, 360(6396): eaar7711.

[112] Damgaard P B, Marchi N, Rasmussen S, et al. 137 Ancient human genomes from across the Eurasian steppes. Nature, 2018, 557(7705): 369－374.

[113] Burger J, Link V, Blocher J, et al. Low prevalence of lactase persistence in Bronze Age Europe indicates ongoing strong selection over the last 3,000 years. Curr Biol, 2020, 30: 4307－4315. e13.

[114] Li H, Gu S, Han Y, et al. Diversification of the ADH1B gene during expansion of modern humans. Ann Hum Genet, 2011, 75(4): 497－507.

[115] Lamason R L, Mohideen M P K, Mest J R, et al. SLC24A5, a putative cation exchanger, affects pigmentation in zebrafish and humans. Science, 2005, 310(5755): 1782－1786.

[116] Jin W, Xu S, Wang H, et al. Genome-wide detection of natural selection in African

Americans pre- and post-admixture. Geno Res, 2012, 22(3): 519 - 527.
[117] Xu S, Pugach I, Stoneking M, et al. Genetic dating indicates that the Asian-Papuan admixture through Eastern Indonesia corresponds to the Austronesian expansion. Proc Natl Acad Sci U S A, 2012, 109(12): 4574 - 4579.
[118] 杨雄里.大辞海·生命科学卷.上海：上海辞书出版社，2012.
[119] Pagani L, Lawson D J, Jagoda E, et al. Genomic analyses inform on migration events during the peopling of Eurasia. Nature, 2016, 538(7624): 238 - 242.
[120] Mallick S, Li H, Lipson M, et al. The Simons Genome Diversity Project: 300 genomes from 142 diverse populations. Nature, 2016, 538(7624): 201 - 206.
[121] Hajdinjak M, Fu Q, Hubner A, et al. Reconstructing the genetic history of late Neanderthals. Nature, 2018, 555(7698): 652 - 656.
[122] Fu Q, Hajdinjak M, Moldovan O T, et al. An early modern human from Romania with a recent Neanderthal ancestor. Nature, 2015, 524(7564): 216 - 219.
[123] Nachman M W, Crowell S L. Estimate of the mutation rate per nucleotide in humans. Genetics, 2000, 156(1): 297 - 304.
[124] 1000 Genomes Project Consortium, Auton A, Brooks L D, et al. A global reference for human genetic variation. Nature, 2015, 526(7571): 68 - 74.
[125] Jonsson H, Sulem P, Kehr B, et al. Parental influence on human germline de novo mutations in 1, 548 trios from Iceland. Nature, 2017, 549(7673): 519 - 522.
[126] Oppenheimer S. The great arc of dispersal of modern humans: Africa to Australia. Quatern Int, 2009, 202(1 - 2): 2 - 13.
[127] Cabrera V M. Human molecular evolutionary rate, time dependency and transient polymorphism effects viewed through ancient and modern mitochondrial DNA genomes. Sci Rep, 2021, 11(1): 5036.
[128] Tong K J, Duchene D A, Duchene S, et al. A comparison of methods for estimating substitution rates from ancient DNA sequence data. BMC Evol Biol, 2018, 18(1): 70.
[129] Kuroki Y, Toyoda A, Noguchi H, et al. Comparative analysis of chimpanzee and human Y chromosomes unveils complex evolutionary pathway. Nat Genet, 2006, 38(2): 158 - 167.
[130] Xue Y, Wang Q, Long Q, et al. Human Y chromosome base-substitution mutation rate measured by direct sequencing in a deep-rooting pedigree. Curr Biol, 2009, 19(17): 1453 - 1457.
[131] Roewer L, Krawczak M, Willuweit S, et al. Online reference database of European Y-chromosomal short tandem repeat(STR) haplotypes. Forensic Sci Int, 2001, 118 (2 - 3): 106 - 113.
[132] Zhivotovsky L A, Underhill P A, Cinnioglu C, et al. The effective mutation rate at Y chromosome short tandem repeats, with application to human population-divergence time. Am J Hum Genet, 2004, 74(1): 50 - 61.

[133] Wang C C, Gilbert M T, Jin L, et al. Evaluating the Y chromosomal timescale in human demographic and lineage dating. Investig Genet, 2014, 5: 12.
[134] Thomson R, Pritchard J K, Shen P, et al. Recent common ancestry of human Y chromosomes: evidence from DNA sequence data. Proc Natl Acad Sci U S A, 2000, 97(13): 7360 - 7365.
[135] Mendez F L, Krahn T, Schrack B, et al. An African American paternal lineage adds an extremely ancient root to the human Y chromosome phylogenetic tree. Am J Hum Genet, 2013, 92(3): 454 - 459.
[136] Francalacci P, Morelli L, Angius A, et al. Low-pass DNA sequencing of 1200 Sardinians reconstructs European Y-chromosome phylogeny. Science, 2013, 341(6145): 565 - 569.
[137] Poznik G D, Xue Y, Mendez F L, et al. Punctuated bursts in human male demography inferred from 1, 244 worldwide Y-chromosome sequences. Nat Genet, 2016, 48(6): 593 - 599.
[138] Rasmussen M, Li Y, Lindgreen S, et al. Ancient human genome sequence of an extinct Palaeo-Eskimo. Nature, 2010, 463(7282): 757 - 762.
[139] Karmin M, Saag L, Vicente M, et al. A recent bottleneck of Y chromosome diversity coincides with a global change in culture. Genome Res, 2015, 25(4): 459 - 466.
[140] Helgason A, Einarsson A W, Guethmundsdottir V B, et al. The Y-chromosome point mutation rate in humans. Nat Genet, 2015, 47(5): 453 - 457.
[141] 埃尔·法西,赫尔贝克.非洲通史 第三卷 七世纪至十一世纪的非洲.中国对外翻译出版公司,译.北京: 中国对外翻译出版公司,1993.
[142] Li S, Schlebusch C, Jakobsson M. Genetic variation reveals large-scale population expansion and migration during the expansion of Bantu-speaking peoples. Proc Biol Sci, 2014, 281(1793): 20141448.
[143] Ansari Pour N, Plaster C A, Bradman N. Evidence from Y-chromosome analysis for a late exclusively eastern expansion of the Bantu-speaking people. Eur J Hum Genet, 2013, 21(4): 423 - 429.
[144] Rowold D J, Perez-Benedico D, Stojkovic O, et al. On the Bantu expansion. Gene, 2016, 593(1): 48 - 57.
[145] Oppenheimer S. Out-of-Africa, the peopling of continents and islands: tracing uniparental gene trees across the map. Philos Trans R Soc Lond B Biol Sci, 2012, 367(1590): 770 - 784.
[146] Hershkovitz I, Marder O, Ayalon A, et al. Levantine cranium from Manot Cave (Israel) foreshadows the first European modern humans. Nature, 2015, 520(7546): 216 - 219.
[147] Oppenheimer S. Out of Eden: the Peopling of the World. London: Constable, 2003.
[148] Armitage S J, Jasim S A, Marks A E, et al. The southern route "out of Africa":

evidence for an early expansion of modern humans into Arabia. Science, 2011, 331(6016): 453 - 456.

[149] Henn B M, Cavalli-Sforza L L, Feldman M W. The great human expansion. Proc Natl Acad Sci U S A, 2012, 109(44): 17758 - 17764.

[150] Shi H, Zhong H, Peng Y, et al. Y chromosome evidence of earliest modern human settlement in East Asia and multiple origins of Tibetan and Japanese populations. BMC Biol, 2008, 6: 45.

[151] Weale M E, Shah T, Jones A L, et al. Rare deep-rooting Y chromosome lineages in humans: lessons for phylogeography. Genetics, 2003, 165(1): 229 - 234.

[152] Haber M, Jones A L, Connell B A, et al. A rare deep-rooting D0 African Y-chromosomal haplogroup and its implications for the expansion of modern humans out of Africa. Genetics, 2019, 212(4): 1421 - 1428.

[153] Rosser Z H, Zerjal T, Hurles M E, et al. Y-chromosomal diversity in Europe is clinal and influenced primarily by geography, rather than by language. Am J Hum Genet, 2000, 67(6): 1526 - 1543.

[154] Di Giacomo F, Luca F, Popa L O, et al. Y chromosomal haplogroup J as a signature of the post-neolithic colonization of Europe. Hum Genet, 2004, 115(5): 357 - 371.

[155] Cinnioglu C, King R, Kivisild T, et al. Excavating Y-chromosome haplotype strata in Anatolia. Hum Genet, 2004, 114(2): 127 - 148.

[156] Myres N M, Rootsi S, Lin A A, et al. A major Y-chromosome haplogroup R1b Holocene era founder effect in Central and Western Europe. Eur J Hum Genet, 2011, 19(1): 95 - 101.

[157] Hallast P, Batini C, Zadik D, et al. The Y-chromosome tree bursts into leaf: 13,000 high-confidence SNPs covering the majority of known clades. Mol Biol Evol, 2015, 32(3): 661 - 673.

[158] Haak W, Lazaridis I, Patterson N, et al. Massive migration from the steppe was a source for Indo-European languages in Europe. Nature, 2015, 522(7555): 207 - 211.

[159] Allentoft M E, Sikora M, Sjogren K G, et al. Population genomics of Bronze Age Eurasia. Nature, 2015, 522(7555): 167 - 172.

[160] Mathieson I, Alpaslan-Roodenberg S, Posth C, et al. The genomic history of southeastern Europe. Nature, 2018, 555(7695): 197 - 203.

[161] Villems R, Rootsi S, Tarnbets K, et al. Archaeogenetics of Finno-Ugric speaking populations//Julku K. The Roots of Peoples and Languages of the Northern Eurasia. 2002: 271 - 284.

[162] Rootsi S, Zhivotovsky L A, Baldovic M, et al. A counter-clockwise northern route of the Y-chromosome haplogroup N from Southeast Asia towards Europe. Eur J Hum Genet, 2007, 15(2): 204 - 211.

[163] Xue Y, Zerjal T, Bao W, et al. Male demography in East Asia: a north-south contrast in human population expansion times. Genetics, 2006, 172(4): 2431 - 2439.

[164] Ilumäe A M, Reidla M, Chukhryaeva M, et al. Human Y chromosome haplogroup N: a non-trivial time-resolved phylogeography that cuts across language families. Am J Hum Genet, 2016, 99(1): 163-173.
[165] Hu K, Yan S, Liu K, et al. The dichotomy structure of Y chromosome haplogroup N. arXiv, 2015: 1504.06463.
[166] Kumar V, Reddy A N S, Babu J P, et al. Y-chromosome evidence suggests a common paternal heritage of Austro-Asiatic populations. BMC Evol Biol, 2007, 7(1): 47.
[167] Zhang X, Kampuansai J, Qi X, et al. An updated phylogeny of the human Y-chromosome lineage O2a-M95 with novel SNPs. PLoS One, 2014, 9(6): e101020.
[168] Kumar V, Langsiteh B T, Biswas S, et al. Asian and non-Asian origins of Mon-Khmer- and Mundari-speaking Austro-Asiatic populations of India. Am J Hum Biol, 2006, 18(4): 461-469.
[169] Zhang X, Liao S, Qi X, et al. Y-chromosome diversity suggests southern origin and Paleolithic backwave migration of Austro-Asiatic speakers from eastern Asia to the Indian subcontinent. Sci Rep, 2015, 5: 15486.
[170] Sun J, Wei L H, Wang L X, et al. Paternal gene pool of Malays in Southeast Asia and its applications for the early expansion of Austronesians. Am J Hum Biol, 2020, 33(3): e23486.
[171] Underhill P A, Poznik G D, Rootsi S, et al. The phylogenetic and geographic structure of Y-chromosome haplogroup R1a. Eur J Hum Genet, 2015, 23(1): 124-131.
[172] Rootsi S, Magri C, Kivisild T, et al. Phylogeography of Y-chromosome haplogroup I reveals distinct domains of prehistoric gene flow in Europe. Am J Hum Genet, 2004, 75(1): 128-137.
[173] Lazaridis I, Patterson N, Mittnik A, et al. Ancient human genomes suggest three ancestral populations for present-day Europeans. Nature, 2014, 513(7518): 409-413.
[174] Singh S, Singh A, Rajkumar R, et al. Dissecting the influence of Neolithic demic diffusion on Indian Y-chromosome pool through J2-M172 haplogroup. Sci Rep, 2016, 6: 19157.
[175] Kutanan W, Kampuansai J, Srikummool M, et al. Contrasting paternal and maternal genetic histories of Thai and Lao populations. Mol Biol Evol, 2019, 36(7): 1490-1506.
[176] Macholdt E, Arias L, Duong N T, et al. The paternal and maternal genetic history of Vietnamese populations. Eur J Hum Genet, 2019, 28(5): 636-645.
[177] Pritchard J K, Donnelly P. Case-control studies of association in structured or admixed populations. Theor Popul Biol, 2001, 60(3): 227-237.
[178] The Hugo Pan-Asian Snp Consortium, Abdulla M A, Ahmed I, et al. Mapping

human genetic diversity in Asia. Science, 2009, 326(5959): 1541-1545.
[179] Yang M A, Fan X, Sun B, et al. Ancient DNA indicates human population shifts and admixture in northern and southern China. Science, 2020, 369(6501): 282-288.
[180] Ning C, Li T, Wang K, et al. Ancient genomes from northern China suggest links between subsistence changes and human migration. Nat Commun, 2020, 11(1): 2700.
[181] Raghavan M, Skoglund P, Graf K E, et al. Upper Paleolithic Siberian genome reveals dual ancestry of Native Americans. Nature, 2014, 505(7481): 87-91.
[182] Matsumoto H. Characteristics of Mongoloid and neighboring populations based on the genetic markers of human immunoglobulins. Hum Genet, 1988, 80(3): 207-218.
[183] Yoshiura K-I, Kinoshita A, Ishida T, et al. A SNP in the ABCC11 gene is the determinant of human earwax type. Nate Genet, 2006, 38(3): 324-330.
[184] Peng Y, Shi H, Qi X B, et al. The ADH1B Arg47His polymorphism in east Asian populations and expansion of rice domestication in history. BMC Evol Biol, 2010, 10: 15.
[185] Nousbeck J, Burger B, Fuchs-Telem D, et al. A mutation in a skin-specific isoform of SMARCAD1 causes autosomal-dominant adermatoglyphia. Am J Hum Genet, 2011, 89(2): 302-307.
[186] Ho L, Williams M S, Spritz R A. A gene for autosomal dominant hypohidrotic ectodermal Dysplasia(EDA3) maps to chromosome 2q11-q13. Am J Hum Genet, 1998, 62(5): 1102-1106.
[187] Gopnik M. Genetic basis of grammar defect. Nature, 1990, 347(6288): 26.
[188] Fisher S E, Vargha-Khadem F, Watkins K E, et al. Localisation of a gene implicated in a severe speech and language disorder. Nat Genet, 1998, 18(2): 168-170.
[189] Roll P, Vernes S C, Bruneau N, et al. Molecular networks implicated in speech-related disorders: FOXP2 regulates the SRPX2/uPAR complex. Hum Mol Genet, 2010, 19(24): 4848-4860.
[190] Ginger R S, Askew S E, Ogborne R M, et al. SLC24A5 encodes a trans-Golgi network protein with potassium-dependent sodium-calcium exchange activity that regulates human epidermal melanogenesis. J Biol Chem, 2008, 283(9): 5486-5495.
[191] Edwards M, Bigham A, Tan J, et al. Association of the OCA2 polymorphism His615Arg with melanin content in east Asian populations: further evidence of convergent evolution of skin pigmentation. PLoS Genet, 2010, 6(3): e1000867.
[192] Norton H L, Kittles R A, Parra E, et al. Genetic evidence for the convergent evolution of light skin in Europeans and East Asians. Mol Biol Evol, 2007, 24(3): 710-722.
[193] Adhikari K, Fontanil T, Cal S, et al. A genome-wide association scan in admixed Latin Americans identifies loci influencing facial and scalp hair features. Nat Commun, 2016, 7: 10815.

[194] Adhikari K, Fuentes-Guajardo M, Quinto-Sanchez M, et al. A genome-wide association scan implicates DCHS2, RUNX2, GLI3, PAX1 and EDAR in human facial variation. Nat Commun, 2016, 7: 11616.

[195] Chen W, Qian W, Wu G, et al. Three-dimensional human facial morphologies as robust aging markers. Cell Res, 2015, 25(5): 574 - 587.

[196] Peng S, Tan J, Hu S, et al. Detecting genetic association of common human facial morphological variation using high density 3D image registration. PLoS Comput Biol, 2013, 9(12): e1003375.

[197] Grossman S R, Shlyakhter I, Karlsson E K, et al. A composite of multiple signals distinguishes causal variants in regions of positive selection. Science, 2010, 327(5967): 883 - 886.

[198] Bryk J, Hardouin E, Pugach I, et al. Positive selection in East Asians for an EDAR allele that enhances NF-kappaB activation. PLoS One, 2008, 3(5): e2209.

[199] Kamberov Y G, Wang S, Tan J, et al. Modeling recent human evolution in mice by expression of a selected EDAR variant. Cell, 2013, 152(4): 691 - 702.

第2章 各类遗传标记的相关研究

2.1 引言

本章简要介绍主要遗传标记类型的研究历史和Y染色体的相关研究规则。

首先，简述了DNA序列被测定之前人类遗传学基于各类经典遗传标记的相关研究，包括各类血型和抗原。虽然这一阶段使用的遗传标记的时空分辨率在目前看来不算高，但这一阶段产生了很多重要的研究成果，首次让大众认识到分子层面的遗传标记（如GM血型等）对人类起源演化研究的作用。

随着DNA测序技术的进步，全基因组测试的成本不断下降。近年来，世界各地人群的常染色体遗传结构基本上都已经得到了研究。为此，简要回顾了早期学者开展人类基因组测试的过程。常染色体分析能够揭示人群从古至今的演化过程、混合过程和混合路径，能够在极精细的程度上（如细化到千分之一以下）反映个体和群体间的混合比例。在加入古DNA的情况下，常染色体分析尤其能够反映人群演化的宏观历史过程。

其次，简述了世界上不同地区人群的母系遗传结构，重点详细描述了欧亚大陆不同地区的状态。之后，较为详细地描述了Y染色体的结构、历年的谱系树、命名规则、新标记位点的发现和突变速率。母系线粒体和父系Y染色体的主要片段属于单亲遗传，其缺点在于只能追溯极少部分祖先的演化历史，而常染色体更能全面反映人群混合过程。但从另一方面看，由于父系社会是人类社会的主要形态，相比其他遗传标记，父系Y染色体数据更能反映古今人群的文化属性（如族群和语言）的演变过程。

值得说明的是，近数十年来，基于各类遗传标记的研究著作很多。我们在本章提到或者引用到的学者和著作只是其中的很小一部分。如果读者对相关话题感兴趣，可以自行检索相关资料。

2.2　经典遗传标记：各类血型和抗原

在 DNA 测序技术出现以前，早期的学者使用经典遗传标记来研究人群的起源，为后续的研究打下了坚实的基础。经典遗传学的研究对象包括表型与基因型、红细胞血型（包括 ABO 系统、Rh 系统、MN 系统）、白细胞抗原（HLA）、免疫球蛋白同种异型（又称 GM 血型）、各种酶和蛋白质等。其中，GM 血型在不同人群中呈现的差异较大，曾被重点研究[1]。对于东亚人群历史而言，最有启发性的成果来自肖春杰和杜若甫对 130 个等位基因频率分析而得到的中国人群遗传结构的主成分分析结果[2,3]。这项研究中的系列主成分分析图第一次全面地展示了中国境内人群遗传结构的主要成分的分布状态以及明显的变化梯度。这些遗传结构的形成原因，至今仍没有得到完全的解读。

由于 GM 血型在全世界不同人群存在较多的地区特异性支系，因此一度成为研究早期人类扩散历史的工具。然而，GM 血型的分辨力局限于大的地理区域，并不足以研究每一个族群本身的起源历史。同时，GM 血型是常染色体遗传标记，反映的是人群混合的历史，对于人群确切的起源过程并没有太大的作用。因此在 2000 年以后，相关的研究基本已经停止。

不过，仍有不少研究人员一直在坚持使用 HLA 血型来进行一些人类学相关的研究，也取得了一些很有启发性的研究成果。比如，日内瓦大学 A. Sanchez-Mazas 教授和邸达博士的研究认为，各种 HLA 血型在东亚的分布呈现平滑过渡的趋势，并没有形成明显的群体结构[4]。不过，东亚人群的遗传结构中一些 HLA 血型存在自北向南扩散的趋势，因此存在一条自西北方向迁入东亚的人群迁移路线[5,6]。

由于 DNA 测序技术的发展，研究者在母系线粒体 DNA 和父系 Y 染色体上发现越来越多具有族群特异性的遗传标记。此外，常染色体 DNA 序列提供的多态性比经典遗传标记的多态性要多得多。因此，目前线粒体 DNA、Y 染色体和常染色体 DNA 序列成为主要的研究对象，而基于上述经典遗传标记的研究则逐渐减少。

2.3　现代人类的常染色体遗传结构

目前常用的常染色体突变类型包括单核苷酸突变（SNP）、插入—缺失突变(indels)、短串联序列重复(STR)、拷贝数变异(copy number variation, CNV)和结构性变异(structure variants, SV)。这些突变形式既是群体遗传结构差异的基础,也是遗传疾病的潜在诱因,是应用最广泛的遗传标记。L. L. Cavalli-Sforza在20世纪50年代开始就进行群体遗传学的研究,致力于从遗传学的角度研究全世界所有人类群体的起源、分化和形成过程[7]。在1997年发表的一篇文献中,J. L. Mountain和L. L. Cavalli-Sforza利用常染色体标记对来自亚洲、欧洲、非洲和大洋洲12个群体的144个个体进行了聚类研究[8]。这是研究者首次利用大量的常染色体遗传标记对全人类的群体遗传结构进行分析。L. L. Cavalli-Sforza同时也是人类基因组计划的主要推动者之一。

L. L. Cavalli-Sforza的一系列著作,特别是*The History and Geography of Human Genes*[9]和*The Great Human Diasporas: The History of Diversity and Evolution*[10],激励了无数的学者投身于群体遗传学和分子人类学的研究之中。此后,研究者不断发表基于常染色体遗传标记的研究成果,揭示了全世界不同地区不同人类群体的遗传结构以及这些群体之间的相互亲缘关系[11,12]。此外,L. L. Cavalli-Sforza于1991年提出人类基因组多样性计划(HGDP)。但由于种种原因,这一计划没有得到全面的实施。不过,在这一计划下收集了全世界52个群体共1 000多个样本。这些样本被欧洲人类多样性研究中心(CEPH)整合为HGDP-CEPH细胞系,进而成为研究全世界群体遗传结构的标准样本组合。之后,部分来自HGDP-CEPH的样本也被整合到于2013年开始的SGDP Project之中。HGDP的样本在2020年最终完成了测试,为人类基因数据库贡献了重要的数据[13]。

自人类基因组计划完成之后,科学家们开展了一系列大规模的人类群体遗传结构的调查。人类基因组单体型计划(HapMap Project)旨在建立清晰的人类全基因组中常见的遗传多态的图谱,确定这些变异在DNA序列上的位置及其在不同人群中的分布状态,并为研究者提供与遗传疾病相关联的潜在的遗传标记(大部分是SNP突变)。HapMap Project在2002—2007年展开,对来自4个人群的270个个体进行测试[14,15]。这些样本包括来自尼日利亚约鲁巴部落(Yoruba)的90个样本(30个三联家系,含1对父母和1个孩子)、45个采自北京师范大学的中国人群样本,来自日本东京的以及美国犹他州的90个样本(30个三联家系,含1对父母和1个孩子)。HapMap Project在人类基因组中总共发现了超过近400万个可靠的SNP突变,首次在全基因组水平上展示了全人类群体遗传结构之间的差异。HapMap Project发现的SNP位点和

CNV变异,在之后的研究中被整合到GWAS以及基因芯片之中,成为此后人类基因芯片中位点组合的关键基石。因此,可以认为HapMap Project以优异的成绩完成了此项目最初的目标,为后续的研究提供了坚实的基础。但是,遗传疾病有可能是单点突变导致的,也有可能是多个因素共同引发的。对于DNA序列的变异与遗传疾病之间的关系,还有很多尚待解决的问题。

GWAS方法的出现堪称群体遗传学发展历史中一个划时代的事件[16]。前期进行的人类基因组计划和人类基因组单体型计划提供了数以百万计的人类群体基因组中的突变位点,后续的相关研究提供了更多的突变位点。商业机构把这些研究发现的数百个至数百万个位点做成基因芯片,再用基因芯片对一系列样本进行测试。这类芯片包括Affymetrix公司、Illumina公司、罗氏公司以及基因地理计划推出的一系列芯片。GWAS方法涉及的样本通常多达数千个或数万个。相对于全基因组测试的高昂成本,芯片测试方法无疑是最节约成本的方法,能够快速获得样本之间DNA序列差异的主体部分。GWAS方法的基础数据是大量被研究样本和对照样本的基因芯片扫描数据。之后,通过统计每一个突变在疾病样本和正常样本之间分布的差异,进而确定与疾病显著相关的突变位点。需要说明的是,直接与疾病或某一种人体的表型(如肤色等)相关的可能是某一个突变,也可能是与这个突变连锁的DNA片段。此后,需要对挑选出的突变位点在更多的样本进行重复验证。最后,通常还需要对候选的突变和基因片段进行功能预测和功能验证。

自2005年以来,基于GWAS方法的研究呈持续增长的趋势,发现了与一系列疾病有关的位点和候选DNA片段[17]。不过,基于GWAS的研究也受到广泛的批评,甚至认为相关的研究并不能找到疾病的确切诱因。不过,正如P. Visscher所总结的那样,对于发现疾病相关的突变或与之关联的DNA片段,GWAS在现阶段仍然是最快速而有效的办法之一[18]。复杂疾病的发生可能是多个基因共同作用的结果,甚至可能由DNA序列之外的因素导致。需要对通过GWAS方法找到的突变进行更多的功能性验证,以便最终确定导致疾病的具体过程。

随着第二代测序技术的发展以及测序成本的持续下降,研究者们获得了越来越多的人类全基因组数据。SGDP Project和DECODE Project就是其中两个较为庞大的研究计划。在全基因组数据的基础上,研究者们构建了精确的全世界不同地区不同人类群体的遗传结构图谱,据此研究了人类扩散到全世界各地并通过不断融合从而形成现代族群的过程。此外,古DNA研究对远古人类化石遗骸进行全基因组测试,直接揭示了古代人群的遗传结构,极大地拓展了我们对人类历史的认识。

基于全基因组数据的研究表明,非洲采集狩猎人群的基因组中拥有很多不见于其他人群的变异,他们的味觉、新陈代谢以及免疫系统在历史上经历了强烈的选择效应[19]。这些采集狩猎人群的基因组中存在一种来自未知的古老型人类的遗传成分。非洲东北部人群中可以发现来自中东地区的多次移民带来的成分[20]。African Genome Variation Project 的研究成果则全面地揭示了整个非洲大陆上的人群的遗传结构,为后续遗传疾病相关的研究提供了坚实的基础[21]。其他类似的研究还有很多[22]。

对阿拉伯半岛原住民的研究表明,他们是人类走出非洲之后最早分化出来的分支的后裔[23]。对中东地区近 1 万年以来的古人类遗骸的研究显示这一地区的古代人群的遗传多样性很高[24]。在青铜时代,这些古代人群彼此之间发生混合,并且普遍混入了一种与现代欧洲人群接近的遗传成分。来自中东地区早期农人的遗传成分对非洲北部、欧洲、中亚和南亚地区的人群都产生了重要的影响。这项研究与以往考古学的认识是吻合的,但在分子水平上对各种混合比例进行了精确的评估。

欧洲人群的群体历史非常复杂。在印欧语人群扩散到整个欧洲的过程中,当地更早人群的后裔全部融合到了新形成的族群之中。在近 3 000 年以来的历史中,欧洲不同地区人群之间的遗传交流频繁。一系列的研究发现,欧洲各地人群遗传结构的差异与人群在空间地理上的分布存在很大相关性[25,26],即居住地邻近的两个人群倾向于拥有更接近的遗传结构。这一点与世界上其他地区的群体遗传结构是不同的。在其他地区,基于语言的划分最能体现人群遗传结构的差异。这项研究结果与欧洲本身的群体历史是吻合的,即相对其他地区而言,欧洲大陆的人群本身已经经历了非常充分的混合。另一方面,研究者们对欧洲古代人群的遗传结构进行了深入的研究。来自德国马普所、丹麦哥本哈根大学、牛津大学和都柏林圣三一学院的研究团队以及其他的研究机构在这一领域发表了诸多研究成果[27,28]。根据目前的研究成果,现代欧洲人群主要是 3 个古代人群混合的结果,包括旧石器采集狩猎人群(WHG)、来自中东地区的早期农人(EEF)以及古代欧亚大陆北部人群(ANE)。对欧洲人群而言,ANE 的成分主要是通过里海和黑海北岸的新石器时代至青铜时代的古代人群继承而来。而 ANE 成分很可能正是伴随着印欧语人群的扩散而在欧洲扩散的。

南亚人群的遗传结构可以归结为两个始祖人群——“古代南印度人群”(ASI)和“古代北印度人群”(ANI)混合的结果[29]。进一步的研究认为，南北两种遗传成分的混合时间约为4 200—1 200年前，因此可以与印欧语人群的扩散相对应[30]。A. Basu等学者在2003年的一项研究中认为，在印欧语人群到来之前，达罗毗荼语人群曾广泛分布在南亚地区。A. Basu等学者的另一项研究纳入了安达曼人和尼科巴人，并认为可以把印度境内的所有人群追溯到5个始祖人群[31]。印度人群的混合历史十分复杂，以往的两个始祖的模型过于简单。其他几项针对印度部落民遗传结构的研究，既观察到了独特的成分，也观察到不同部落民群体之间的相似性[32-34]。

通过对全基因组数据的分析，研究者认为南亚、东南亚和太平洋地区人群整体上可以认为是两个在不同时期扩散的早期人群混合的结果[35]。针对安达曼群岛人群[35]、马来半岛Orang Asli人[36]、菲律宾人[37]、马来人[38]和西部马来西亚人[39]的研究表明，东南亚大陆和岛屿地区的不同尼格利陀人群的遗传结构之间存在很大的差异，而他们的遗传结构不同程度地融合了来自同一地区其他人群的遗传成分。

2011年，研究者报道了从一个澳大利亚原住民在100多年前留下的一缕头发中提取出的全基因组数据[40]。这项研究在当年引起了广泛的关注。这项研究表明澳大利亚原住民是一个大约在7万—6万年前向欧亚大陆东部地区扩散的人群的后裔。而这次扩散与发生于3万年前后并导致东亚人群诞生的那一次扩散是两次相对独立的事件。基于常染色体的研究表明澳大利亚原住民与巴布亚新几内亚人以及美拉尼西亚人最为接近[41]，这一点与普遍的认识是一致的。最新的一样研究表明，澳大利亚原住民、亚洲人和欧洲共享一个约7.2万年前的始祖群体[42]，而澳大利亚原住民与巴布亚新几内亚人大约在4万—2.5万年前发生分离。前一个年代似乎远远超出欧亚大陆其他人群彼此之间的分化时间，需谨慎对待。

针对来自瓦努阿图和汤加的Lapita文化人类遗骸的古DNA研究表明，早期南岛语人群的遗传结构与菲律宾和我国台湾少数民族人群的遗传结构有很大的相似性[43]。而在现代当地的南岛语人群中，这种相似性降低了。这项研究从古DNA的角度支持了南岛语人群扩张的“快船模式”。“快船模式”认为南岛语人群在东南亚岛屿地区以及大洋洲地区的早期扩散是十分迅速的，没有长时间的停留并与当地人群深度混合之后再向前扩散，而是像驾驶快船一样在邻近的岛屿之间跳跃、迅速扩散到十分辽阔的地理区域。同时，同类研究表明在最初的人群扩散之后，大洋洲地区内部发生了强烈的人口变迁，来自巴布亚地区人群的遗传成分重新在当地占据优势[44]，但这一类人群遗传结构的变迁没有导致语言的变化[45]。大洋洲地区不同地域的南岛语人群遗传结构拥有很高的多样性[46]。

欧亚大陆东部地区的范围辽阔，从南至北生活着多种多样的族群。基于常染色体的研究显示，琉球群岛的居民与其他日本人群分别形成两个差异较大的聚类[47,48]。上海生命科学研究院计算生物学研究所徐书华团队和新加坡基因研究所刘建军团队的两项研究则解释了不同地区汉族人群的遗传结构的差异，观察到了与地理分布显著相关的群体差异[49,50]。徐书华团队的研究也揭示汉族人群中存在比较显著的连锁不平衡(linkage disequilibrium, LD)。在基于汉族人群的遗传疾病相关研究(如 GWAS)中，考虑这种连锁不平衡将有助于更准确地定位疾病相关的基因。此外，通过对欧洲、中亚以及东亚地区人群遗传结构的分析，揭示了欧洲成分在中亚地区和东亚地区的混合时间和扩散趋势[51]。此外，另一些研究揭示了西藏人群的遗传结构以及这些群体形成过程中受到的自然选择[52,53]。一项有意思的研究是，研究者发现西藏人群高频存在的 EPAS1 单倍型有可能源自其始祖人群与丹人的混合[54]。但另外一项研究表明，西藏人群的 EPAS1 单倍型附近存在一个大片段缺失，而这种缺失在丹人中并不存在[55]。因此，这一 DNA 片段是否确实来自丹人，或者经过何种途径演变成为目前的状态，还有待进一步研究。

对于整个东亚和东南亚地区人群的遗传结构，目前比较详细的研究是由徐书华团队完成的[56]。这项研究测试了从东南亚的岛屿地区直到北亚地区绝大部分代表性的族群。其研究结果显示，这一地区中人群的遗传结构与群体的语言划分以及地理分布有很大的相关性。来自相同的语系和语族的人群倾向于拥有更为接近的遗传结构，但同时不同族群之间也存在广泛的遗传交流。研究显示，东亚/东南亚人群中与其他地区人群有区别的独特成分大部分出现在东南亚人群中。这些数据显示东南亚地区应该是东亚地区人群的主要起源地。但正如上文所述，这项研究所纳入的北亚人群较少，因此未能详细地评估来自中亚和北亚地区的遗传成分的比例以及扩散历史。

欧亚大陆北部人群在高纬度的寒冷气候中生活并繁衍了数万年之久，因此代表了人类对最恶劣环境的成功适应[57]。此前，在贝加尔湖西南部发现了2.4 万年前的马尔他男孩(Mal'ta Boy)的遗骸。对马尔他男孩的古 DNA 测试揭示了欧亚大陆上最为重要的一个古代人群的遗传结构[58]。马尔他男孩的古DNA所代表的古代人群，既是现代西伯利亚人群的重要始祖群体之一，也为现代欧洲人群贡献了相当大比例的遗传成分，同时又是美洲原住民的始祖人群。马尔他男孩所代表的古代人群被研究者称为古代欧亚大陆北部人群(ANE)。更进一步的研究显示，马尔他男孩的父系属于P*，而同一篇论文测到的Afontova Gora-2样本可能属于Q-M242。父系单倍群Q可能是创造并传播了细石器文化的人群，在东亚人群(特别是汉族)中也占有一定的比例。因此，可以推测马尔他男孩所代表的古代人群也对现代东亚人群有一定的遗传贡献，只是目前还没有相关的研究。另一项对现代西伯利亚人群的研究显示，绝大部分西伯利亚东部的人群都是在最近4 500年以内重新向北扩散的。人群向北的扩散路径有多个，因此在这一地区的现代人群中造成了非常复杂的混合历史层次[59]。

根据目前现代人和古人DNA的研究结果，现代美洲原住民的始祖至少在1.3万年前就已经在北美地区开始扩散[60-62]。除了美洲西北部的因纽特人，其他美洲原住民在最初扩散之后就一直与世界上其他人群相隔离，直到15世纪末哥伦布到达美洲之时。早期的分子人类学研究使用美洲原住民的母系线粒体的最初扩散时间作为分子钟的校正点，计算得到人类母系线粒体突变速率，极大地推进了分子人类学的研究。之后更多独立的古代线粒体DNA研究说明这一个速率是比较准确的。M. Rasmussen等学者于2014年发表的美洲古DNA的父系[61]被用作人类Y染色体突变速率的校正点，所得到的速率与基于4.5万年前的Ust'-Ishim古人类遗骸的DNA数据得到的速率很接近。经过古DNA校正的Y染色体突变速率的广泛应用大大改变了我们对人类父系历史的认识。由此可见，美洲原住民人群对分子人类学这一学科的发展有很大的贡献。

2.4　不同地区人群的母系遗传结构

早期的群体遗传学研究所使用的遗传标记主要是RFLP标记，包括R. L. Cann等学者在1987年发表的关于人类线粒体共同始祖(即“非洲夏娃”)的文章[63]。在线粒体全序列测试得到普及之后，线粒体上的RFLP标记相当于线粒体编码区的突变位点。在积累了世界各地人群的大量线粒体全序列之后，相关的研究再次验证了1987年的这份文献中的谱系树、分化年代以及相关结论的正确性[64]。线粒体 DNA 序列中负责编码蛋白质的区域比较保守,突变较少,被称为编码区。而其他区域不负责编码蛋白质,这样的区域有两个,积累了较多的突变,因此被称为高变区(HVS-I 和 HVS-II)。由编码区突变位点定义的大单倍群通常拥有一组与之高度关联的高变区突变组合。这种组合被称为基序(motif)。对于大样本量的线粒体研究,通常先测试高变区的突变,然后通过基序来推测单倍群,进而用编码区的突变位点再次确认单倍群的归属。当然,也可以无差别地对所有样本的线粒体进行全序列测试。

经过数十年的积累,目前各个数据库已经储存了数十万条现代人类的线粒体序列(或为全序列,或为高变区序列)。这类数据库包括 GenBank、Mitomap、mtDB、Phylotree、HvrBase++和 EMPOP 等。目前已知的所有现代人类的线粒体序列无一例外地属于人类线粒体共同始祖(即"非洲夏娃")的后裔。而针对尼人和丹人的古 DNA 研究表明,这些早期智人的线粒体与所有现代人类线粒体在谱系上已经分离了超过 40 万年[65,66]。因此,可以确定,从线粒体的角度而言,早期智人在母系上对现代人类没有遗传贡献,R.L. Cann 等学者在 1987 年的文献中的结论是完全正确的。特别需要说明的是,早期来自其他学科的研究者对线粒体研究的批评。批评者认为,人类线粒体的片段很短,只在人类的整套基因组中占据极小的比例,因此基于线粒体的研究对整个人类的演化过程的理解可能存在偏差或错误。我们认为,这些批评的部分意见是正确的,对人类常染色体的研究已经观察到来自古老型智人的遗传成分。但是,需要特别注意的是,母系线粒体并不是常染色体的一部分。线粒体 DNA 是独立于常染色体的一套完整的遗传物质。基于人类线粒体序列的研究结论是对人类母系遗传结构的准确的、完整的描述。这些结论并不会因为常染色体上观察到来自古老型人类的遗传成分而有任何改变。在已经获得尼人和丹人的全基因组的当下,可以确定在几乎全部人类群体的常染色体中都存在来自古老型人类的遗传成分,但从线粒体的角度而言,早期智人在母系上对现代人类确实没有遗传贡献。对于父系 Y 染色体的男性特异区而言,我们的这种观点也是一样的。

目前,基于全序列的研究已经揭示了全世界不同地区人群的特有母系线粒体单倍群。其中,谱系树上最早分化出来的支系包括 L0、L1 和 L2[67]。这些单倍群只在非洲人群中被观察到。非洲东南部和东部人群中,L0 单倍群的比例和多样性都很高[68],因此这一区域很有可能是人类的早期起源地。而在非洲西南部、西部和中部,L0 单倍群的比例很低,并且大多属于有限的下游单倍群类型。单倍群L1在非洲西南部人群中的比例和多样性很高，但主要属于L1c的下游支系。在非洲的西部和中部，单倍群L1b1a的下游支系达到较高的比例。L2在除了非洲西南部之外的非洲各地都有广泛的分布，在非洲西部、中部和东南部的多样性都比较高。单倍群L3在非洲的西南部、西部和中部以及东部的人群中都有较高的比例。但就下游支系的多样性而言，非洲西部和中部以及东部的L3的多样性最高。单倍群L4和L5主要分布在非洲东部。此外，单倍群M1也出现在非洲东北部以及乍得人群中。有学者认为单倍群M1是非洲之外现代人向非洲回迁的结果[69]，但其他的学者反对这种观点[70]。对东南部班图人的研究显示，这些人群的母系中约有65%的比例可以追溯到非洲中部和西部，而其他母系则与当地人群共享[71]。整体而言，由于历史上频繁、反复的迁徙和混合，非洲人群的母系遗传结构是很复杂的。

非洲之外几乎所有现代人的母系都属L3之下的M/N/R这3个超单倍群。目前所有L3及其下游单倍群的总年代为约7万年前[72]，而非洲之外的所有M/N/R序列的总年代约为6万年前。通常认为从L3分化出M/N/R超单倍群之间的过程对应了人类走出非洲的过程。然而，非洲之外与非洲内部的母系并不如想象中那样能够完全截然分开。作为L3上游的分支，L4和L5主要分布在非洲东部，但在阿拉伯半岛也有一定比例的分布[73,74]。而L3之下除了M/N/R之外的所有其他支系(如L3h和L3x等)都同时分布在非洲和中东—阿拉伯半岛地区。更进一步，单倍群L6在很早的时期(105 300±24 150年前)就与L3'4分开，它很可能是在也门人群中起源的，在非洲东北角也有一定比例的分布。这些单倍群的跨区域分布模糊了非洲之外与非洲内部的母系之间的界线。这意味着，在10万—6万年前分化出来的母系单倍群在非洲大陆与非洲之外的人群之间并不存在完全独立的分布。假设这样一种情况：现代人类在10万年前后扩散到了黎凡特地区和阿拉伯半岛西南部地区[75]，此后直到6万年前，非洲东北部和非洲之外的现代人群之间存在反复的迁徙和混合。6万年前以后，现代人类的始祖群体才向欧亚大陆的其他地区迅速扩散。在这种假设前提下，事实上我们很难判断一个很准确的现代人类走出非洲的时间。关于母系M1和U6的研究显示，近1万年以来非洲东北部和中东地区确实存在频繁的遗传交流[76-78]。因此，完全有理由相信在远古时期也一直存在这样的交流。古DNA有可能为这一问题提供确切的答案。

中东地区是现代人类走出非洲并扩散到全世界的起点。这一地区也是农业和人类文明最早起源的地方，当地居民在1万年以来经历了极其复杂的演化历史。因此,中东地区人群的母系遗传结构是特别复杂的。研究表明,中东地区人群的母系中既有与非洲人群共享的早期分支(如 L、M1 和 U6),也有本地区特有的一些支系(如 N 和 R 的下游支系),也有与欧亚大陆东部地区比较接近的低频支系(如 M 的下游支系)[23,74,79-81]。

欧洲人群特有的母系单倍群包括 I、J、K、T、U、V、W 和 X 等单倍群的下游支系(见线粒体谱系树网站 http://phylotree.org/tree/index.htm 上的相关信息)。根据考古学的研究,现代人类大约在 4.5 万年前开始在欧洲扩散[82]。但古 DNA 研究显示最早的那一批人类的遗传类型大多属于在现代人中很罕见的支系,表明这些古人没有留下很多后裔[83,84]。现代欧洲人的部分遗传成分可以追溯到一个最迟在 3.5 万年前已经形成的始祖群体中[85]。随着末次盛冰期的来临,人群的主要活动空间被压缩在有限的避难所中。在末次盛冰期过后,人群再一次扩散到欧洲全境[86-88]。随着农业从中东地区向欧洲地区的扩散,一系列来自母系单倍群也随之扩散[89]。

大洋洲人群特有的母系单倍群包括 P、Q、S 以及其他从 M/N 的根部直接分化出来的古老支系[42,90-92]。澳大利亚原住民和新几内亚岛的居民都有自身独特的母系类型,但也共享一部分母系。这些研究表明,自从现代人类在约 5 万年前后扩散到澳大利亚和新几内亚岛以后,他们的后裔就与世界上其他地区的人群发生了长久的隔离。但澳大利亚和新几内亚岛的原住民之间还存在一定程度的遗传交流。

美洲人群特有的母系单倍群包括 A2、B2、C1、D4 和 X2[93-96]。除了与楚科奇和因纽特人共享一部分单倍群 D2a 的母系之外,美洲原住民的母系与欧亚大陆上其他人群的母系都已经分开了超过万年之久。一系列研究表明,现代美洲原住民就是最早迁徙到美洲的那一批现代人的后裔。目前,美洲原住民的母系遗传结构已经得到充分研究。早期的人类学研究使用美洲原住民母系的多样性和考古学所见现代人类进入美洲的年代作为线粒体 DNA 序列突变速率的校正点。后来的古 DNA 序列证实了原有突变速率的可靠性[64],可见当时的选择是十分正确而明智的。

2.5 欧亚大陆东部人群的母系遗传结构

考虑到本书的主要读者对象是中国人,且欧亚大陆东部人群母系遗传结构的研究成果颇为丰富,故对这一地区单独进行详细介绍。

在南亚地区也存在很多从东亚和东南亚地区迁来的人群，主要包括藏缅语人群和南亚语人群。从巴控克什米尔地区向东直到孟加拉国以及印度东北的阿萨姆邦，生活着种类繁多的藏缅语人群。南亚人群特有的母系单倍群包括 M2 - M6、M18、M25 以及 N 和 R 的一些下游支系[33,97-99]。特别值得说明的是，南亚人群中拥有相当多的从 M/N/R 根部直接分化出来的支系。这表明南亚地区是一个早期人类分化的重要区域。相对于中东地区而言，南亚地区的自然环境显然能为早期的采集渔猎人群提供更多的食物，因此有很多早期人类的古老遗传支系能够保存至今。

在中国华南地区以及东南亚大陆地区，操不同语系语言的人群交错分布。藏缅语人群主要分布在中国西南地区、缅甸和东南亚的北部地区。侗台语人群主要分布在中国华南和东南亚地区。南亚语人群主要分布在越南、老挝、柬埔寨、马来半岛南部、中缅交界地带以及尼科巴群岛上。东亚和东南亚人群特有的母系单倍群包括 M7～M13、C、D、E、G、Z、A、B、R9 和 N9 等。中国华南以及东南亚地区的人群各自有一些独特的母系类型，但也普遍共享很多其他的母系类型[100]。苗瑶语人群通常拥有较高比例的 B5a、B4*/B4a/B4b1、M*、M7b、C、F1a 和 R9b[100,101]。侗台语人群通常拥有较高比例的 B4a、F1a、M7b、B5a、M*、R9a 和 R9b。南亚语人群通常拥有较高比例的 F1a、M*、D*、F1b、N*、C 和 M7b。在中国西南部以及东南亚西北部的藏缅语人群的母系遗传结构中，既拥有较多与更北部地区藏缅语人群共有的母系类型(如单倍群 A、C、D、G、M9 等)，也拥有大量与当地南亚语和侗台语人群共享的母系类型(如 B4/B5、R9、F1a 等)[102,103]。这表明了藏缅语人群南下后与当地人群的强烈混合。

东南亚大陆及岛屿地区也存在较多的直接从超单倍群 M、N、R 分化出来的支系[104,105]。从印度到东南亚大陆及岛屿地区，从巴布亚新几内亚到澳大利亚，普遍存在这一类母系支系。这种分布状态是支持人类早期沿海岸线从中东地区快速向东扩散的强有力证据[104,106]。这表明最早的那一批现代人类扩散到这些地区之后，成功地繁衍了下来。南岛语人群分布在十分辽阔的地理区域，在其扩散过程中与当地人群发生了广泛的遗传交流[107-110]。南岛语人群的主要母系包括 B4a1a/B4b/B5a、E、F1a/F3b、M7c 和 N9 等[111-113]。在向大洋洲和太平洋偏远地区扩散时，南岛语人群经历了强烈的瓶颈效应，母系 B4a1a 成为唯一的主要母系类型[105,110,113,114]。尽管南岛语人群强势地覆盖了整个东南亚岛屿地区，但这些岛屿人群的母系单倍群的多样性依然很高，这反映了当地更古老人群的遗存[37,115-118]。

汉藏语人群中的主要母系类型包括 A、B4/B5、C、D4/D5、G、M7－M10、F1、N9 和 Z 等[119-122]。由于汉族群体在东亚大陆上持续发生扩张并扩散到了东亚的大部分区域，汉族群体的父系和母系包含了很多从东亚大陆其他语系或语族的人群中融入的单倍群。青藏高原人群中存在一些古老的支系（如 M62、M11 和 M13 等），这些支系很可能在新石器时代以前已经生活在高原上了[123]。但青藏高原人群的绝大部分母系仍然是新石器时代之后才扩散开来的[124,125]。

整体而言，东亚和东南亚地区人群之间的遗传交流频繁[126]。东南亚人群的母系拥有很高的多样性[127-131]，包含很多古老的支系[131]。大部分来自同一个语系或语族的人群倾向于拥有一些共同的母系成分，但来自其他语系或语族人群的母系成分也普遍存在[132]。

日本人和韩国人的主要母系单倍群包括 A1、R9、N9、B4/B5、F1、M7a/M7b、G、M9/M10 和 D4/D5[133-136]。日本列岛居民的母系遗传结构大致可以认为是旧石器时代以前的采集狩猎人群与新石器时代以后迁入的人群的混合。自新石器时代以来，来自朝鲜半岛以及东亚大陆地区的人群持续向日本列岛迁徙，促成了现代日本人群的形成。朝鲜半岛人群与日本列岛人群之间共享一些特殊的母系单倍群（如 N9b、B4a1、B4b1、G1a、M7b2 和 M12 等），说明了共同的远古祖先的遗存和晚近历史时期的相互影响[134]。通过对母系线粒体在历史上的有效人口数量的分析，研究者发现日本列岛人群在旧石器时代几乎没有发生显著的人口增长，而到了 3 000 年前以后，一部分支系的有效人口经历了显著的增长[137]。这一研究结果揭示了日本列岛人群发展的特殊历史过程。阿伊努人的母系中除了与其他日本列岛人群共享外，也与黑龙江流域和堪察加半岛的科里亚克人（Koryaks）共享较多的母系成分[138]。这一结果显示北亚地区人群对阿伊努人的母系遗传结构产生了较为显著的影响。

由于历史上的深度混合，突厥语人群、蒙古语人群和通古斯语人群的母系遗传结构有很大的相似性[120,121,134,139-144]。这些人群中通常有较高比例的单倍群 C、D 和 G。另一方面，来自欧亚西部地区的人群在距今 5 000—4 500 年前开始迁入阿尔泰山地区，为当地人群带来了欧亚西部父系和母系类型。在之后的历史时期，混合的人群以阿尔泰地区为中心发生持续的扩散。在今天的突厥语人群、蒙古语人群和通古斯语人群中，欧亚西部母系类型呈现自西向东逐渐递减的趋势。蒙古语人群的母系中既有很多与通古斯语人群共享的成分,也有很多与突厥语人群共享的成分[145]。基于母系线粒体的研究结果与这些人群的混合历史大致吻合。在细节方面,突厥语人群、蒙古语人群和通古斯语人群的母系中都有各自独特的成分。在阿尔泰山地区—图瓦盆地—米努辛斯克盆地的突厥语人群和凯特人(Kets)中,拥有较高比例的单倍群F1b[146,147]。而这一单倍群在蒙古语和通古斯语人群中是比较低频的。F1b在相对较晚的时候才从中国中部地区迁来,代表了一个未知的史前迁徙过程。单倍群C4a和C4b下的一些支系可视为通古斯语人群的核心母系类型,在蒙古语人群中也存在一定的比例[148]。但这些支系的亲缘类型在雅库特人中也有较高的比例。这可能意味着雅库特人的母系中融入了较多来自通古斯语人群的母系支系。在南部通古斯语人群[比如乌德盖人(Udegey)]之中存在一些属于M7/M8/M9/N9b单倍群的母系[148,149]。而这些单倍群在北部通古斯语人群中是很罕见的。我们推测这些类型应该源自中国东北地区的当地人群。此外,由于历史上的长期交流,蒙古语人群与中国的其他人群共享较多的母系单倍群[140]。

"古亚细亚人"包括凯特人、尤卡吉尔人(Yukagir)、尼夫赫人(Nivkh)、楚科奇人(Chukchi)、伊捷门人(Itelmen)和科里亚克人。有时,阿伊努人、因纽特人和阿留申人也被包含其中。这些"古亚细亚人"群体本身并不是同源的,他们仅仅是因为其语言不属于"阿尔泰语系"而被归类到一起。按照考古学和民族学的研究,在"阿尔泰语系"人群兴起并扩散之前,这些"古亚细亚人"是广阔的北亚地区的主要居民。凯特人的主要母系是F1b、U4和C4a2a1[146]。母系F1b在图瓦盆地和米努辛斯克盆地的人群中都有一定的比例。在古代,凯特人所属的叶尼塞语系在这一地区广泛分布。单倍群C4a2广泛分布于现代西伯利亚人群之中。尤卡吉尔人的主要母系是Z1a、C4b3a和C5d1[142,145,148,150,151],这3种母系都与埃文人共享。尤卡吉尔人也与多尔干人共享母系Z1a。此外,尤卡吉尔人也从科里亚克人中获得了母系Z1a2a、G1b和C5a2a。雅库特人的母系中有很多成分与贝加尔湖地区的人群更接近,反映了这个人群的南方起源。但雅库特人的母系中也有很多与鄂温克人和埃文人共享的支系。可见,西伯利亚人群的母系遗传结构也能反映这一地区历史上频繁的人群扩张和融合[144](尤卡吉尔人、通古斯语人和雅库特人先后在西伯利亚东部地区扩张,并且都融合了很多在更早时期已经存在的当地人群的母系类型)。

在尼夫赫人的母系中,单倍群D和Y占很高的比例,其他单倍群的比例较少[152]。科里亚克人和伊捷门人的主要母系类型是 C、G1b、Z 和 Y1a[153]。科里亚克人和伊捷门人的母系中几乎没有单倍群 D,这是他们不同于其他北亚人群的地方。鄂霍次克海周围的人群都有一定比例的 Y 单倍群的母系,这可能代表了一个史前时期扩张的人群留下的遗传成分。楚科奇人、因纽特人和阿留申人的主要母系是 A2a、A2b、D2a 和 D4b1a2a1[154,155]。研究表明,这 3 个人群的群体历史也是比较复杂的,他们事实上是不同历史时期中人群多次扩散和混合的结果[93,154,156]。

2.6 Y 染色体的结构

Y 染色体是男性特有的遗传物质。除了两端的拟常染色体区,Y 染色体不发生重组的区域被称为 Y 染色体非重组区域(non-recombination region, NRY),也称男性特异区(male-specific region, MSY)[157],长度约为 57 Mbp,见图 2.1。这一区域严格遵守父系遗传规律。由于 NRY 的长度较大,因此发生回复突变的概率较低。但是,NRY 区域存在很多回文结构和同源序列,在测序和构建系统树时通常都要排除。理论上讲,某一个男性的 Y 染色体 NRY 上发生的稳定突变,必定也仅仅被他的直系男性后裔所继承,而不是其直系后裔的男性就不会继承这个突变。由于 Y 染色体的上述遗传特性,NRY 上的突变可以用于构建具有严格上下游关系的谱系树[158]。当然,平行突变的小概率事件是存在的,但可以通过谱系树上下游关系进行区分。

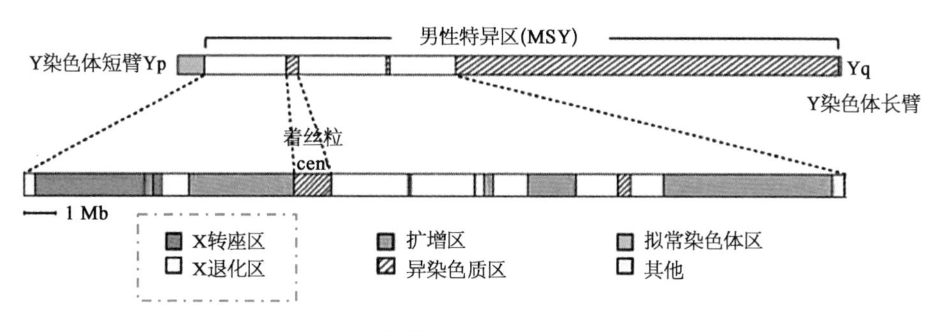

图 2.1 人类 Y 染色体的基本结构(修改自参考文献[157])

自有文字记载以来,父系社会一直是人类的主要社会形态。男性在社会生产生活资料的分配中占据主导地位。一种在社会结构中占据优势地位的父系 Y 染色体类型具有繁殖优势,经过一定的历史时期,更容易成为族群中在比例上占据优势的类型。这在遗传上反映为整个人群的父系遗传支系的有效群体大小(effective population size)较小,仅为常染色体的四分之一,很容易形成具有群体特异性和地方性的支系。对此类单倍群进行研究,可以更加清晰地解读特定人群的历史。上述Y染色体的特性使得Y染色体(NRY区)成为研究人类演化、人群演化历史最强有力的工具之一。经研究发现的单倍群越细化,就越能精细地研究特定族群的历史。

1997年,P. A. Underhill等学者报道了利用高效液相色谱技术(DHPLC)在人类Y染色体上发现的19个新单核苷酸多态(SNP)[159]。此后,Y-SNP的数量迅速增加,成为研究人类族群历史的重要工具。至2008年,总共有近600个Y-SNP被发现[160]。同时,全世界主要人群的父系遗传结构都基本得到了调查[161]。关于Y-SNP分型应用于人类历史研究的重要成果之一是Y染色体"亚当理论"的提出。2000年,同样是P. A. Underhill所在的团队,利用218个Y-SNP位点构成的131个单倍型对世界范围内1 062个Y染色体进行了谱系分析[162]。结果观察到非洲人群拥有最古老的分支,而欧洲和亚洲人群的样本处在分化的末端。这一结果在父系遗传上再次证明了现代人走出非洲的假说。此外,2000年柯越海等人对东亚地区将近12 000份男性随机样本的Y-SNP分型研究显示,所有东亚人群的父系Y染色体都带有M89、M130和YAP这3种突变之一,也就是说都是M168的下游分支,如图2.2所示[163]。这一结果在父系Y染色体的水平上否定了东亚人群中存在早期智人或者直立人直系男性后裔的可能性。到目前为止,所有现存人类已测的线粒体DNA和Y染色体数据都支持现代人走出非洲的理论。不过,在常染色体水平上,现代人确实与其他古人(尼人和丹人)发生过多次混血[65,66]。现代人与其他古人混血而获得的遗传成分在现代人演化和适应环境方面起到了十分

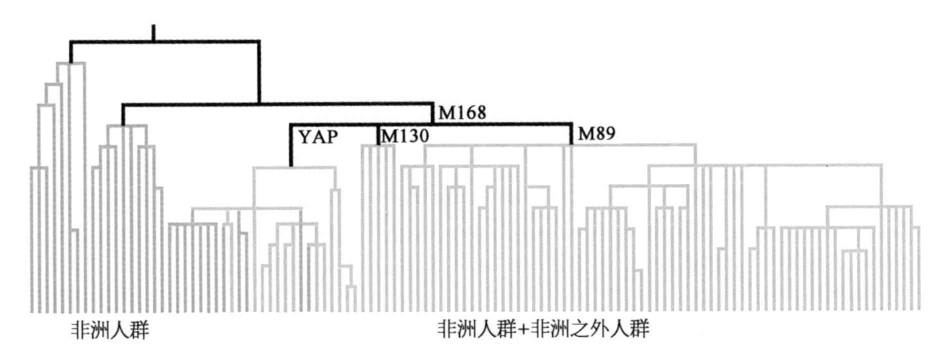

图2.2　东亚人群Y染色体均属于M168的下游[163]

关键的作用[164-166]，但也有一些负面影响[167,168]。这些议题是当前学界研究的前沿热点。

2.7 人类 Y 染色体谱系树及其命名规则

人类 Y 染色体谱系树最早由 P. A. Underhill 等学者在 1997 年绘制[159]，如图2.3所示。P. A. Underhill 等学者在 2000 年对这棵谱系树进行了较大的更新[162]。宿兵等学者在 1999 年建立了适合东亚人群的 Y-SNP 位点组合[169]。世界 Y 染色体协会(The Y Chromosome Consortium，简称 YCC)* 在 2002 年发表论文，规范了之前比较混乱的 Y-SNP 和 Y 染色体单倍群命名系统[158]。此文也定义了新增 Y-SNP 时单倍群的变化规则。之后的研究文献基本都遵守 YCC 提出的系列规则。M. A. Jobling 等学者在 2003 年发表了一份极为实用而美观的人类 Y 染色体谱系树[170]。T. M. Karafet 等学者在 2008 年再次整理和更新了人类 Y 染色体谱系树[160]。自 2005 年开始，由学者组建的 ISOGG 组织以网页形式对人类 Y 染色体谱系树和 Y-SNP 进行维护[171]。以上学者的努力对本学科规范术语的普及以及学科的进步起到了很大的作用。之后，随着个人 DNA 测试的普及，商业机构建立的谱系树网站也展示了很多前沿

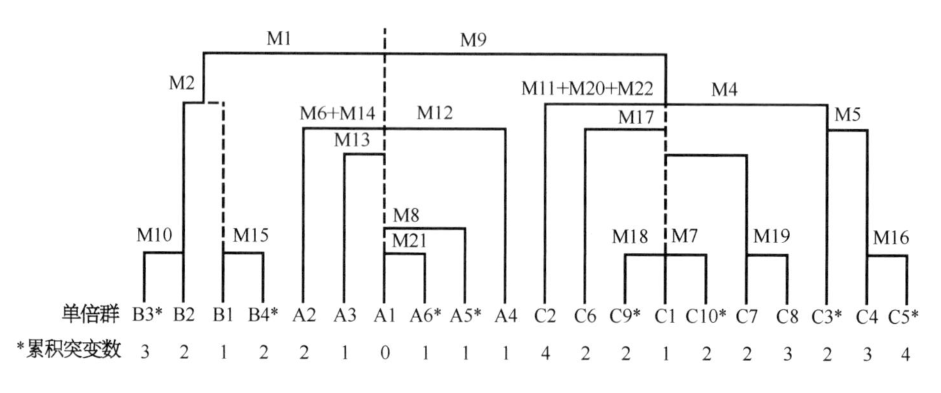

图 2.3 最早的人类 Y 染色体谱系树(重绘自参考文献[159])

* 1991 年，由美国亚利桑那大学的学者发起、数个研究机构的研究者自发组建了一个松散的协会，即 YCC，用于协调 Y 染色体的相关研究、谱系树命名和变化规则。虽然此协会并没有在全世界范围内开展大规模的学术活动，但世界各地机构及学者基本都采纳其建议和规则。2002 年之前，世界范围内的不同机构提出了十余种谱系树构建和命名规则。2002 年，YCC 发布了第一套统一的规则和谱系树(即此处引文[158]，10.1101/gr.217602)。2015 年以后，YCC 在谱系树方面的学术职能由国际遗传系谱学会代替(International Society of Genetic Genealogy，https://isogg.org/)。

的、有用的信息(如 www.yfull.com/tree/)。

图 2.4 展示了东亚人群父系 Y 染色体谱系树在 2000—2017 年之间的变化。可以看到,由于不断发现新的位点和支系,父系类型的单倍群名称也相应不断变化。在未来,图 2.4 展示的谱系树以及各支系的名称还会变化。因此,在阅读父系 Y 染色体研究论文时,确定其测试的标记位点、命名法和谱系树是理解其数据的关键,否则可能会导致错误和混乱。因此,通常都需要实时地参考公开的谱系树(如 www.isogg.org/tree/index.html 和 www.yfull.com/tree/)。

YCC 在 2002 年发表文献,提出了人类 Y 染色体谱系树的命名规则和变化规则,如图 2.5 所示[158]。其主要规则是: ① 如果新发现位点整合了原 G1 和 G2,则后者应重新命名为 G1a 和 G1b。字母和数字交替使用。② 如果新发现位点定义了 G1 下的新支系,则命名为 G1a。字母和数字交替使用。③ 新发现支系(H*)单独形成一个早期支系而使已知所有支系(H1、H2 和 H3)合并为一个新的支系,则后者重新命名为 H1a/H1b/H1c。此外,也允许使用简短的单倍群名称,如 H1a3 - M39 也可写为 H - M39。

在 2015 年之前,以上规则基本适用。随着第二代测序技术的普及,人类 Y - SNP 的总数量在 2015 年以后急速增加。原因是: 从走出非洲的人类男性共祖演化至今,每个非洲之外的男性都积累了近 500 个 Y - SNP。在这些位点中,有很多是共享的,但也有很多是某些族群或某个家族或某个男性独有的。由于人类男性的总人数庞大,Y - SNP 的总数也相应很庞大。按照 YCC 的规则,单倍群的名称将变得无法识别。比如,按照最新的数据,原 O2 - M117 的一个下游支系应命名为 O2a2b1a1a1a1a1b1a1a - F1369。这样的命名不方便使用,既无法快速了解这一细分的下游支系与此前较为常见的大支系的关系,也让人难以理解不同下游支系之间的相关关系,几乎没有意义。

目前学者还在探究可行的 Y - SNP 命名规则[172,173]。就趋势而言,可能会采取糅合了线粒体命名办法的规则,即允许采用字符"撇(′)"、"pre"和希腊字母等符号。这些方法仅可解决部分问题。由于人类父系支系的数量非常庞大,上述变通也难以满足所有的需求。目前还没有一套被普遍接受的新命名规则。目前可预见的办法是: 建立一个可实时查询的、尽量包含所有相关信息的谱系树网站,对此前较常用的 Y - SNP 位点进行重点标注,作为一个可不断查询和对照(如阅读论文时)的工具。

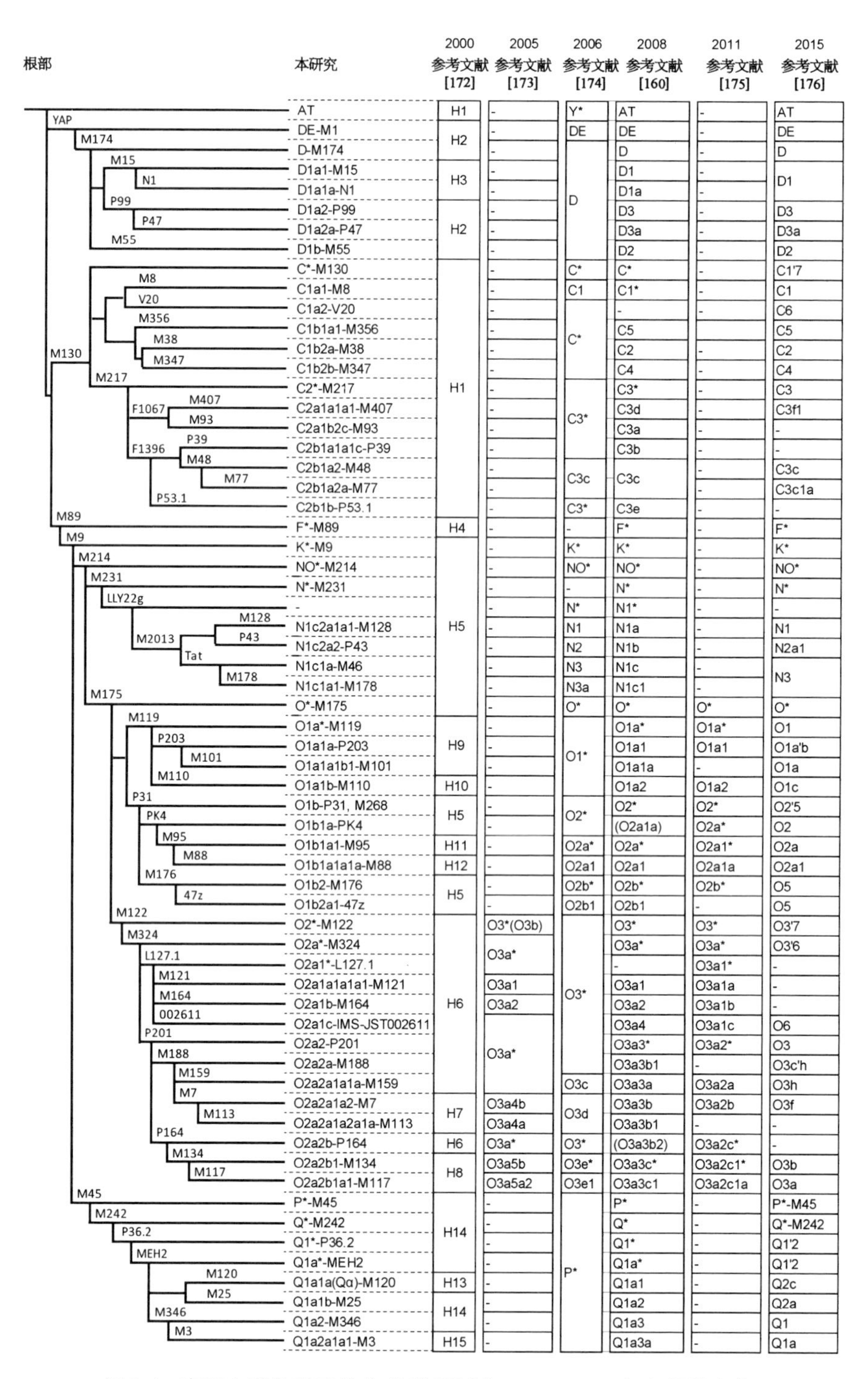

图 2.4　东亚人群父系 Y 染色体谱系树在 2000—2017 年之间的变化

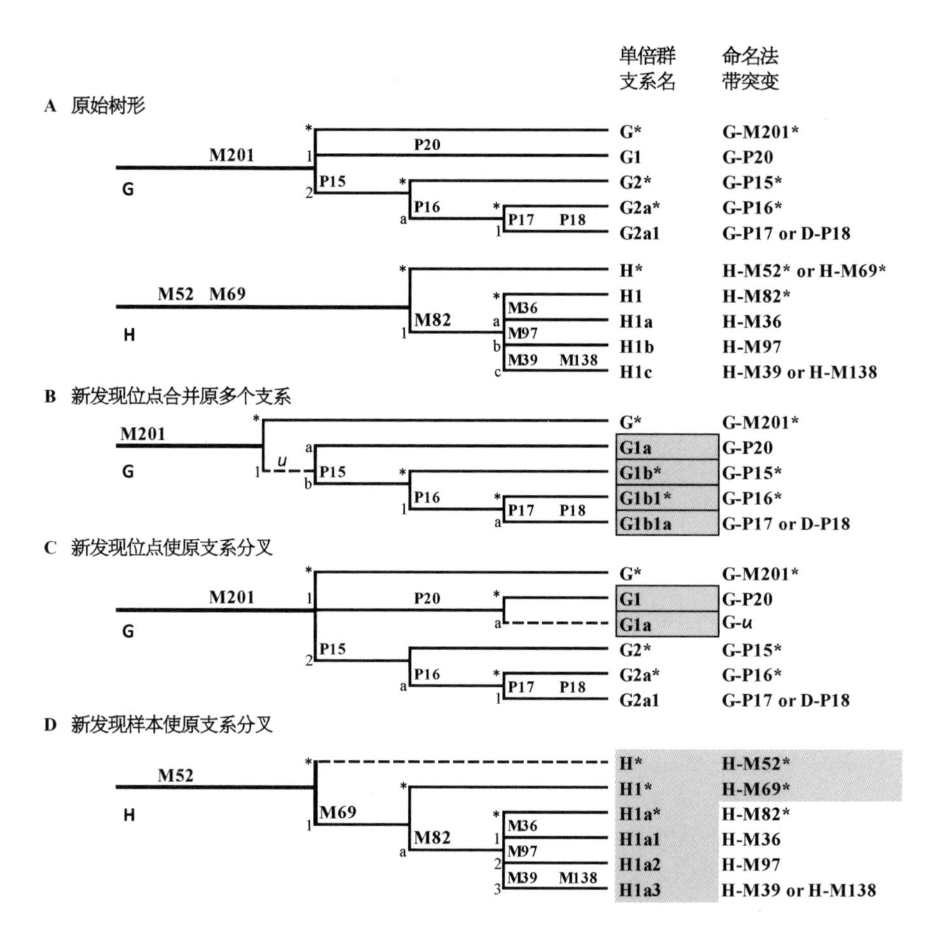

图 2.5　世界 Y 染色体协会在 2002 年提出的命名规则(修改自参考文献[158])

参 考 文 献

[1] Matsumoto H. Characteristics of Mongoloid and neighboring populations based on the genetic markers of human immunoglobulins. Hum Genet, 1988, 80(3): 207 - 218.

[2] 肖春杰,杜若甫,Cavalli-Sforza L L,等.中国人群基因频率的主成分分析.中国科学 C 辑:生命科学,2000,4: 434 - 442,449.

[3] 肖春杰,Cavalli-Sforza L L, Minch E,等.中国人群的等位基因地理分布图.遗传学报,2000,1: 1 - 6.

[4] Di D, Sanchez-Mazas A. HLA variation reveals genetic continuity rather than population group structure in East Asia. Immunogenetics, 2014, 66(3): 153 - 160.

[5] Di D, Sanchez-Mazas A. Challenging views on the peopling history of East Asia: the story according to HLA markers. Am J Phys Anthropol, 2011, 145(1): 81 - 96.

[6] Di D, Sanchez-Mazas A, Currat M. Computer simulation of human leukocyte antigen genes supports two main routes of colonization by human populations in East Asia. BMC Evol Biol, 2015, 15: 240.

[7] Cavalli-Sforza L L, Menozzi P, Piazza A. The History and Geography of Human Genes. Princeton: Princeton University Press, 1996.

[8] Mountain J L, Cavalli-Sforza L L. Multilocus genotypes, a tree of individuals, and human evolutionary history. Am J Hum Genet, 1997, 61(3): 705 - 718.

[9] Mendez F L, Watkins J C, Hammer M F. Neandertal origin of genetic variation at the cluster of OAS immunity genes. Mol Biol Evol, 2013, 30(4): 798 - 801.

[10] Cavalli-Sforza L L, Cavalli-Sforza F, Thorne S. The Great Human Diasporas: The History of Diversity and Evolution. New York: Perseus Books, 1995.

[11] Rosenberg N A, Mahajan S, Ramachandran S, et al. Clines, clusters, and the effect of study design on the inference of human population structure. PLoS Genet, 2005, 1(6): e70.

[12] Shriver M D, Kittles R A. Genetic ancestry and the search for personalized genetic histories. Nat Rev Genet, 2004, 5(8): 611 - 618.

[13] Bergström A, Mccarthy S A, Hui R, et al. Insights into human genetic variation and population history from 929 diverse genomes. Science, 2020, 367(6484): eaay5012.

[14] International Hapmap C, Frazer K A, Ballinger D G, et al. A second generation human haplotype map of over 3. 1 million SNPs. Nature, 2007, 449(7164): 851 - 861.

[15] Sabeti P C, Varilly P, Fry B, et al. Genome-wide detection and characterization of positive selection in human populations. Nature, 2007, 449(7164): 913 - 918.

[16] Dumitrescu L, Carty C L, Taylor K, et al. Genetic determinants of lipid traits in diverse populations from the population architecture using genomics and epidemiology (PAGE) study. PLoS Genet, 2011, 7(6): e1002138.

[17] Narayanan R, Butani V, Boyer D S, et al. Complement factor H polymorphism in age-related macular degeneration. Ophthalmology, 2007, 114(7): 1327 - 1331.

[18] Visscher P M, Wray N R, Zhang Q, et al. 10 Years of GWAS discovery: biology, function, and translation. Am J Hum Genet, 2017, 101(1): 5 - 22.

[19] Lachance J, Vernot B, Elbers C C, et al. Evolutionary history and adaptation from high-coverage whole-genome sequences of diverse African hunter-gatherers. Cell, 2012, 150(3): 457 - 469.

[20] Haber M, Mezzavilla M, Bergstrom A, et al. Chad genetic diversity reveals an African history marked by multiple holocene Eurasian migrations. Am J Hum Genet, 2016, 99(6): 1316 - 1324.

[21] Gurdasani D, Carstensen T, Tekola-Ayele F, et al. The African Genome Variation Project shapes medical genetics in Africa. Nature, 2015, 517(7534): 327 - 332.

[22] Hsieh P, Veeramah K R, Lachance J, et al. Whole-genome sequence analyses of Western Central African Pygmy hunter-gatherers reveal a complex demographic

history and identify candidate genes under positive natural selection. Genome Res, 2016, 26(3): 279 - 290.

[23] Rodriguez-Flores J L, Fakhro K, Agosto-Perez F, et al. Indigenous Arabs are descendants of the earliest split from ancient Eurasian populations. Genome Res, 2016, 26(2): 151 - 162.

[24] Lazaridis I, Nadel D, Rollefson G, et al. Genomic insights into the origin of farming in the ancient Near East. Nature, 2016, 536(7617): 419 - 424.

[25] Novembre J, Johnson T, Bryc K, et al. Genes mirror geography within Europe. Nature, 2008, 456(7218): 98 - 101.

[26] Lao O, Lu T T, Nothnagel M, et al. Correlation between genetic and geographic structure in Europe. Curr Biol, 2008, 18(16): 1241 - 1248.

[27] Martiniano R, Caffell A, Holst M, et al. Genomic signals of migration and continuity in Britain before the Anglo-Saxons. Nat Commun, 2016, 7: 10326.

[28] Schiffels S, Haak W, Paajanen P, et al. Iron Age and Anglo-Saxon genomes from East England reveal British migration history. Nat Commun, 2016, 7: 10408.

[29] Reich D, Thangaraj K, Patterson N, et al. Reconstructing Indian population history. Nature, 2009, 461(7263): 489 - 494.

[30] Moorjani P, Thangaraj K, Patterson N, et al. Genetic evidence for recent population mixture in India. Am J Hum Genet, 2013, 93(3): 422 - 438.

[31] Basu A, Sarkar-Roy N, Majumder P P. Genomic reconstruction of the history of extant populations of India reveals five distinct ancestral components and a complex structure. Proc Natl Acad Sci U S A, 2016, 113(6): 1594 - 1599.

[32] Watkins W S, Prasad B V, Naidu J M, et al. Diversity and divergence among the tribal populations of India. Ann Hum Genet, 2005, 69(Pt 6): 680 - 692.

[33] Kivisild T, Rootsi S, Metspalu M, et al. The genetic heritage of the earliest settlers persists both in Indian tribal and caste populations. Am J Hum Genet, 2003, 72(2): 313 - 332.

[34] Reddy B M, Naidu V M, Madhavi V K, et al. Microsatellite diversity in Andhra Pradesh, India: genetic stratification *versus* social stratification. Hum Biol, 2005, 77(6): 803 - 823.

[35] Mondal M, Casals F, Xu T, et al. Genomic analysis of Andamanese provides insights into ancient human migration into Asia and adaptation. Nat Genet, 2016, 48(9): 1066 - 1070.

[36] Aghakhanian F, Yunus Y, Naidu R, et al. Unravelling the genetic history of Negritos and indigenous populations of Southeast Asia. Genome Biol Evol, 2015, 7(5): 1206 - 1215.

[37] Heyer E, Georges M, Pachner M, et al. Genetic diversity of four Filipino Negrito populations from Luzon: comparison of male and female effective population sizes and differential integration of immigrants into Aeta and Agta communities. Hum Biol,

2013，85(1－3)：189－208.
[38] Deng L，Hoh B P，Lu D，et al. The population genomic landscape of human genetic structure，admixture history and local adaptation in Peninsular Malaysia. Hum Genet，2014，133(9)：1169－1185.
[39] Jinam T A，Phipps M E，Saitou N，et al. Admixture patterns and genetic differentiation in Negrito groups from West Malaysia estimated from genome-wide SNP data. Hum Biol，2013，85(1－3)：173－188.
[40] Rasmussen M，Guo X，Wang Y，et al. An Aboriginal Australian genome reveals separate human dispersals into Asia. Science，2011，334(6052)：94－98.
[41] Mcevoy B P，Lind J M，Wang E T，et al. Whole-genome genetic diversity in a sample of Australians with deep Aboriginal ancestry. Am J Hum Genet，2010，87(2)：297－305.
[42] Malaspinas A S，Westaway M C，Muller C，et al. A genomic history of Aboriginal Australia. Nature，2016，538(7624)：207－214.
[43] Skoglund P，Posth C，Sirak K，et al. Genomic insights into the peopling of the Southwest Pacific. Nature，2016，538(7626)：510－513.
[44] Lipson M，Skoglund P，Spriggs M，et al. Population turnover in remote oceania shortly after initial settlement. Curr Biol，2018，28(7)：1157－1165 e7.
[45] Posth C，Nagele K，Colleran H，et al. Language continuity despite population replacement in remote Oceania. Nat Ecol Evol，2018，2(4)：731－740.
[46] Pugach I，Duggan A T，Merriwether D A，et al. The gateway from near into remote Oceania：new insights from genome-wide data. Mol Biol Evol，2018，35(4)：871－886.
[47] Nakagome S，Sato T，Ishida H，et al. Model-based verification of hypotheses on the origin of modern Japanese revisited by Bayesian inference based on genome-wide SNP data. Mol Biol Evol，2015，32(6)：1533－1543.
[48] Sato T，Nakagome S，Watanabe C，et al. Genome-wide SNP analysis reveals population structure and demographic history of the Ryukyu Islanders in the southern part of the Japanese archipelago. Mol Biol Evol，2014，31(11)：2929－2940.
[49] Xu S，Yin X，Li S，et al. Genomic dissection of population substructure of Han Chinese and its implication in association studies. Am J Hum Genet，2009，85(6)：762－774.
[50] Chen J，Zheng H，Bei J X，et al. Genetic structure of the Han Chinese population revealed by genome-wide SNP variation. Am J Hum Genet，2009，85(6)：775－785.
[51] Qin P，Zhou Y，Lou H，et al. Quantitating and dating recent gene flow between European and East Asian populations. Sci Rep，2015，5：9500.
[52] Jeong C，Ozga A T，Witonsky D B，et al. Long-term genetic stability and a high-altitude East Asian origin for the peoples of the high valleys of the Himalayan arc. Proc Natl Acad Sci U S A，2016，113(27)：7485－7490.

[53] Xu S, Li S, Yang Y, et al. A genome-wide search for signals of high-altitude adaptation in Tibetans. Mol Biol Evol, 2011, 28(2): 1003 - 1011.

[54] Huerta-Sanchez E, Jin X, Asan, et al. Altitude adaptation in Tibetans caused by introgression of Denisovan-like DNA. Nature, 2014, 512(7513): 194 - 197.

[55] Lou H, Lu Y, Lu D, et al. A 3.4-kb copy-number deletion near EPAS1 is significantly enriched in high-altitude Tibetans but absent from the Denisovan sequence. Am J Hum Genet, 2015, 97(1): 54 - 66.

[56] The Hugo Pan-Asian Snp Consortium, Abdulla M A, Ahmed I, et al. Mapping human genetic diversity in Asia. Science, 2009, 326(5959): 1541 - 1545.

[57] Cardona A, Pagani L, Antao T, et al. Genome-wide analysis of cold adaptation in indigenous Siberian populations. PLoS One, 2014, 9(5): e98076.

[58] Raghavan M, Skoglund P, Graf K E, et al. Upper Paleolithic Siberian genome reveals dual ancestry of Native Americans. Nature, 2014, 505(7481): 87 - 91.

[59] Pugach I, Matveev R, Spitsyn V, et al. The complex admixture history and recent southern origins of Siberian populations. Mol Biol Evol, 2016, 33(7): 1777 - 1795.

[60] Gilbert M T, Jenkins D L, Gotherstrom A, et al. DNA from pre-Clovis human coprolites in Oregon, North America. Science, 2008, 320(5877): 786 - 789.

[61] Rasmussen M, Anzick S L, Waters M R, et al. The genome of a late Pleistocene human from a Clovis burial site in western Montana. Nature, 2014, 506(7487): 225 - 229.

[62] Raghavan M, Steinrucken M, Harris K, et al. Genomic evidence for the Pleistocene and recent population history of Native Americans. Science, 2015, 349(6250): aab3884.

[63] Cann R L, Stoneking M, Wilson A C. Mitochondrial DNA and human evolution. Nature, 1987, 325(6099): 31 - 36.

[64] Behar D M, Van Oven M, Rosset S, et al. A "Copernican" reassessment of the human mitochondrial DNA tree from its root. Am J Hum Genet, 2012, 90(4): 675 - 684.

[65] Prufer K, Racimo F, Patterson N, et al. The complete genome sequence of a Neanderthal from the Altai Mountains. Nature, 2014, 505(7481): 43 - 49.

[66] Meyer M, Kircher M, Gansauge M T, et al. A high-coverage genome sequence from an archaic Denisovan individual. Science, 2012, 338(6104): 222 - 226.

[67] Gonder M K, Mortensen H M, Reed F A, et al. Whole-mtDNA genome sequence analysis of ancient African lineages. Mol Biol Evol, 2007, 24(3): 757 - 768.

[68] Cerezo M, Gusmao L, Cerny V, et al. Comprehensive analysis of Pan-African mitochondrial DNA variation provides new insights into continental variation and demography. J Genet Genomics, 2016, 43(3): 133 - 143.

[69] Gonzalez A M, Larruga J M, Abu-Amero K K, et al. Mitochondrial lineage M1 traces an early human backflow to Africa. BMC Genomics, 2007, 8: 223.

[70] Winters C. The African origin of mtDNA haplogroup M1. Curr Res J Biol Sci, 2010, 2

(6): 380－389.

[71] Salas A, Richards M, De La Fe T, et al. The making of the African mtDNA landscape. Am J Hum Genet, 2002, 71(5): 1082－1111.

[72] Soares P, Alshamali F, Pereira J B, et al. The expansion of mtDNA haplogroup L3 within and out of Africa. Mol Biol Evol, 2012, 29(3): 915－927.

[73] Fernandes V, Triska P, Pereira J B, et al. Genetic stratigraphy of key demographic events in Arabia. PLoS One, 2015, 10(3): e0118625.

[74] Abu-Amero K K, Larruga J M, Cabrera V M, et al. Mitochondrial DNA structure in the Arabian Peninsula. BMC Evol Biol, 2008, 8: 45.

[75] Fernandes V, Alshamali F, Alves M, et al. The Arabian cradle: mitochondrial relicts of the first steps along the southern route out of Africa. Am J Hum Genet, 2012, 90(2): 347－355.

[76] Gandini F, Achilli A, Pala M, et al. Mapping human dispersals into the Horn of Africa from Arabian Ice Age refugia using mitogenomes. Sci Rep, 2016, 6: 25472.

[77] Luis J R, Rowold D J, Regueiro M, et al. The Levant *versus* the Horn of Africa: evidence for bidirectional corridors of human migrations. Am J Hum Genet, 2004, 74(3): 532－544.

[78] Hodgson J A, Mulligan C J, Al-Meeri A, et al. Early back-to-Africa migration into the Horn of Africa. PLoS Genet, 2014, 10(6): e1004393.

[79] Theyab J B, Al-Bustan S, Crawford M H. The genetic structure of the Kuwaiti population: mtDNA inter- and intra-population variation. Hum Biol, 2012, 84(4): 379－403.

[80] Pennarun E, Kivisild T, Metspalu E, et al. Divorcing the Late Upper Palaeolithic demographic histories of mtDNA haplogroups M1 and U6 in Africa. BMC Evol Biol, 2012, 12: 234.

[81] Cerny V, Cizkova M, Poloni E S, et al. Comprehensive view of the population history of Arabia as inferred by mtDNA variation. Am J Phys Anthropol, 2016, 159(4): 607－616.

[82] Mellars P. A new radiocarbon revolution and the dispersal of modern humans in Eurasia. Nature, 2006, 439(7079): 931－935.

[83] Benazzi S, Slon V, Talamo S, et al. The makers of the Protoaurignacian and implications for Neandertal extinction. Science, 2015, 348(6236): 793－796.

[84] Sikora M, Seguin-Orlando A, Sousa V C, et al. Ancient genomes show social and reproductive behavior of early Upper Paleolithic foragers. Science, 2017, 358(6363): 659－662.

[85] Fu Q, Posth C, Hajdinjak M, et al. The genetic history of Ice Age Europe. Nature, 2016, 534(7606): 200－205.

[86] Pala M, Olivieri A, Achilli A, et al. Mitochondrial DNA signals of late glacial recolonization of Europe from near eastern refugia. Am J Hum Genet, 2012, 90(5):

915－924.
[87] Stojak J, Mcdevitt A D, Herman J S, et al. Between the Balkans and the Baltic: phylogeography of a common vole mitochondrial DNA lineage limited to central Europe. PLoS One, 2016, 11(12): e0168621.
[88] Malyarchuk B A, Derenko M, Grzybowski T, et al. The peopling of Europe from the mitochondrial haplogroup U5 perspective. PLoS One, 2010, 5(4): e10285.
[89] Omrak A, Gunther T, Valdiosera C, et al. Genomic evidence establishes anatolia as the source of the European neolithic gene pool. Curr Biol, 2016, 26(2): 270－275.
[90] Ingman M, Gyllensten U. Mitochondrial genome variation and evolutionary history of Australian and New Guinean aborigines. Genome Res, 2003, 13(7): 1600－1606.
[91] Van Holst Pellekaan S M, Ingman M, Roberts-Thomson J, et al. Mitochondrial genomics identifies major haplogroups in Aboriginal Australians. Am J Phys Anthropol, 2006, 131(2): 282－294.
[92] Hudjashov G, Kivisild T, Underhill P A, et al. Revealing the prehistoric settlement of Australia by Y chromosome and mtDNA analysis. Proc Natl Acad Sci USA, 2007: 104.
[93] Tamm E, Kivisild T, Reidla M, et al. Beringian standstill and spread of Native American founders. PLoS One, 2007, 2(9): e829.
[94] Goebel T, Waters M R, O'rourke D H. The late Pleistocene dispersal of modern humans in the Americas. Science, 2008, 319(5869): 1497－1502.
[95] Skoglund P, Reich D. A genomic view of the peopling of the Americas. Curr Opin Genet Dev, 2016, 41: 27－35.
[96] Achilli A, Perego U A, Bravi C M, et al. The phylogeny of the four pan-American mtDNA haplogroups: implications for evolutionary and disease studies. PLoS One, 2008, 3(3): e1764.
[97] Quintana-Murci L, Chaix R, Wells R S, et al. Where west meets east: the complex mtDNA landscape of the southwest and central Asian corridor. Am J Hum Genet, 2004, 74(5): 827－845.
[98] Palanichamy M G, Sun C, Agrawal S, et al. Phylogeny of mitochondrial DNA macrohaplogroup N in India, based on complete sequencing: implications for the peopling of South Asia. Am J Hum Genet, 2004, 75(6): 966－978.
[99] Metspalu M, Kivisild T, Metspalu E, et al. Most of the extant mtDNA boundaries in South and Southwest Asia were likely shaped during the initial settlement of Eurasia by anatomically modern humans. BMC Genet, 2004, 5: 26.
[100] Li H, Cai X, Winograd-Cort E R, et al. Mitochondrial DNA diversity and population differentiation in southern East Asia. Am J Phys Anthropol, 2007, 134(4): 481－488.
[101] Wen B, Li H, Gao S, et al. Genetic structure of Hmong-Mien speaking populations in East Asia as revealed by mtDNA lineages. Mol Biol Evol, 2005, 22(3): 725－734.

[102] Wen B, Xie X, Gao S, et al. Analyses of genetic structure of Tibeto-Burman populations reveals sex-biased admixture in southern Tibeto-Burmans. Am J Hum Genet, 2004, 74(5): 856 - 865.

[103] Summerer M, Horst J, Erhart G, et al. Large-scale mitochondrial DNA analysis in Southeast Asia reveals evolutionary effects of cultural isolation in the multi-ethnic population of Myanmar. BMC Evol Biol, 2014, 14: 17.

[104] Macaulay V, Hill C, Achilli A, et al. Single, rapid coastal settlement of Asia revealed by analysis of complete mitochondrial genomes. Science, 2005, 308(5724): 1034 - 1036.

[105] Kloss-Brandstätter A, Summerer M, Horst D, et al. An in-depth analysis of the mitochondrial phylogenetic landscape of Cambodia. Sci Rep, 2021, 11(1): 10816.

[106] Endicott P, Metspalu M, Stringer C, et al. Multiplexed SNP typing of ancient DNA clarifies the origin of Andaman mtDNA haplogroups amongst South Asian tribal populations. PLoS One, 2006, 1: e81.

[107] Tumonggor M K, Karafet T M, Hallmark B, et al. The Indonesian archipelago: an ancient genetic highway linking Asia and the Pacific. J Hum Genet, 2013, 58(3): 165 - 173.

[108] Delfin F, Myles S, Choi Y, et al. Bridging near and remote Oceania: mtDNA and NRY variation in the Solomon Islands. Mol Biol Evol, 2012, 29(2): 545 - 564.

[109] Jinam T A, Hong L C, Phipps M E, et al. Evolutionary history of continental southeast Asians:"early train" hypothesis based on genetic analysis of mitochondrial and autosomal DNA data. Mol Biol Evol, 2012, 29(11): 3513 - 3527.

[110] Kayser M, Brauer S, Cordaux R, et al. Melanesian and Asian origins of Polynesians: mtDNA and Y chromosome gradients across the Pacific. Mol Biol Evol, 2006, 23(11): 2234 - 2244.

[111] Kayser M, Choi Y, Van Oven M, et al. The impact of the Austronesian expansion: evidence from mtDNA and Y chromosome diversity in the Admiralty Islands of Melanesia. Mol Biol Evol, 2008, 25(7): 1362 - 1374.

[112] Soares P A, Trejaut J A, Rito T, et al. Resolving the ancestry of Austronesian-speaking populations. Hum Genet, 2016, 135(3): 309 - 326.

[113] Duggan A T, Evans B, Friedlaender F R, et al. Maternal history of Oceania from complete mtDNA genomes: contrasting ancient diversity with recent homogenization due to the Austronesian expansion. Am J Hum Genet, 2014, 94(5): 721 - 733.

[114] Melton T, Peterson R, Redd A J, et al. Polynesian genetic affinities with Southeast Asian populations as identified by mtDNA analysis. Am J Hum Genet, 1995, 57(2): 403 - 414.

[115] Tumonggor M K, Karafet T M, Downey S, et al. Isolation, contact and social behavior shaped genetic diversity in West Timor. J Hum Genet, 2014, 59(9): 494 - 503.

[116] Soares P, Rito T, Trejaut J, et al. Ancient voyaging and Polynesian origins. Am J Hum Genet, 2011, 88(2): 239 - 247.
[117] Delfin F, Min-Shan Ko A, Li M, et al. Complete mtDNA genomes of Filipino ethnolinguistic groups: a melting pot of recent and ancient lineages in the Asia-Pacific region. Eur J Hum Genet, 2014, 22(2): 228 - 237.
[118] Van Oven M, Hammerle J M, Van Schoor M, et al. Unexpected island effects at an extreme: reduced Y chromosome and mitochondrial DNA diversity in Nias. Mol Biol Evol, 2011, 28(4): 1349 - 1361.
[119] Kong Q P, Yao Y G, Sun C, et al. Phylogeny of East Asian mitochondrial DNA lineages inferred from complete sequences. Am J Hum Genet, 2003, 73 (3): 671 - 676.
[120] Yao Y G, Kong Q P, Bandelt H J, et al. Phylogeographic differentiation of mitochondrial DNA in Han Chinese. Am J Hum Genet, 2002, 70(3): 635 - 651.
[121] Yao Y G, Kong Q P, Wang C Y, et al. Different matrilineal contributions to genetic structure of ethnic groups in the silk road region in China. Mol Biol Evol, 2004, 21 (12): 2265 - 2280.
[122] Kong Q P, Bandelt H J, Sun C, et al. Updating the East Asian mtDNA phylogeny: a prerequisite for the identification of pathogenic mutations. Hum Mol Genet, 2006, 15(13): 2076 - 2086.
[123] Qin Z, Yang Y, Kang L, et al. A mitochondrial revelation of early human migrations to the Tibetan Plateau before and after the last glacial maximum. Am J Phys Anthropol, 2010, 143(4): 555 - 569.
[124] Qi X, Cui C, Peng Y, et al. Genetic evidence of paleolithic colonization and neolithic expansion of modern humans on the Tibetan Plateau. Mol Biol Evol, 2013, 30(8): 1761 - 1778.
[125] Zhao M, Kong Q P, Wang H W, et al. Mitochondrial genome evidence reveals successful Late Paleolithic settlement on the Tibetan Plateau. Proc Natl Acad Sci U S A, 2009, 106(50): 21230 - 21235.
[126] Bodner M, Zimmermann B, Rock A, et al. Southeast Asian diversity: first insights into the complex mtDNA structure of Laos. BMC Evol Biol, 2011, 11: 49.
[127] Kutanan W, Kampuansai J, Srikummool M, et al. Contrasting paternal and maternal genetic histories of Thai and Lao populations. Mol Biol Evol, 2019, 36(7): 1490 - 1506.
[128] Kutanan W, Kampuansai J, Brunelli A, et al. New insights from Thailand into the maternal genetic history of mainland Southeast Asia. Eur J Hum Genet, 2018, 26 (6): 898 - 911.
[129] Kutanan W, Kampuansai J, Changmai P, et al. Contrasting maternal and paternal genetic variation of hunter-gatherer groups in Thailand. Sci Rep, 2018, 8(1): 1536.
[130] Kutanan W, Kampuansai J, Srikummool M, et al. Complete mitochondrial genomes

of Thai and Lao populations indicate an ancient origin of Austroasiatic groups and demic diffusion in the spread of Tai-Kadai languages. Hum Genet，2017，136(1)：85－98.

[131] Zhang X，Qi X，Yang Z，et al. Analysis of mitochondrial genome diversity identifies new and ancient maternal lineages in Cambodian aborigines. Nat Commun，2013，4：2599.

[132] Peng M S，Quang H H，Dang K P，et al. Tracing the Austronesian footprint in mainland Southeast Asia：a perspective from mitochondrial DNA. Mol Biol Evol，2010，27(10)：2417－2430.

[133] Horai S，Murayama K，Hayasaka K，et al. MtDNA polymorphism in East Asian populations，with special reference to the peopling of Japan. Am J Hum Genet，1996，59(3)：579－590.

[134] Tanaka M，Cabrera V M，Gonzalez A M，et al. Mitochondrial genome variation in eastern Asia and the peopling of Japan. Genome Res，2004，14(10A)：1832－1850.

[135] Lee H Y，Yoo J E，Park M J，et al. East Asian mtDNA haplogroup determination in Koreans：haplogroup-level coding region SNP analysis and subhaplogroup-level control region sequence analysis. Electrophoresis，2006，27(22)：4408－4418.

[136] Hong S B，Kim K C，Kim W. Population and forensic genetic analyses of mitochondrial DNA control region variation from six major provinces in the Korean population. Forensic Sci Int Genet，2015，17：99－103.

[137] Peng M S，Zhang Y P. Inferring the population expansions in peopling of Japan. PLoS One，2011，6(6)：e21509.

[138] Tajima A，Hayami M，Tokunaga K，et al. Genetic origins of the Ainu inferred from combined DNA analyses of maternal and paternal lineages. J Hum Genet，2004，49(4)：187－193.

[139] Kolman C J，Sambuughin N，Bermingham E. Mitochondrial DNA analysis of Mongolian populations and implications for the origin of New World founders. Genetics，1996，142(4)：1321－1334.

[140] Cheng B，Tang W，He L，et al. Genetic imprint of the Mongol：signal from phylogeographic analysis of mitochondrial DNA. J Hum Genet，2008，53(10)：905－913.

[141] Derenko M，Malyarchuk B A，Dambueva I K，et al. Mitochondrial DNA variation in two South Siberian aboriginal populations：implications for the genetic history of North Asia. Hum Biol，2000，72(6)：945－973.

[142] Fedorova S A，Reidla M，Metspalu E，et al. Autosomal and uniparental portraits of the native populations of Sakha(Yakutia)：implications for the peopling of Northeast Eurasia. BMC Evol Biol，2013，13：127.

[143] Pakendorf B，Novgorodov I N，Osakovskij V L，et al. Mating patterns amongst Siberian reindeer herders：inferences from mtDNA and Y-chromosomal analyses. Am

J Phys Anthropol, 2007, 133(3): 1013 - 1027.
[144] Derenko M, Malyarchuk B, Grzybowski T, et al. Phylogeographic analysis of mitochondrial DNA in northern Asian populations. Am J Hum Genet, 2007, 81(5): 1025 - 1041.
[145] Pakendorf B, Wiebe V, Tarskaia L A, et al. Mitochondrial DNA evidence for admixed origins of central Siberian populations. Am J Phys Anthropol, 2003, 120 (3): 211 - 224.
[146] Starikovskaya E B, Sukernik R I, Derbeneva O A, et al. Mitochondrial DNA diversity in indigenous populations of the southern extent of Siberia, and the origins of Native American haplogroups. Ann Hum Genet, 2005, 69(Pt 1): 67 - 89.
[147] Derenko M, Denisova G A, Maliarchuk B A, et al. Structure of the gene pool of ethnic groups from the Altai-Sayan region from data on mitochondrial polymorphism. Genetika, 2001, 37(10): 1402 - 1410.
[148] Duggan A T, Whitten M, Wiebe V, et al. Investigating the prehistory of Tungusic peoples of Siberia and the Amur-Ussuri region with complete mtDNA genome sequences and Y-chromosomal markers. PLoS One, 2013, 8(12): e83570.
[149] Jin H J, Kim K C, Kim W. Genetic diversity of two haploid markers in the Udegey population from southeastern Siberia. Am J Phys Anthropol, 2010, 142 (2): 303 - 313.
[150] Pakendorf B, Novgorodov I N, Osakovskij V L, et al. Investigating the effects of prehistoric migrations in Siberia: genetic variation and the origins of Yakuts. Hum Genet, 2006, 120(3): 334 - 353.
[151] Zlojutro M, Tarskaia L A, Sorensen M, et al. Coalescent simulations of Yakut mtDNA variation suggest small founding population. Am J Phys Anthropol, 2009, 139(4): 474 - 482.
[152] Torroni A, Sukernik R I, Schurr T G, et al. MtDNA variation of aboriginal Siberians reveals distinct genetic affinities with Native Americans. Am J Hum Genet, 1993, 53 (3): 591 - 608.
[153] Schurr T G, Sukernik R I, Starikovskaya Y B, et al. Mitochondrial DNA variation in Koryaks and Itel'men: population replacement in the Okhotsk Sea-Bering Sea region during the Neolithic. Am J Phys Anthropol, 1999, 108(1): 1 - 39.
[154] Dryomov S V, Nazhmidenova A M, Shalaurova S A, et al. Mitochondrial genome diversity at the Bering Strait area highlights prehistoric human migrations from Siberia to northern North America. Eur J Hum Genet, 2015, 23(10): 1399 - 1404.
[155] Derbeneva O A, Starikovskaya E B, Wallace D C, et al. Traces of early Eurasians in the Mansi of Northwest Siberia revealed by mitochondrial DNA analysis. Am J Hum Genet, 2002, 70(4): 1009 - 1014.
[156] Volodko N V, Starikovskaya E B, Mazunin I O, et al. Mitochondrial genome diversity in arctic Siberians, with particular reference to the evolutionary history of

Beringia and Pleistocenic peopling of the Americas. Am J Hum Genet, 2008, 82(5): 1084 - 1100.

[157] Skaletsky H, Kuroda-Kawaguchi T, Minx P J, et al. The male-specific region of the human Y chromosome is a mosaic of discrete sequence classes. Nature, 2003, 423 (6942): 825 - 837.

[158] Y Chromosome Consortium. A nomenclature system for the tree of human Y-chromosomal binary haplogroups. Genome Res, 2002, 12(2): 339 - 348.

[159] Underhill P A, Jin L, Lin A A, et al. Detection of numerous Y chromosome biallelic polymorphisms by denaturing high-performance liquid chromatography. Genome Res, 1997, 7(10): 996 - 1005.

[160] Karafet T M, Mendez F L, Meilerman M B, et al. New binary polymorphisms reshape and increase resolution of the human Y chromosomal haplogroup tree. Genome Res, 2008, 18(5): 830 - 838.

[161] Bajic V, Barbieri C, Hubner A, et al. Genetic structure and sex-biased gene flow in the history of southern African populations. Am J Phys Anthropol, 2018, 167(3): 656 - 671.

[162] Underhill P A, Shen P, Lin A A, et al. Y chromosome sequence variation and the history of human populations. Nat Genet, 2000, 26(3): 358 - 361.

[163] Ke Y, Su B, Song X, et al. African origin of modern humans in East Asia: a tale of 12,000 Y chromosomes. Science, 2001, 292(5519): 1151 - 1153.

[164] Lu D, Lou H, Yuan K, et al. Ancestral origins and genetic history of Tibetan Highlanders. Am J Hum Genet, 2016, 99(3): 580 - 594.

[165] Dannemann M, Andres A M, Kelso J. Introgression of Neandertal- and Denisovan-like haplotypes contributes to adaptive variation in human toll-like receptors. Am J Hum Genet, 2016, 98(1): 22 - 33.

[166] Gittelman R M, Schraiber J G, Vernot B, et al. Archaic hominin admixture facilitated adaptation to out-of-Africa environments. Curr Biol, 2016, 26(24): 3375 - 3382.

[167] Harris K, Nielsen R. The genetic cost of Neanderthal introgression. Genetics, 2016, 203(2): 881 - 891.

[168] Gibbons A. Neandertal genes linked to modern diseases. Science, 2016, 351(6274): 648 - 649.

[169] Su B, Xiao J, Underhill P, et al. Y-chromosome evidence for a northward migration of modern humans into eastern Asia during the last Ice Age. Am J Hum Genet, 1999, 65(6): 1718 - 1724.

[170] Jobling M A, Tyler-Smith C. The human Y chromosome: an evolutionary marker comes of age. Nat Rev Genet, 2003, 4(8): 598 - 612.

[171] http: //isogg. org/tree/index. html. Y-DNA Haplogroup Tree 2017, Version 12. 78, 25 March 2017. http: //isogg. org/tree/index. html.

[172] Su B, Xiao C, Deka R, et al. Y chromosome haplotypes reveal prehistorical migrations to the Himalayas. Hum Genet, 2000, 107(6): 582 - 590.

[173] Shi H, Dong Y L, Wen B, et al. Y-chromosome evidence of southern origin of the East Asian-specific haplogroup O3 - M122. Am J Hum Genet, 2005, 77(3): 408 - 419.

[174] Xue Y, Zerjal T, Bao W, et al. Male demography in East Asia: a north-south contrast in human population expansion times. Genetics, 2006, 172(4): 2431 - 2439.

[175] Yan S, Wang C C, Zheng H X, et al. Y chromosomes of 40% Chinese descend from three Neolithic super-grandfathers. PLoS One, 2014, 9(8): e105691.

[176] Karmin M, Saag L, Vicente M, et al. A recent bottleneck of Y chromosome diversity coincides with a global change in culture. Genome Res, 2015, 25(4): 459 - 466.

第3章 分子人类学在人群起源演化历史方面的应用

3.1 引言

在第1章表1.1中，我们初步总结了分子人类学的六个主要学科任务，其中第五个为“近1万年以来古今人群的演化历史”。分子人类学研究能够为古今人群自远古以来的演化过程提供较为清晰的论述、较为精确的演化时间框架，在时间上从古至今不间断，这些结果可以成为研究人类各类生物属性和文化属性的演化过程的底层数据、背景知识和关键基石。因此，可以将分子人类学研究与其他传统人文社会科学学科结合，应用于近1万年以来古今人群演化历史的研究。从遗传学的角度看，某种遗传成分或者某类遗传支系本身的起源演化历史是更为底层的演化过程，作为细分的研究单元不但是合适的，也是必要的。根据现有的古今DNA数据，绝大部分古今人群都是多种遗传成分或者多个遗传支系的混合。因此，本章以遗传支系为研究对象，对遗传支系本身的起源演化过程进行详细的描述。在此基础之上，把多个相关支系的演化历史合并起来，就可以组成某个古今人群的演化历史。当然，这部分工作需要更宏观的视野和更多维度的综合研究工作。我们在下一章讨论这部分工作。

本章旨在总结近20年分子人类学关于欧亚大陆东部人群起源演化过程的相关研究成果。由于父系社会是世界范围内不同人群的普遍社会形态，且父系支系的细化程度远远高于母系线粒体DNA支系的细化程度，因此本章的论述以父系Y染色体为主。

基于父系Y染色体DNA的研究可分为两个阶段。第一阶段主要基于有限的Y-SNP位点开展研究，时间约为1997—2014年。在大规模测序兴起之后，基于Y染色体全序列的研究获得了更为精细的研究成果。第二阶段的时间为2015年至今。由于分子人类学的研究手段和方法论都还在不断完善之中，本章的论述既总结以往的研究成果，也对研究手段和研究方法进行说明。

首先对人类走出非洲以及扩散到欧亚大陆各地的过程进行了讨论。多种观点有较大差异。我们基于新的数据提出了自己的观点。其次，我们对东亚之外其他地区人群的父系遗传结构和演化历史进行了综述。

欧亚大陆东部人群的主要父系类型大致可分为 12 个类型。我们在第 3.4 节至第 3.15 节中逐一对这些父系进行了讨论，论述框架基本一致，主要包括以下内容：一是对这一支系最初的起源和早期分化过程进行说明。二是对不同下游支系以及相应的人群在新石器时代结束之前的演化历史进行讨论。三是用图片展示这一支系距今 5 万年以来分化谱系树*、主要下游支系、分化时间和主要分布人群。四是描述近 5 000 年以来主要下游支系的演化过程与对应的古代人群的相关历史。

由于各个支系的研究进展各不相同，遗传支系与古今人群演化历史的相关性并不十分清晰，本章的描述通常是比较模糊的。可以认为，直到 2017 年底，分子人类学所使用 DNA 的时间分辨率（如父系 DNA 可细化到 70 年）才刚刚达到其他领域学者的期望。未来还有很多工作需要开展。

3.2 现代人类走出非洲并到达东亚的过程

3.2.1 相关的争议和进展

传统的观点认为中国的现代人是从本地的直立人——早期智人演化而来，金牛山人、北京直立人甚至元谋人可能是我们的直系祖先[1]。有较多的文献使用东亚地区出土的人类化石骨骼的测量特征论证了东亚人类“连续演化”的过程[2]。2015 年，学者报道了在中国华南地区湖南省道县福岩洞发现的一组大量的古人类牙齿化石[3]。根据对洞穴内部的盖板以及石钟乳的测年，推测这些古人类牙齿的年代约为 12 万—8 万年前。关于牙齿形态测量参数的分析显示，这些牙齿所属的人类可以毫无争议地被归类为现代智人（*Homo sapiens sapiens*，又称晚期智人 late *Homo sapiens*，或真正意义上的现代人）。正如 E. Callaway 所评价的那样，这一重要发现揭示晚期智人在距今约 12 万—8 万年前已经到达东亚，比之前认为的年代要早很多[4]。这一组在非洲之外发

---

* 本章的谱系树图片参考了 www.isogg.org 和 www.yfull.com 所提供的树形信息，在此一并表示感谢！

现的早期人类遗存显示，以色列 Skhul 和 Qafzeh 洞穴发现的人类骨骼可能并非走出非洲的“一次失败的尝试”，而很可能是一次成功的扩散[5]。同时，福岩洞人类牙齿化石的证据非常坚实，对遗传学提出的“非洲之外的现代人都是 6 万—5.5 万年前走出非洲人群的后裔”的观点提出了质疑。为了解释这一难题，R. Dennell 构建了一个新的人类走出非洲的图景，认为现代人类向欧亚大陆的扩散存在多个批次[6]。福岩洞早期人类牙齿的重大发现在国内的新闻媒体上广泛传播，但部分公众和学者对于这一发现的理解存在差异。部分报道称这一发现挑战了“现代人走出非洲”的假说，并认为东亚地区可能是现代人的分化中心。

之前的遗传学研究认为，所有欧亚东部地区人群的始祖可以追溯到 6 万年前走出非洲的现代人[7]。从母系线粒体 DNA 的角度看，M/N/R 这 3 个超单倍群的最晚共祖时间（the most common recent ancestor, TMCRA）为 6 万—5.5 万年前。另一方面，东亚人群的父系都是 CT－M168 的后裔[8]。在这里，我们对近年来分子人类学方面的最新进展进行总结，试图解释上述提到的矛盾，即原有遗传学数据认为非洲之外人群都是 6 万年前之后分化的，而非洲之外的人类遗骸的年代却可达到 10 万年前左右。近年的文献使用了经过化石年代校正的古 DNA 序列，重新计算了人类父系 Y 染色体和母系线粒体 DNA 的分化谱系和年代。

基于上述分子人类学领域内的最新研究进展，非洲之外人类母系（即 L3）的最晚共祖时间是 6.73 万年前或 7.12 万年前[7]。值得注意的是，线粒体 DNA 单倍群 L1－L3a 虽然主要分布在非洲，但同样也是中东地区人群（特别是阿拉伯半岛的也门人）的主要母系类型[9]。也门所在的阿拉伯半岛地区正是“人类走出非洲的南部路线”理论中的第一站[10]。考虑到线粒体 DNA 单倍群 L6 很有可能是也门本地起源的[7]，线粒体 DNA 单倍群 L1－L3a 很有可能在阿拉伯半岛和非洲东北角之间的地区发生分化。可以认为现代人类走出非洲的时间与 L3'4'6'7 的共祖年代相当，达到 105 300±24 150 年前左右[7]，如图 3.1 所示。

母系线粒体 DNA 方面的推测与在以色列 Skhul 和 Qafzeh 洞穴的发现是吻合的。以色列 Skhul 和 Qafzeh 洞穴的早期人类化石的年代约为 9.2 万年前[5]，之前被认为可能是一次失败的走出非洲的尝试，他们的后裔都灭绝了[10]。从目前的人类 Y 染色体全序列的计算来看，单倍群 DT 与非洲独有的单倍群 B 的分化年代是 9.98 万年前[11]。单倍群 DT 经历了较长时间的瓶颈

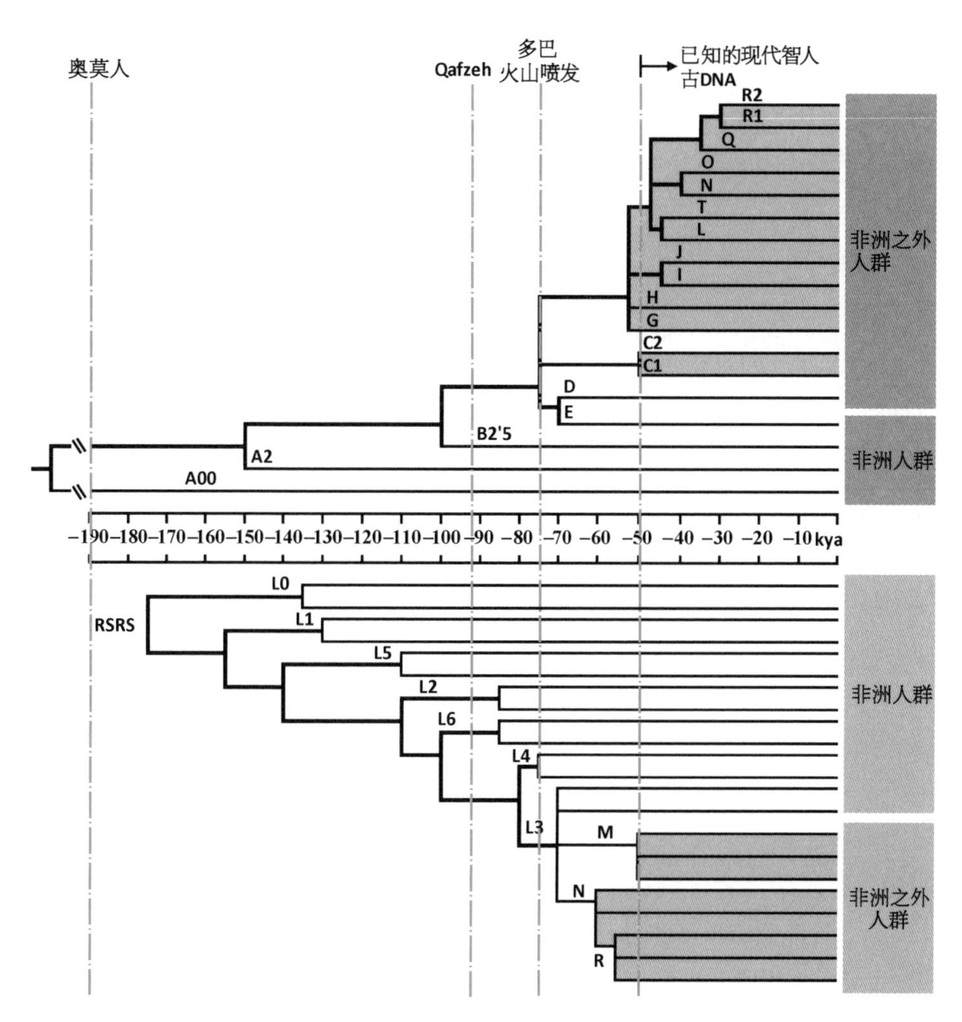

图 3.1　最新的人类 Y 染色体与线粒体谱系树与分化年代[7,11,13]

效应，直到 7.17 万年前才分化为 DE 和 CT 两支(图 3.1)。所有非洲之外的现代人的父系都是单倍群 DE 和 CT 的后裔。单倍群 DE 和 CT 的下游分支中，除了单倍群 E，其他均分布在非洲之外。而对于分布在非洲的单倍群 E，已有文章主张它是从亚洲迁回非洲的。这意味着 DT 在产生 DE 和 CT 支系之前，经历了约 2.8 万年的瓶颈效应。

综上所述，基于最新的研究结果，非洲之外人类的父系共祖年代(9.98 万年前)和母系共祖年代(L3'4'6'7，105 300±24 150 年前)与化石证据(Skhul 和 Qafzeh，9.2 万年前)吻合。有理由相信，非洲之外的所有现代人类很有可能正是约10万前走出非洲的现代人的直系后裔。以色列Skhul和Qafzeh洞穴早期人类遗存代表的走出非洲的事件，并非一次失败的尝试，而很可能是成功的，且是人类种群最后一次走出非洲的扩散。当然，如下文所示，他们的后裔经历了长期的瓶颈效应，要到6万年前后才大规模扩散到欧洲、亚洲和澳大利亚各地。

上述推论与早期遗传学研究的观点并不完全冲突。早期遗传学经过计算，认为非洲之前所有母系均可追溯到约距今6万—5万年前的共祖，因此提出“非洲之外的现代人类都是6万—5万年前走出非洲的现代人的后裔”的观点[12]。根据最新的线粒体DNA和Y染色体序列的研究[7,11]，人类父系(如HG C、D、GT和K)和母系(如HG、M和R的部分支系)在6万—5万年前都经历了遗传学意义上的急剧扩张(图3.1)。这次大扩张产生了几乎所有目前非洲之外人群的主要父系类型和母系类型。考虑到前述父系共祖的年代和母系共祖L3'4'6'7的年代，我们认为，早期遗传学的计算结果基本无误。只是，6万—5万年前的这个时间段是早期人类在非洲之外(很有可能是中东地区)发生急剧的遗传学扩张、产生绝大部分下游支系并最终扩散到全世界各个地区的年代，而不是现代人类最后一次走出非洲的年代。目前的证据显示，现代人类在距今10万年前已经走出非洲，并已扩散到阿拉伯半岛和中东地区。在10万—6万年前，人类的始祖经历了极强的瓶颈效应，留下的后裔支系不多。

对于非洲之外现代人类的始祖在10万—6万年前经历的瓶颈效应，我们试图在地质学证据上找到一些线索。可以看到，人类父系的瓶颈效应时间(10万—7.17万年前)和母系瓶颈效应时间[10.5万—6.73万(或7.12万)年前]与多巴火山喷发的时间(7.4万年前)吻合[14]。根据研究，此次火山喷发造成了全球范围内降温，也在东南亚、东南亚岛屿地区以及南亚地区留下了极厚的火山灰[14]。由于远古时期人类群体的有效人口数量本来就很少，加上采集狩猎生活方式导致的食物来源的不稳定，我们猜测多巴火山的喷发也造成了上述地区人类群体人口数量的减少。非洲之外现代人类始祖经历的瓶颈效应可能与多巴火山喷发有关。但是，多巴火山喷发是否影响到了中东地区的人类群体，尚待进一步研究。上述假说可以通过测试中东地区、南亚、东南亚和东亚地区10万—5万年前的人类遗骸的古DNA来验证。以色列Skhul和Qafzeh洞穴的人类遗骸和中国湖南道县福岩洞的牙齿化石就是很好的材料，期待领域内的学者关注这方面的测试。此外，人类始祖经历的长时间瓶颈效应也很可能源自他们与尼人、丹人之间的竞争。

3.2.2　目前推测的走出非洲过程的 4 个阶段

根据上述遗传学和考古学的证据，我们对早期人类走出非洲并扩散到世界各地的过程做简单的总结：

第一阶段：25 万—10 万年前。在这一阶段，现代人类的始祖出现在非洲，并缓慢演化为现代人。之前已有学者主张，生活在非洲的罗德西亚人是现代人类的直系祖先[15]。奥莫人的遗骸[16]以及长者智人[17]被认为是最古老的现代人类的遗存。

第二阶段：10 万—7.4 万年前。在这一阶段，晚期智人很可能已经走出非洲并缓慢地扩散到中东地区甚至南亚地区。距今 9.2 万年前的以色列 Skhul 和 Qafzeh 洞穴的人类遗骸正是这一时期人类活动的痕迹[18,19]。中国道县福岩洞人类牙齿化石也属于这一阶段的遗存。按此推测，南亚地区也应该存在同时期的遗存，不过目前尚未见报道。推测多巴火山喷发造成了非洲之外(特别是南亚和东南亚地区)人群人口数量的下降。这一地质事件在遗传谱系上反映的是非洲之外人群父系的瓶颈效应时期(10 万—7.17 万年前)和母系的瓶颈效应时期[10.5 万—6.73 万(或 7.12 万)年前]。现代人在这一时段内经历的瓶颈效应，一方面可能与中东地区相对较为恶劣的生存环境有关，也很可能与现代人和尼人及丹人的生存竞争有关。现代人类直接祖先的体质特征相对尼人和丹人而言是更为纤细的，在体格竞争方面并不占优势。另一方面，目前的古 DNA 证实非洲之外的现代人都有尼人和丹人的基因混合。此外，在第六章将会详细介绍，早期现代人的第四模式石器技术(石叶工业)应该是学习了尼人的第三模式石器技术(亦称“勒瓦娄哇技术”)并进行创新的结果。我们推测，现代人祖先在距今 5 万年前或更早的时期与尼人的混合与向尼人学习第三模式技术可能是同一过程。

第三阶段：7.4 万—4.5 万年前。非洲之外现代人的父系和母系均经历了急剧的扩张，产生了目前已知的几乎所有支系以及大量的下游支系。

第四阶段：4.5 万年前至今。人群扩散到世界各地之后，逐渐形成当地独特的父系和母系支系。现代人在世界各地繁衍并逐渐适应当地环境，形成独特的特质特征。父系 Y 染色体单倍群 HG C－M130 和 K－M9 在 5 万年前后的急剧扩张以及这些下游支系在现代人群中的分布，支持早期母系线粒体研究得出的早期人群沿印度洋海岸迁徙的“快船模式”[20]。

综上所述，我们认为，遗传学证据研究确实观察到了 10 万—5 万年前人类在非洲之外扩散的时间窗口，与当前化石遗存的发现不相矛盾。非洲之外发现在这一时间段以内的人类遗骸，包括道县福岩洞的人类牙齿，难以成为挑战"人类走出非洲"假说的证据。当然，古 DNA 的测试才能给出最终的结论。

3.2.3 父系谱系树的更新与现代人类到达东亚的过程

非洲之外人类父系 Y 染色体主干谱系树的更新使我们对早期人类走出非洲过程的理解产生了很大的改变。2008 年之前还没有 Y 染色体的测序数据。当时普遍认为人类走出非洲之后，沿着海岸线缓慢前进，在较晚的时候才慢慢深入大陆内部[20]。人类经过中亚前往西伯利亚的路线仅仅作为猜测的可能性存在[21]。随着研究的推进，我们对人类早期起源和扩散历史的认识不断细化。

相对于原谱系树(即 T. M. Karafet 等学者在 2008 年发表的谱系树[22]，下同)，更新后的谱系树有 3 处较大的变化(图 3.2)。其一是 C－M130 下游的更新。原 C3－M217 单独成为一支，即 C2－M217。而原 C－M130 的其他下游支系(原命名为 C1－M8、C2－M38、C4－M347、C5－M356 和 C7－V70)现在全部被归并到新定义的单倍群 C1－F3393 之下[11]。从目前的分布看，C1b1a1－M356 主要分布于南亚地区，C1b2a－M38 分布于东南亚岛屿、新几内亚岛和

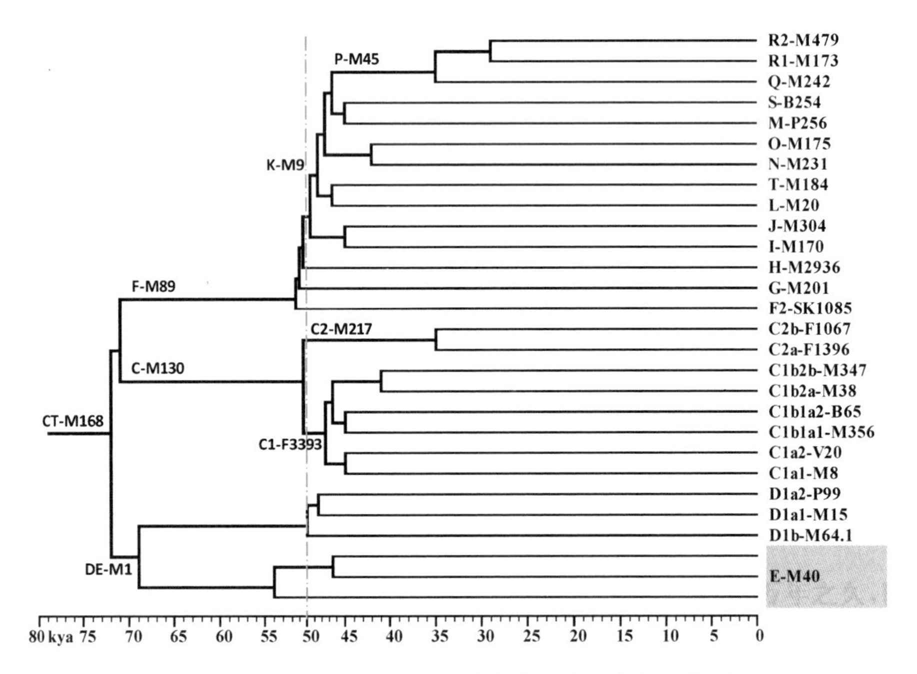

图 3.2 非洲之外人群父系 Y 染色体单倍群的主干谱系树

太平洋地区，C1b2b - M347 仅见于澳大利亚原住民。确定，此前在中国华南地区发现的 C* 与东南亚岛屿地区的 C* 最为接近，与更上层次的 C1b1a1 - M356 合并为一个分支[23]。这样的谱系分化拓扑关系以及下游单倍群的分布状态表明，C1b - F1370 的下游分支（目前包括 C1b1a1 - M356、C1b1a2 - B65、C1b2a - M38 和 C1b2b - M347）很有可能沿着印度洋沿岸扩散到东南亚及其岛屿地区，最后到达澳大利亚大陆和中国华南地区。

另一方面，C1a - CTS11043 的两个下游分支（C1a1 - M8 和 C1a2 - V20）则呈现完全不同的分布状态。C1a2 - V20 是比较罕见的单倍群，散见于南亚和欧洲人群之中。让人惊讶的是，俄罗斯 Kostenki 发现的旧石器时代猎人也属于这一罕见单倍群[24]。C1a1 - M8 目前主要集中在朝鲜半岛和日本人群中[25]。从其分布看，C1a1 - M8 和 C1a2 - V20 似乎与 C1b - F1370 走不同的扩散路线，直接进入欧亚大陆中部，最后分别保留在欧亚大陆的东西两端的人群之中。

C2 - M217 在谱系树上的位置及其分布对我们的认识有新的启发。目前 C2 - M217 主要分布在东亚、南西伯利亚和中亚。现有的谱系树表明，单倍群 C2 - M217 的下游经历了长时间的瓶颈效应。C2 - M217 约于 5 万年前与其他兄弟支系分离，经历了约 1.5 万年的瓶颈效应之后分化成 C2a - L1373（称“C2 北支”）和 C2b - F1067（称“C2 南支”）[26]。此后，这两个支系又分别再次经历了近 2 万年的瓶颈效应，约在距今 1.6 万年前开始发生较大幅度的扩张，产生了目前已知的下游支系。由于在 5 万—1.6 万年前 C2 - M217 只留下两个支系的后代，因此，无法推测 C2 - M217 经由怎样的路线进入东亚。鉴于单倍群 P 和 Q 最初可能是从中东地区经过中亚扩散到西伯利亚，单倍群 C2 - M217 经由中东地区经过中亚到达东亚的可能性是存在的[27,28]。如果这种可能性成立，对蒙古人种的起源历史而言有比较重大的意义，意味着蒙古人种北亚类型（以 C2 - M217 为主要父系的蒙古族人作为代表）与马来类型（以 O - M175 为主要父系的华南人群为代表）在遗传上并不是同一个始祖人群发生南北分化而形成的群体。东亚地区的现代人群是南北两大始祖人群混合的结果（当然也还需要考虑青藏高原上的旧石器时代人群）。如果现存属于蒙古人种的全体人群没有一个共同祖先的话，那么就需要重新评估现存蒙古人种北亚类型和马来类型的各种特质特征的遗传学起源，以及两者如何混合形成现代东亚族群的过程。此外，现代汉族和中国其他少数民族以及朝鲜人和日本人都含有一定比例的 C2b - F1067[29]。这一单倍群在中原地区扩散过程及其对后世东亚族群的起源所起到的作用值得进一步深入研究。

更新后的谱系树第二处较大的变化是单倍群 C－M130 和 K－M9的下游支系的分化关系。现有研究表明[11]，单倍群 C－M130 和 K－M9 的下游支系都在约 5 万年前后经过了大规模的扩张，见图 3.2。现存非洲之外的主要父系类型都是这一时期产生的。此次大扩张之后，各地独特的 C－M130 和 K－M9 的下游支系基本都已出现。例如，在澳大利亚原住民的父系类型中，单倍群 C－M130 和 K－M9 的下游支系同时存在并且同样古老，与世界上其他地区的支系的分化年代可达 5 万年[30]。因此，可以认为，单倍群 C－M130 和 K－M9 的扩散是同时的。他们沿着南亚—东南亚大陆地区—东南亚岛屿地区—澳大利亚大陆这一路线迅速扩散，沿途留下了大量独特的地方支系。

东亚地区存在少量罕见支系 C*－M130 和 K*－M9[31,32]。目前，我们已经通过测序确定我国华南地区的 C* 与菲律宾地区的 C* 最为接近(代表了东南亚及其岛屿地区的 C*)，再往上游与南亚的 C1b1a1－M356 最为接近[23]。C－M130 和 K－M9 下游支系的谱系分化拓扑关系以及分布状态，可以对应母系线粒体研究所提出的“快船模式”[20]，即人类走出非洲以后，在约 5 万年前后有一次沿着印度洋海岸向东直到澳大利亚的快速迁徙。但也要看到，同时也存在自中东地区向欧洲大陆以及经由中亚向西伯利亚地区扩散的部分人群。这些方向上迁徙的具体细节还有待进一步研究。

单倍群 NO－M214 扩散到东亚的路径目前尚不清晰。其原因与单倍群 C2－M217 一样，也是经历了极长时间的发展瓶颈效应。从目前的谱系树看，自 NO－M214 从 K－M9 分出以后，大约经历了 1.6 万年的瓶颈期，其下游支系 O－M175 才产生下游的分支。而 N－M231 则经历了近 3 万年的瓶颈效应才产生下游的分支。瓶颈期间可能产生过其他支系，但由于种种原因，可能已经消失了，或者到目前为止尚未被发现。目前仅发现 3 例属于单倍群 NO－M214 早期分支 NO* 的样本，分别是俄罗斯 4.5 万年前的 Ust’Ishim 古人[33]、印度南部地区的泰卢各人(HG03742，Telugu)[34]和马来人 ML016[23]。可见早期分支的分布极为离散。目前尚无法判断 NO－M214 经过东南亚还是中亚进入东亚。由于 K－M9 直至 P－P295 的早期分支大多分布在东南亚及邻近地区，因此，东南亚路线的可能性较大。

研究单倍群 C2－M217 与 NO－M214 经由何种路线进入东亚这一议题的重要性在于：这两个单倍群是目前东亚地区最主要的父系类型，分布极为广泛。其起源和扩散过程与东亚人群的来源直接相关。这两个单倍群在旧石器时代从南向北，还是从北向南扩散，对于研究东亚人群的整体起源而言极为重要。另一方面，蒙古人种北亚类型与马来类型的体质特征有较大差异。蒙古人种马来类型的某些特征与尼格利托人种和澳大利亚人种比较接近[35]。在华南地区旧石器和新石器早期的人类遗骨上，这些特征更为明显[36]。蒙古人种北亚类型与马来类型体质特征的差异究竟是本来不同源的两个始祖群体混合的结果，还是从共同始祖分化出来之后在不同方向上分化的结果？这一命题对于研究东亚人群体质特征的起源而言是非常重要的。

根据单倍群 D－M174 目前的分布状态，这一单倍群的扩散很有可能也是沿着印度洋海岸向东迁徙，最后扩散到东亚内陆地区。这一单倍群的扩散路线与单倍群 C1－F3393 的扩散路线基本一致，但发生在更为古老的时期。根据 M. Karmin 等学者在 2015 年发表的研究[11]，单倍群 D－M174 约于 6.8 万年前与单倍群 E－M40 分离，在 5 万年前已经产生了目前在东南亚、东亚和日本地区各地独有的下游支系。在这一时期，C－M130 很可能还处在中东地区，正开始经历第一次大扩张。极为罕见的单倍群 DE*－M1 在藏族人群中的发现[37]使早期的一个很有意思的话题再次被提出，即单倍群 DE－M1 是否有可能在亚洲，甚至在南亚或东亚地区分化的？由于单倍群 E 主要分布在中东地区和非洲，而南亚地区基本没有找到原生的 DE－M1 支系，之前的文献对于 DE－M1 的分化地点还没有结论[38]。而单倍群 DE* 在藏族人群中的发现为解决 DE 的早期分化问题提供了可能性。不过，由于样本量过少，目前还无法得出实质性的结论。在今后的工作中，有必要进一步研究 DE*－M1、D*－M174 和 E－M40 在东亚和东南亚地区的演化历史。

3.3　东亚以外区域人群的父系遗传结构

非洲大陆人群的父系遗传结构可以简单地分为四个层次。第一层次是俾格米人和科伊桑人。他们是现代人类现存最古老的分支。科伊桑人的主要父系是 A3b、B2a/B2b、E1b1a 和 E1b1b 等[39]。第二层次是尼日尔—刚果语系的人群。他们的主要父系是 E1b1a、E1b1b、E2b1 和 B2b[40,41]。尼日尔—刚果语系人群在整个撒哈拉以南的非洲地区都经历了强势的扩张，极大地压缩了俾格米人和科伊桑人的活动地域。尼日尔—刚果语系人群的扩张对应了父系单倍群 E1b1a 之下的一系列父系（E1b1a7 和 E1b1a8）的成功扩散[42]。第三层次是尼罗—撒哈拉语系和亚非语系的人群。分布于非洲东部的这两个语系的人群都拥有一定比例的 A、B、E* 和 E1b1b1[42]。亚非语系人群的扩散为非洲北部和东部地区带来了高频的父系单倍群 J1、J2 和 R - M207 下的一些支系[43,44]。特别值得说明的是 E1b1b 下的一个支系 E - V1515。这个支系的总年代约为 1.2 万年，在非洲东北角和东南部都有比较高频的分布。研究者认为这与非洲东部游牧部落的起源和扩散有关[45]。欧亚大陆常见父系类型 R1b - M269 之下有一个特殊的支系 R1b1a - V88。这种父系在亚非语系乍得语族人群以及其他一些亚非语系人群有较高的比例。研究者认为这一父系源自一个约 7 000 年前从中东向非洲迁徙的人群[46]。

欧洲人群高频的父系类型包括 I1 - M253、I2 - M438、R1b - M269、R1a - M420、G - M201、J2 - M172 和 N - M231。目前，欧洲现代人群和古代人群的遗传结构都得到了比较详细的研究。上文提到，现代欧洲人群主要是 3 个古代人群混合的结果，包括旧石器采集狩猎人群（WHG）、来自中东地区的早期农人（EEF）以及古代欧亚大陆北部人群（ANE）[47]。与此相对应，一般认为 I1 - M253 和 I2 - M438 代表了旧石器时代猎人的主要父系类型[48]，G - M201 和 J2 代表了从中东方向迁入的早期农人的主要父系类型[49,50]。而 R1b - M269 和 R1a - M420 则代表了从欧亚草原上迁来的始祖人群的主要父系类型[51,52]。另外，通常认为父系类型 N - M231 伴随着乌拉尔语人群的扩散而出现在欧洲东部和北部[53]。当然，古代人群的父系也并非都是绝对纯粹的，有很多小的父系类型也伴随上述三大群体扩散到了欧洲。由于 R1b - M269 在欧洲部分地区的极端高频，早期研究推测 R1b - M269 可能代表了欧洲旧石器时代人群的父系类型[54]。但更精确的研究显示欧洲绝大部分的 R1b - M269 都是近 5 000 年以来快速扩散的结果[52,55,56]。

中东地区人群的父系以 J1 - L255、J2 - M172、G - M201、E1b - P177、R1b - M269 和 R1a - M420 为主。通常认为，父系单倍群 G - M201 和 J2 - M172 代表了新石器时代早期农人的主要父系类型[49,50]。这两种类型在中东地区的现代人群拥有很高的比例。在全世界范围内，J2a - M410 呈现出明显的以中东地区为中心的扩张态势[57]。另一方面，早期印欧人向中东地区的持续扩散极大地改变了这一地区的群体遗传结构[58]。在历史时期，突厥语人群和蒙古语人群的扩散也对中东地区的群体遗传结构产生了一定的影响。

南亚地区一向以人群的多样性而著称。南亚地区印欧语和达罗毗荼语人群的主要的父系类型包括 C1b1a1 - M356、F* - M89（包括 K* - M9）、H - L901、L - M20、J2 - M172、R1a - M420 和 R2 - M479[59-61]。通常认为父系单倍群 C1b1a1－M356、F*－M89(包括 K*－M9)、H－L901 和 L－M20 代表了最早一批迁徙到南亚地区的现代人类的直系后裔。单倍群 J2－M172 可能代表了从中东地区迁来的早期农人的父系类型[57]。根据目前的研究,从中亚方向上迁来的印欧语人群的父系可能包括较多的 R1a1a－M17 和 J2－M172 以及少量的 G－M201[62,63]。此外,布鲁沙斯基人的父系中有高频的 R2a－M124[59,64]。R2a－M124 扩散到南亚的过程目前还不清楚。南亚语部落民的主要父系是 O1b1a1a－M95 和 H1a1－M52[65,66],而南亚地区的藏缅语人群的父系则以东亚成分为主[67,68]。

澳大利亚和新几内亚岛原住民的父系主要是 5 万年前开始分化的 K*－M9、M－P256 和 S－B254[30,34,69]。与在母系线粒体上观察到的情况一样,他们的父系也已经与世界上其他人群之间发生了长久的隔离。美洲原住民的主要父系是 Q－M3 和 Q－L54 下的一些支系[70,71]。

3.4　父系 D－M174 的扩散与相关人群的演化历史

单倍群 D－M174 是一个古老的父系类型,主要分布在青藏高原和日本列岛[37],在东亚大陆的其他区域也有零星的分布。根据目前的研究进展,在东南亚岛屿地区发现独立的支系 D2－L1366(图 3.3)。这个支系独立于原谱系树上的 D1a1－M15、D1b－M64.1 和 D1a2－P99。此前,在印度洋安达曼群岛上的安达曼人中发现的 D*－M174[72],现已确定为独立的支系 Y34637(图 3.3)。此前,在东亚大陆和东南亚岛屿地区均发现有零星的D*－M174[37],但一直未能确定这些样本在谱系树上的位置。单倍群 D2－L1366 和 Y34637 的确定初步解决了这一问题。由于原 D1a1－M15、D1b－M64.1 与 D1a2－P99 主要分布在东亚大陆和日本列岛,因此可以认为东南亚岛屿地区 D2－L1366 是单倍群 D 最早分化出去的支系。这种分化关系也符合之前关于单倍群 D 扩散途径的推测,即单倍群 D 沿着印度洋沿岸向东迁徙,经过东南亚最终到达东亚和日本列岛。

根据目前的研究,D1a1－M15、D1b－M64.1 与 D1a2－P99 这 3 个支系的分化年代接近 4.5 万年。这意味着在人类首次扩散到东亚之后,以上述 3 个父系类型为主要父系的古代人群就已经发生了分化。之后,以 D1b－M64.1 为主要父系的古代人群迁徙到了日本列岛,繁衍成为现代日本列岛居民。但是,我们并不清楚这一古代人群在何时通过什么路径到达日本列岛。此外,在青藏高原上的人群中,单倍群 D1a1－M15 和 D1a2－P99 通常都同时存在。因此，可以推测这两个父系单倍群应该是一起迁徙到当地的。此外，东亚大陆各个人群中(特别是华南地区人群)普遍存在低频的D1－M15。华南地区的D1－M15与青藏高原的D1－M15的分化年代已经超过了4万年。根据目前的研究进展，单倍群D之下各支系的分化年代以及大致的人群分布如图3.3所示。

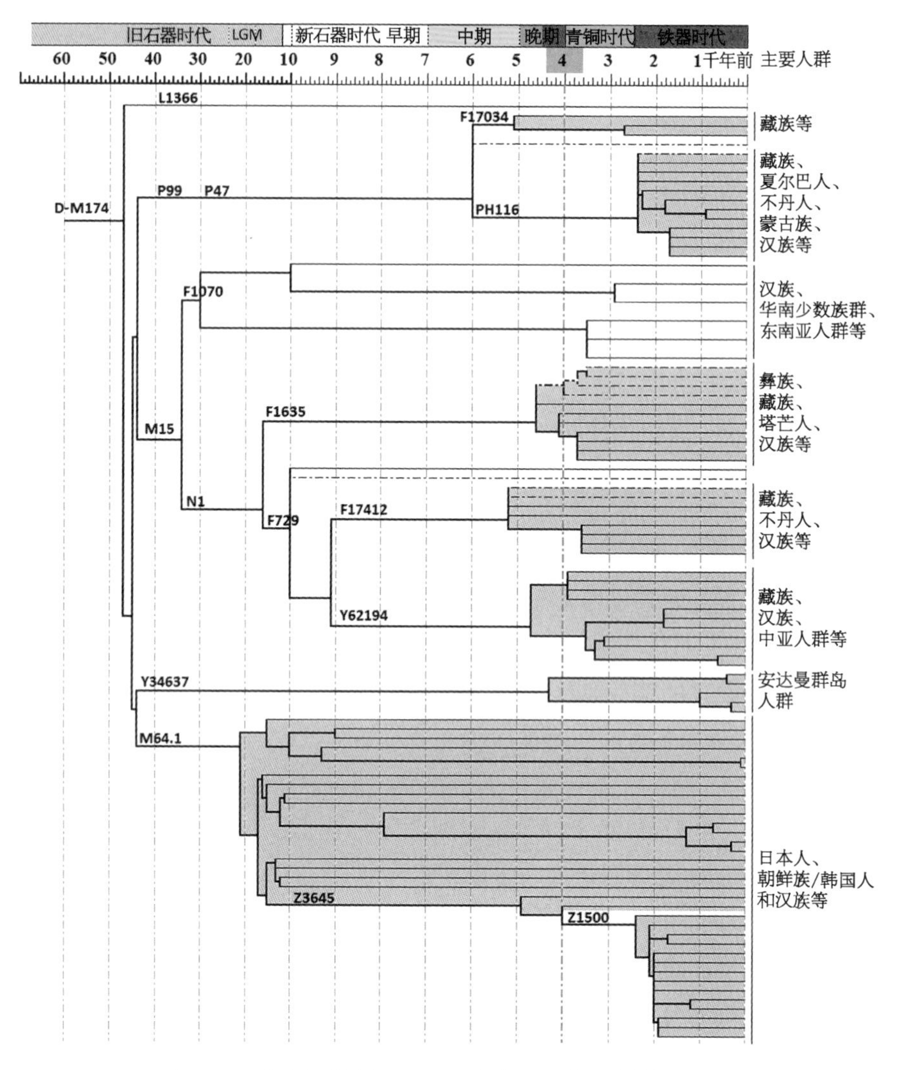

图3.3　父系单倍群D－M174的谱系树和主要分布人群

经过测序发现，原D1－M15与D3－P99共享8个独立于原D1b－M64.1的位点，故它们组成新的D1a－F6251/Z27276。原D1－M15与D3－P99被分别重新命名为D1a1－M15和D1a2－P99。就分布地域而言，D1a1－M15主要分布于藏缅语人群中，但在东亚和东南亚地区的其他人群中也都有零星的分布。这种状态符合于一个单倍群作为一个地区远古人群遗留底层成分的模式。D1a2 - P99 主要分布在青藏高原的人群中。D1b - M64.1 是日本人群的主要父系，在朝鲜族中也有少量分布。D1a1 - M15 和 D1a2 - P99 可以被认为是旧石器时代青藏高原远古居民的遗存[37]，而东亚和东南亚其他地区的D1a1 - M15 可以被认为是最早到达东亚的一批现代人的遗存。通过研究，我们更新了单倍群 D - M174 的谱系树，新定义了数十个末端支系。新发现的支系和 Y - SNP，可以作为未来进行大样本分型的遗传标记，据此可以在更精细的程度上研究藏缅语人群之间的亲缘关系及其分化过程。

单倍群 D1a2 - P99 高频存在于藏语支和羌语支人群之中[37]，其下游主要分支 PH116 仅仅在 3 000 年前才发生扩张[73]。因此，可以认为这一父系类型是青藏高原人群的特征父系类型之一。在藏缅语人群的 D1a1 - M15 之中，也存在多个不同于华南地区的下游支系。因此，在东亚的其他人群中发现的这些父系类型可视为最初来到东亚的那一批古老人群的遗存，作为人群遗传结构中的底层成分广泛而低频地存在。

图 3.3 也展示了藏缅语人群内部不同人群的不同下游分支。在青藏高原上的人群中(以藏族的样本为主)识别出了 5 个主要支系，即 F17034、PH116、F1635、F17412 和 Y62194。这些支系的扩张时间基本都晚于 5 000 年前，与考古学和民族学研究所揭示的藏缅语人群的早期起源过程相吻合。目前所测到的南方藏缅语人群的支系集中在 F1635 和 F17412 这两个支系。这说明北方藏缅语人群和南方藏缅语人群的主要下游支系是有显著差别的。这些下游支系的起源演化历史与相关族群的演化历史密切相关。不过，目前已有的细分数据还比较少，未来如果有更多的细分数据，有望为藏缅语人群的早期起源、扩散和后期形成历史提供详细的图景。

3.5　父系 C1 - F3393 的扩散与相关人群的演化历史

目前，单倍群 C - M130 之下分化出 C1 - F3393 和 C2 - M217 两大支系[11]。C1 - F3393 之下包括早期定义的 C1a1 - M8、C1b2a - M38、C1b2b - M347 和 C1a2 - V20。此前，在中国华南地区的一些人群中也测试到了一定比例的 C* - M130，不属于 2008 年以前已知的支系[31]。通过测序，我们确定了中国华南地区罕见的 C* - M130 在谱系树的位置以及上游支系的骨干位点。

结合其他文献的研究成果，单倍群 C1 - F3393 的分化年代以及大致的地理分布如图 3.4 所示。

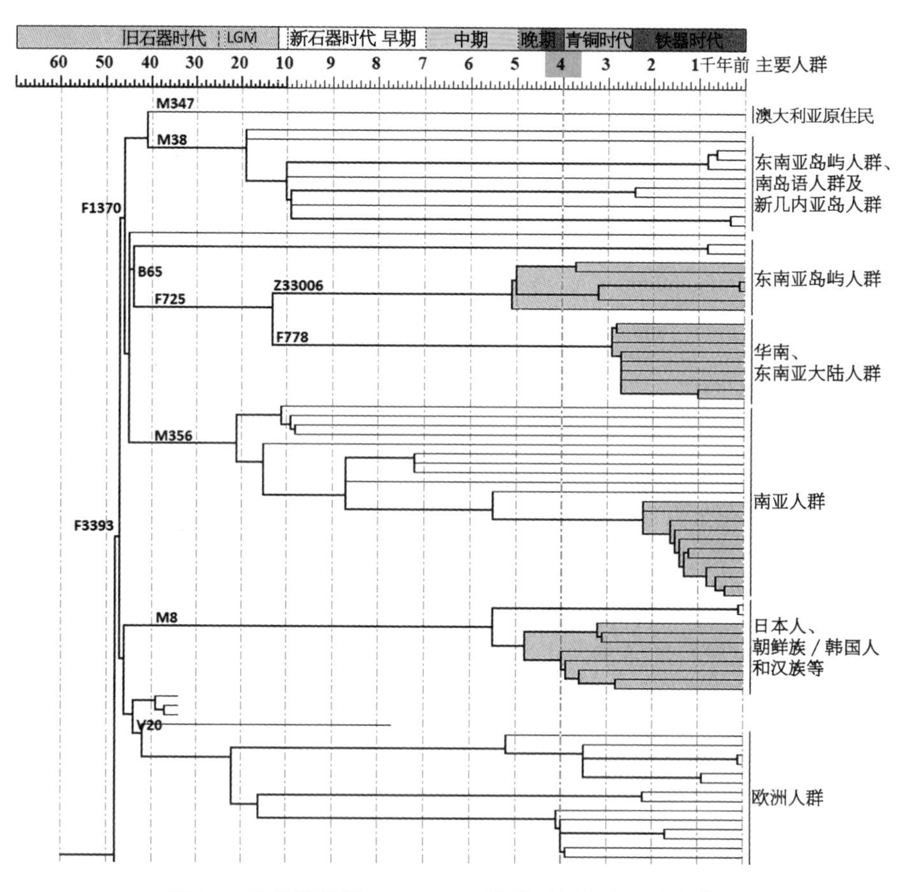

图 3.4　父系单倍群 C1 - F3393 的谱系树和主要分布人群

已测序的中国华南地区的 C* - M130 都属于单倍群 C1b1a2b2 - F778 之下，与菲律宾和马来西亚人群中的 C1b1a2b1 - Z33006 在谱系树上最为接近[23]。它们共同构成 C1b1a26 - F725，在更上游的位置与南亚地区的 C1b1a1 - M356 最为接近。在 C1b1a2b2 - F778 之下，我们定义了很多新的支系。单倍群 C1 - F3393 的地域分布与谱系分化拓扑关系支持早期人类走出非洲之后沿海岸线向东迁徙的路线的推测。我们在藏族人群中也测试到了 1 例 C1b1a2b2 - F778(编号 DBA18)。这说明早期人类的活动范围是比较广阔的。

在旧石器时代和新石器时代早期华南地区的人类遗骸上，体质人类学家观察到了部分与澳大利亚人种接近的特征[36]。体质人类学家猜测这或许是蒙古人种在华南地区与史前残留的类澳美人种人群后裔混合导致的。单倍群C1b1a2b2 - F778在华南地区的存在解释了华南地区人群与东南亚大陆及岛屿地区人群在远古时期的联系。

整体而言，除了C1a2 - V20这个特殊支系之外，C1 - F3393主要分布在南亚、东南亚和大洋洲之间的热带和亚热带地区。单倍群C1 - F3393的地理分布代表了人类在约5万年前的一次大扩散的结果。几乎所有非洲之外的现代人群都是这次扩散的人群的后裔。根据一些学者的主张[27]，这次扩散的人群沿着海岸线迁徙，从南亚一直扩散到东亚和大洋洲[20]。根据目前已有的数据，这些人群的父系类型以C - M130和K - M9的下游支系为主。在今天的澳大利亚和新几内亚岛原住民中存在独特的C - M130和K - M9的下游支系，这说明这些人群的祖先群体在首次到达这一地区之后就与其他地区的人群发生了长期的隔离。

3.6　父系C2a - L1373的扩散与相关人群的演化历史

单倍群C2a - L1373是蒙古语人群和通古斯语人群的主要父系类型，同时也是部分突厥语人群的主要父系类型之一，在与这些人群毗邻而居的其他人群中也有一定比例出现。此外，这个单倍群的早期支系也出现在裕固族、日本人、科里亚克人和美洲原住民中。由于其分布相对于单倍群C2b - F1067而言偏北，故也被称为“C2 - M217北支”。单倍群C2a - L1373下游支系在最近几千年的分化和扩散历史与蒙古—突厥—通古斯语人群的形成历史大致是同步的。

单倍群C2a - L1373之下主要包括3个主要大支系和很多个相对较小的支系(图3.5)[74]。单倍群C2a - L1373在1.8万—1.4万年前经历了强烈的扩张，研究认为这与人类在末次盛冰期之后在亚洲北部地区的再次扩散密切相关[74]。其中的P39支系成为美洲原住民的主要父系类型之一。所谓的三大支是指C2a1a1a1 - F1756(原称C3* - DYS448del)、C2a1a2 - M48(原称C3c - M48)和C2a1a3 - M504(原称C3* - Star cluster或C3 -星簇)。它们拥有非常多的下游支系，与很多古代人群和现代人群的起源演化历史密切相关。

我们对C2* - M217之下一个以DYS448缺失(delection)为特征的支系进行了详细的研究(图3.6)[75]。这个支系目前定义为C2a1a1a1 - F1756。C2a1a1a1 - F1756之下有两个大的支系。其中一个支系C2a1a1a1a1 - F3889的分布偏东，在呼伦贝尔地区的人群中比例较高。另一个支系分布(F8497)偏

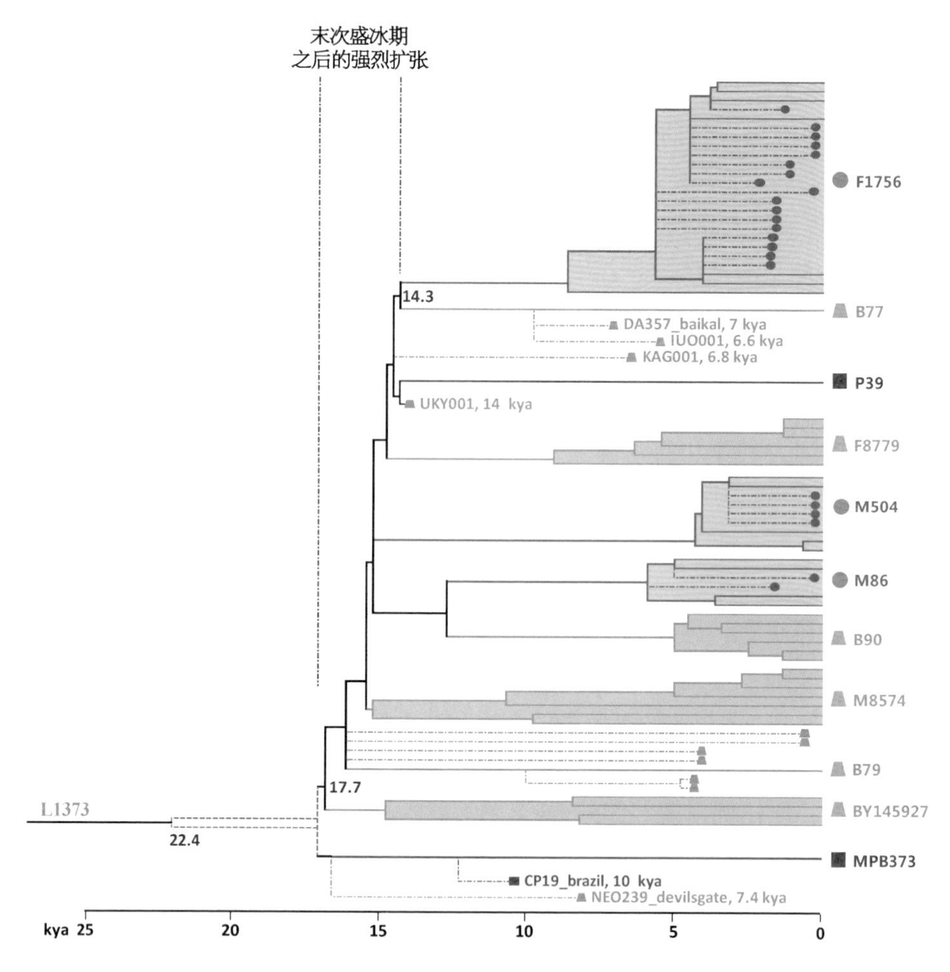

图 3.5 父系类型 C2a - L1373 在末次盛冰期之后的快速扩张和主要支系
(修改自参考文献[74])

西,到达阿尔泰山地区。此前,基于 Y - STR 数据的计算显示 C2a1a1a1 - F1756 的扩张年代为约 3202±996 年,远远大于 C2a1a2 - M48 和 C2a1a3a - F3796。此外,单倍群 C2a1a1a1 - F1756 广泛分布于蒙古语人群之中,但比例都很低,在中国华北地区人群和部分突厥语人群也有少量出现。这种分布状态与作为人群扩张之前的早期底层成分的状态吻合。从目前的谱系树来看,C2a1a1a1 - F1756 经历了较长时间的瓶颈效应,在晚近的历史时期(约 4 000—2 000 年前)经过一次较大的扩张,可见,在现今蒙古人扩张之前,C2a1a1a1 - F1756 已经在蒙古高原东部地区扩散开来。结合历史学的证据看,在蒙古人扩张之前蒙古高原东部地区的主要人群是东胡—鲜卑一系人群[76]。鲜卑人的语言通常被认为是一种原蒙古语[77]。被认为是东胡人遗存的井沟子墓地的古 DNA 显示其父系均为 C2a1a1a1－F1756[78,79]。当然，很可能后期的东胡—鲜卑人群是一个遗传上混合的人群，具有多种主要的父系类型。这一观点还需要古 DNA 的证据来证实。总之，可以认为单倍群 C2a1a1a1－F1756 是蒙古语人群的一种原始父系成分。

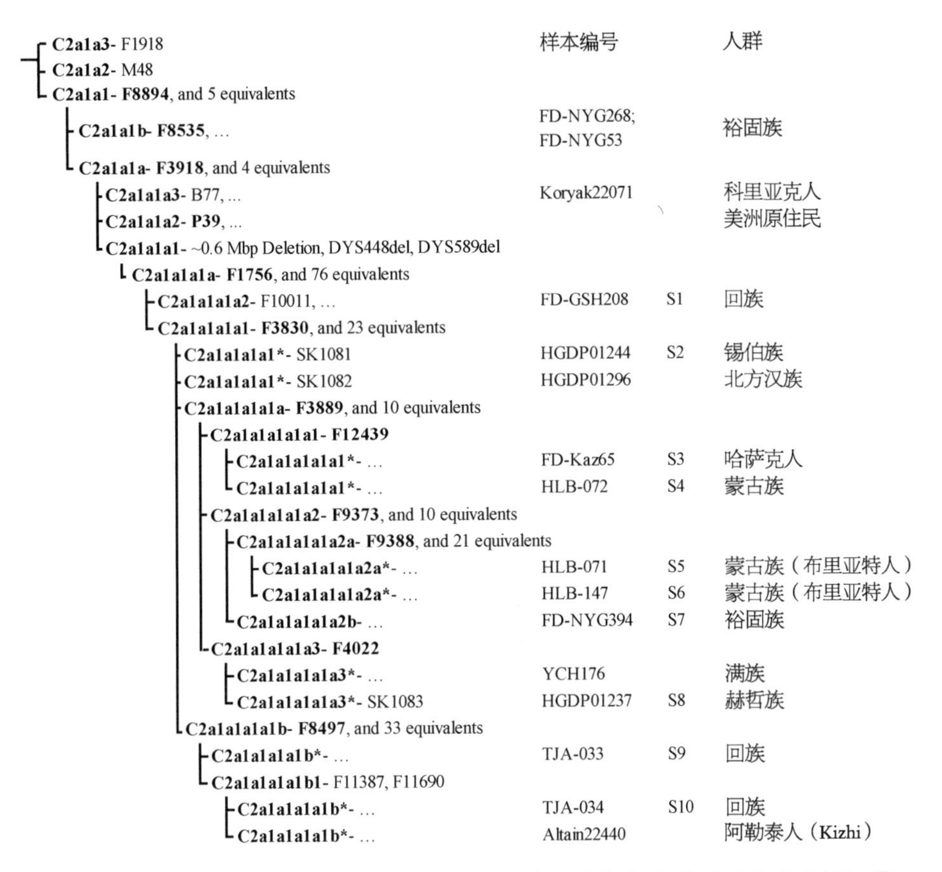

图 3.6　父系类型 C2a1a1a1－F1756 的谱系树和主要分布人群（修改自参考文献[75]）

C2a1a1a1－F1756 有多个上游旁系支（图 3.6）[75,80]。其中，迁往美洲而成为美洲原住民主要父系之一的原 C3a－P39 被确定为 C2a1a1a1－F1756 的兄弟支系 C2a1a1a3－P39。在堪察加半岛上的科里亚克人中发现了一个罕见的样本 Koryak22071，属于 C2a1a1a1－F1756 和 C2a1a1a3－P39 的兄弟支系[11]。在裕固族中发现了极为重要的支系 C2a1a1b－F8535（样本 FD－NYG268 和 FD－NYG53）。堪察加半岛和楚科奇半岛是美洲原住民的祖先从亚洲北部低纬度地区迁往美洲的必经之地。科里亚克人样本 Koryak22071 所代表的支系可以视为美洲原住民的祖先人群在迁徙过程中留下的痕迹。

特别值得说明的是，C2a1a1a1 - F1756 样本在 Y 染色体上的大片段缺失，导致了本来在 C2 - M217 级别上等价的 5 个 Y - SNP 位点的缺失。因此，表面看起来，C2a1a2 - M48 和 C2a1a3 - M504 共享 5 个 Y - SNP，因此应该共同构成一个独立于 C2a1a1a1 - F1756 之外的支系。但这又完全与谱系树的其他部分相矛盾。裕固族中的支系 C2a1a1b - F8535 的样本属于 C2a1a1a1 - F1756 上游的旁系支，其 DNA 序列在上述区域中没有发生缺失。通过裕固族中的两个样本，我们确定了其他 C2a1a1a1 - F1756 样本在 Y 染色体上的大片段缺失（约为 0.6 M，hg19：24242431 - 24290751&24355432 - 24907270）。据此，解决了原来 C2 - M217 下游谱系树混乱的问题。

C2a1a2 - M48 之下的主要支系是 C2a1a2a - M86/M77。在科里亚克人和鄂温克人（Evenks）中发现了罕见的早期分支 C2a1a2b - B90[11]。与这一类型的 Y - STR 很接近的样本之前在鄂温克人和埃文人（Evens）中也有发现[81]。单倍群 C2a1a2b - B90 的发现说明作为一个旧石器时代就存在的单倍群，C2a1a2 - M48 的活动范围是非常广的。后世通古斯人的兴起得益于他们与草原居民的文化和技术交流。而那些居住在更北部地区的亲族则没有经历群体上的扩张。在 C2a1a2a - M86/M77 之下确定了两大分支，分别是 C2a1a2a1 - F5484/SK1061（东部支系）和 C2a1a2a2 - F6170[82]（西部支系）（图 3.7）。

单倍群 C2a1a2a1 - F5484/SK1061 主要分布于布里亚特人、俄罗斯鄂温克人（Evenki）、埃文人和中国鄂伦春人中（图 3.7）[82]。其分布相对于兄弟支系 C2a1a2a2 - F6170 更偏东部，故而被称为“C2 - M48 东支”。在锡伯族、扎哈沁部蒙古人（Mongol-Zakhchin）和呼伦贝尔地区额鲁特部蒙古族人（Mongolian-Olots）中也发现属于这一支系的样本，可视为晚近的遗传交流的结果。此前的研究表明，单倍群 C2a1a2 - M48 是通古斯语人群的主要父系。通过我们的测序研究以及 M. Karmin 等学者的研究，我们基本上确定了通古斯人的父系类型的谱系树以及属于各个下游群体独特的 Y - SNP 标记。父系单倍群 C2a1a2a1 - F5484/SK1061 的扩散历史与通古斯人本身的人群形成和扩散历史是同步的。在雅库特人扩散之前，通古斯人的分布地域极为辽阔，从中国东北一直分布到中西伯利亚的通古斯卡河地区[83]。

比较遗憾的是，由于缺乏南部通古斯语人群（如乌德盖人和奥罗奇人等俄罗斯滨海边疆区的通古斯人）的样本，我们还无法确定女真—靺鞨一系族群的独特下游类型和独特 Y - SNP 标记。女真—靺鞨一系人群在中国历史中也占

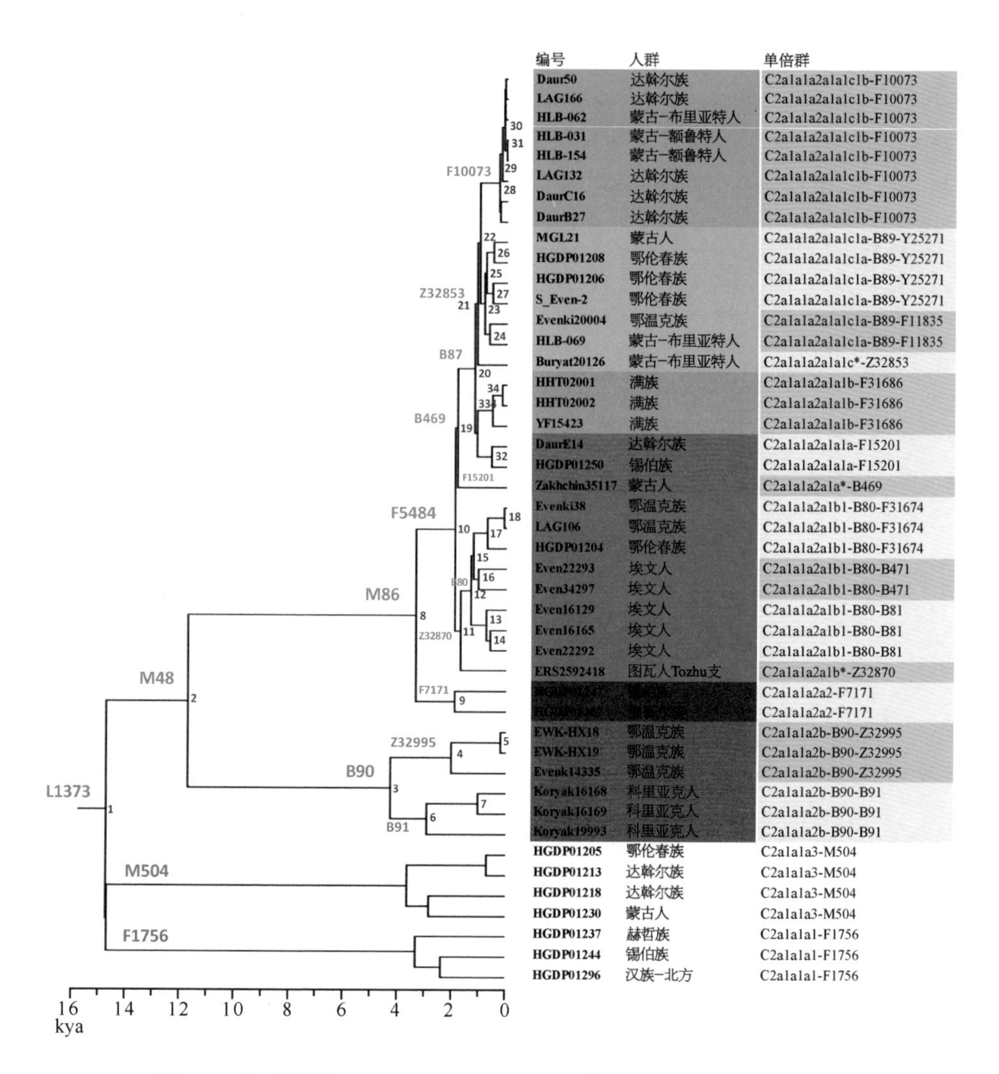

图 3.7　父系类型 C2a1a2a1 - M48 - F5484 的谱系树和主要分布人群（修改自参考文献[85]）

据了重要的篇章。今后需要在这方面加强工作。

单倍群 C2a1a2a2 - F6170 主要分布在卫拉特蒙古人和阿尔泰山以西的突厥语人群中（图 3.8）[82,84]。其分布相对于兄弟支系 C2a1a2a1 - F5484/SK1061 偏西部，故而被称为“C2 - M48 西支”。此单倍群的 Y - STR 有特殊的组合。可以推测卡尔梅克人中的绝大部分 C2a1a2 - M48 样本都属于这个支系。比较有意思的是，在甘肃回族和不丹人中发现了一个旁系支系 C2a1a2a2b - F8472。单倍群 C2a1a2a2 - F6170 是蒙古—卫拉特人群的主要父系之一[85,86]。

西伯利亚东南部地区通古斯人主要父系(C2a1a2a1 - F5484/SK1061)的兄弟分支(C2a1a2a2 - F6170)向西迁徙并成为西部蒙古语人群(卫拉特人群)的主要父系之一。这一谱系分化拓扑关系和分布状态本身蕴含着极为丰富的族群起源历史,值得进一步深入研究。

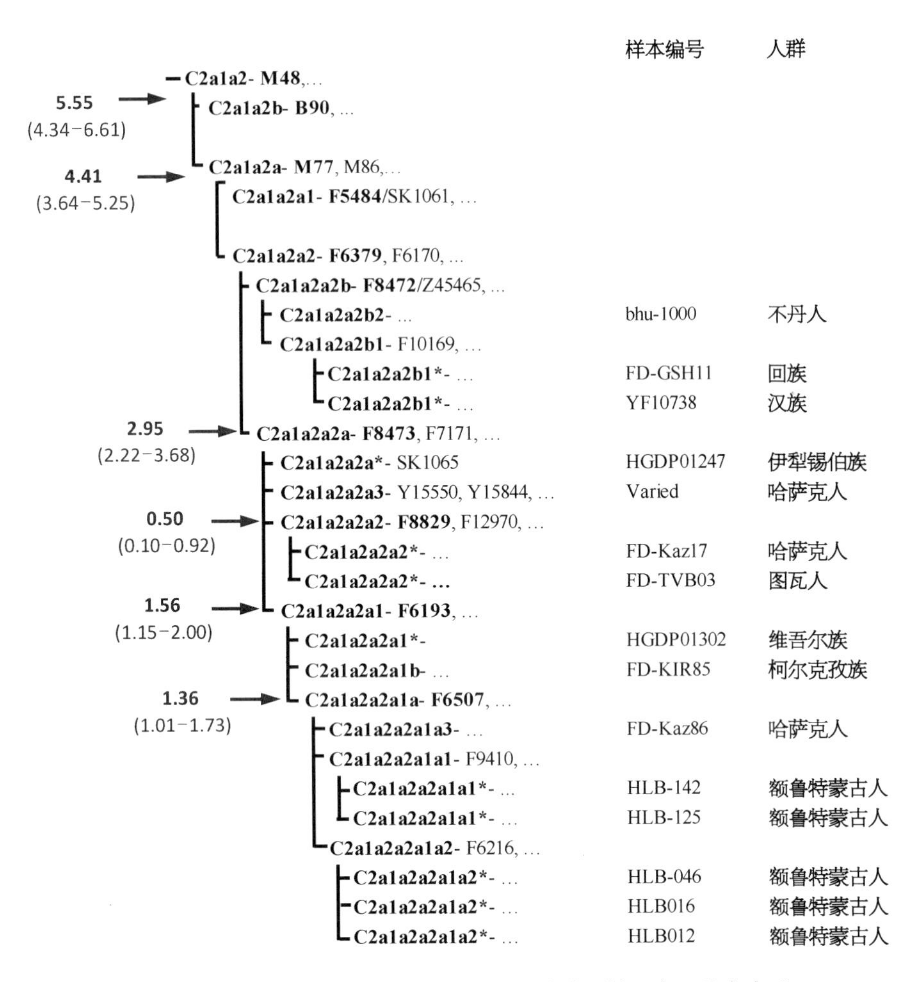

图 3.8　父系类型 C2a1a2 - M48 - F6170 的谱系树和主要分布人群

左侧的数字代表分化年代(单位:千年)

单倍群 C2a1a3 - M504 包含所有原来所称的 C3* -星簇支系。C2a1a3 - M504 之下分为 C2a1a3a1 - F3796 和 C2a1a3a2 - F8951 两大支系[87-89](图 3.9)。其中 C2a1a3b - F8951 分布在达斡尔人、鄂伦春人和布里亚特蒙古人中。同时,这一单倍群也是爱新觉罗家族的父系类型(YCH508, YCH1981

和 YCH2707）。根据这一单倍群的 Y－STR 特殊组合，我们推测这一单倍群是达斡尔族人的主要父系之一。此外，通过对爱新觉罗家族皇室男性 Y 染色体的 Y－SNP 测试和测序分析，确定了单倍群 C2a1a3a2a－F14735 是属于爱新觉罗家族的独特分支[88,89]。结合爱新觉罗家族关于自身起源的传说和记载，我们论证认为，爱新觉罗家族的起源与 13—15 世纪黑龙江中游的虎尔哈(Hūrha)部落有关。

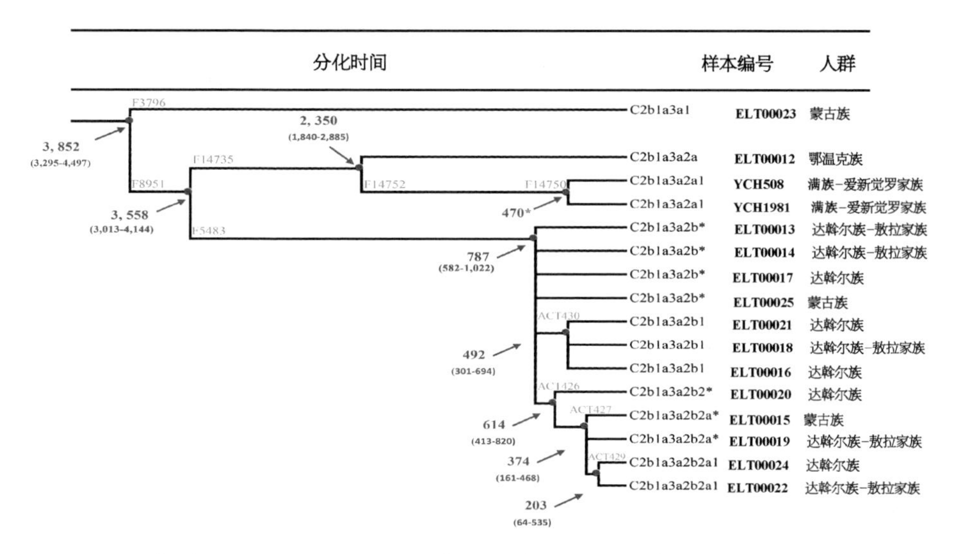

图 3.9　父系类型 C2a1a3－M504－F8951 的谱系树和主要分布人群(修改自参考文献[87])

此外，达斡尔语在蒙古语族诸语言中拥有特殊地位，被认为保留了很多 13 世纪古代蒙古语的词汇(例如《蒙古秘史》时代的蒙古语的词汇)[90]。达斡尔族中主要父系 C2a1a3a2－F8951 与其他蒙古语人群的主要父系 C2a1a3a1－F3796 在谱系树上是兄弟支系。因此可以认为 C2a1a3－M504 下游的分化代表了蒙古语人群的早期分化过程。

C2a1a3－M504 之下的另一重要支系是 C2a1a3a1－F3796(图 3.10)。我们对这个支系进行了详细的研究[91]。在之前的文献中，蒙古语人群[92]以及部分突厥语人群中极为高频的 C3*-星簇大都属于这一个支系[93]。我们对这个支系进行了大样本的测序，基本上理清了这一单倍群下游支系的谱系结构。其中，C2a1a3a1a－F3960 和 C2a1a3a1b－SK1072 见于内蒙古地区蒙古族、东乡族、布里亚特人以及额鲁特部蒙古人中。其次，C2a1a3a1c1－F9747 仅见于巴尔虎部蒙古人中。最后，单倍群 C2a1a3a1c2－F5481 分布于蒙古族、哈萨克

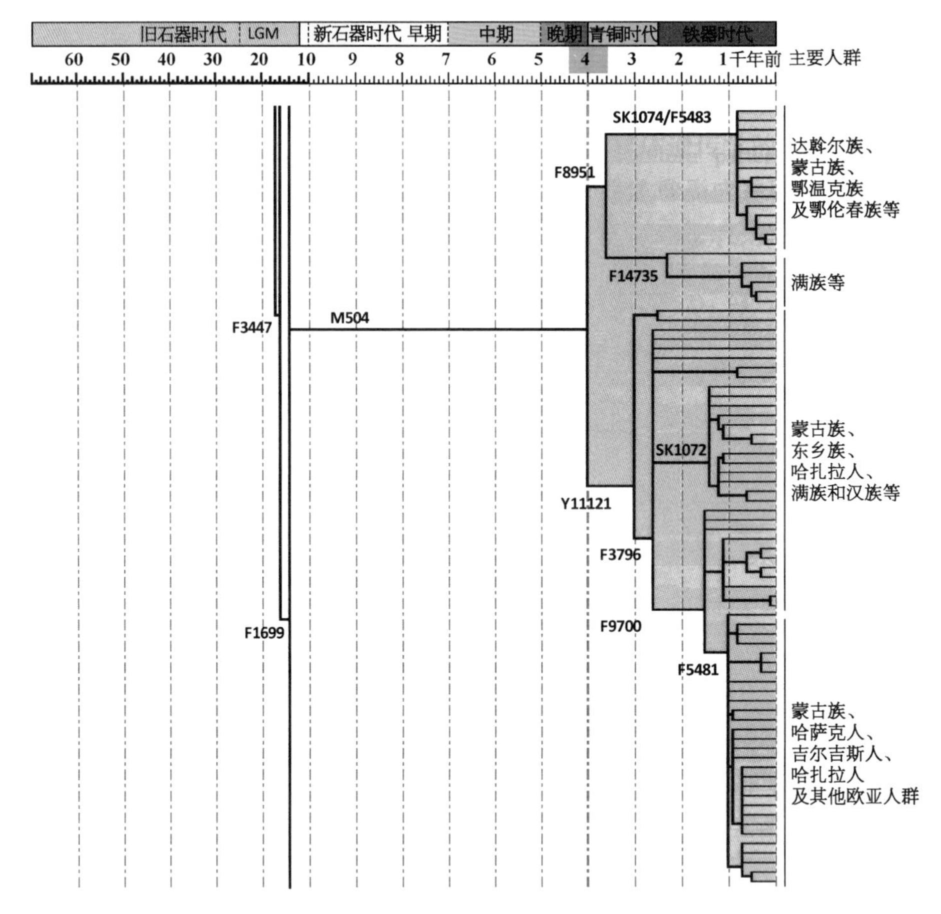

图 3.10　父系类型 C2a1a3－M504－F3796 的谱系树和主要分布人群

族、吉尔吉斯人和阿富汗的哈扎拉人(Hazara)中。相对而言,C2a1a3a1a－F3960 和 C2a1a3a1b－SK1072 的分布偏东,C2a1a3a1c1－F9747 的分布偏北,而 C2a1a3a1c2－F5481 的分布偏西。根据其分布状态,我们认为 C2a1a3a1a－F3960 和 C2a1a3a1b－SK1072 可视为广泛分布于蒙古语各人群的类型,是蒙古语人群形成的基础之一。相对于这两个支系,C2a1a3a1c1－F9747 和 C2a1a3a1c2－F5481 拥有更为接近的谱系关系。这与蒙古语人群的演化历史颇为吻合。根据历史记载,在辽代,尼伦蒙古部大致生活在鄂嫩河流域及其周围地区[94],此处与后世布里亚特人的居住地相邻。而在这个时代,其他的蒙古部落已扩散到蒙古高原的其他区域。

根据历史记载以及历史学家的研究,在蒙古帝国时期,大量的蒙古部落西迁，最后融入当地人群，参与了中亚和东欧地区各个现代人群的形成[95]。比如札剌亦儿部和朵豁剌惕部融入哈萨克人之中。据史料明确记载，哈扎拉人是蒙古驻军及其家属的后裔[96]。根据蒙古部落的早期历史，我们推测 C2a1a3a1c2 - F5481 是尼伦蒙古部的主要父系标记之一。这一单倍群在欧亚大陆上的扩散与蒙古帝国时期蒙古人的军事活动以及蒙古部落的扩散有直接的关联。

经过我们的研究，C2a - L1373 的谱系树得到了极大的细化。我们确定了与原蒙古语人群、蒙古语人群和通古斯语人群的主要父系类型所属的支系及其独特的 Y - SNP 标记。这些下游支系的起源和扩散历史代表了上述人群的起源和扩散历史。当然，很多细节部分有待进一步研究。比如，C2a1a1a1 - F1756 之下尚未找到与东胡—鲜卑族群直接相关的独特下游支系和独特的 Y - SNP 标记，尚未找到女真—靺鞨一系人群所属的独特下游支系，达斡尔人中 C2a1a3b - F8951 的下游谱系及其与爱新觉罗家族所属支系的分化过程尚有待细化等。

3.7　父系 C2b - F1067 的扩散与相关人群的演化历史

单倍群 C2b - F1067 是各地汉族、中国境内其他少数民族、朝鲜族/韩国人和日本人的主要父系之一[31]。这一父系在各地汉族中均占较高的比例，可以认为是汉族人群的主要父系之一。由于其分布相对于其兄弟支系 C2a - L1373 而言偏南，故而被称为“C2 - M217 南支”。单倍群 C2b - F1067 下游支系的分化历史对于汉族人群和东亚其他人群的形成历史而言具有重要的意义[29]。根据目前的研究进展，单倍群 C2b - F1067 之下不同支系的分化年代以及大致的人群分布如图 3.11 至图 3.13 所示。蒙古语人群(特别是布里亚特人)之中存在一个特有的 C2b - F1067 下游支系，即 C2b1a1a1a - M407。以 C2b1a1a1a - M407 为主要父系的古代人群融入蒙古语人群的过程是全体蒙古语人群形成历史中的一个重要部分，我们对这一议题进行了专门的研究[97]。

如图 3.11 所示，单倍群 C2b - F1067 之下存在一个早期分化的支系——C2a2 - CTS4660[29]。有两例样本属于这个支系，分别是来自湖南汉族的 HG00628(CHS)和云南地区的傣族 HGDP01308。根据 M. Karmin 等学者的研究，单倍群 C2a2 - CTS4660 至少 3.3 万年前已经与 C2a1 - F2613/Z1338 发生了分离[11]。目前除了 C2a2 - CTS4660 支系外，东亚地区的其他 C2b -

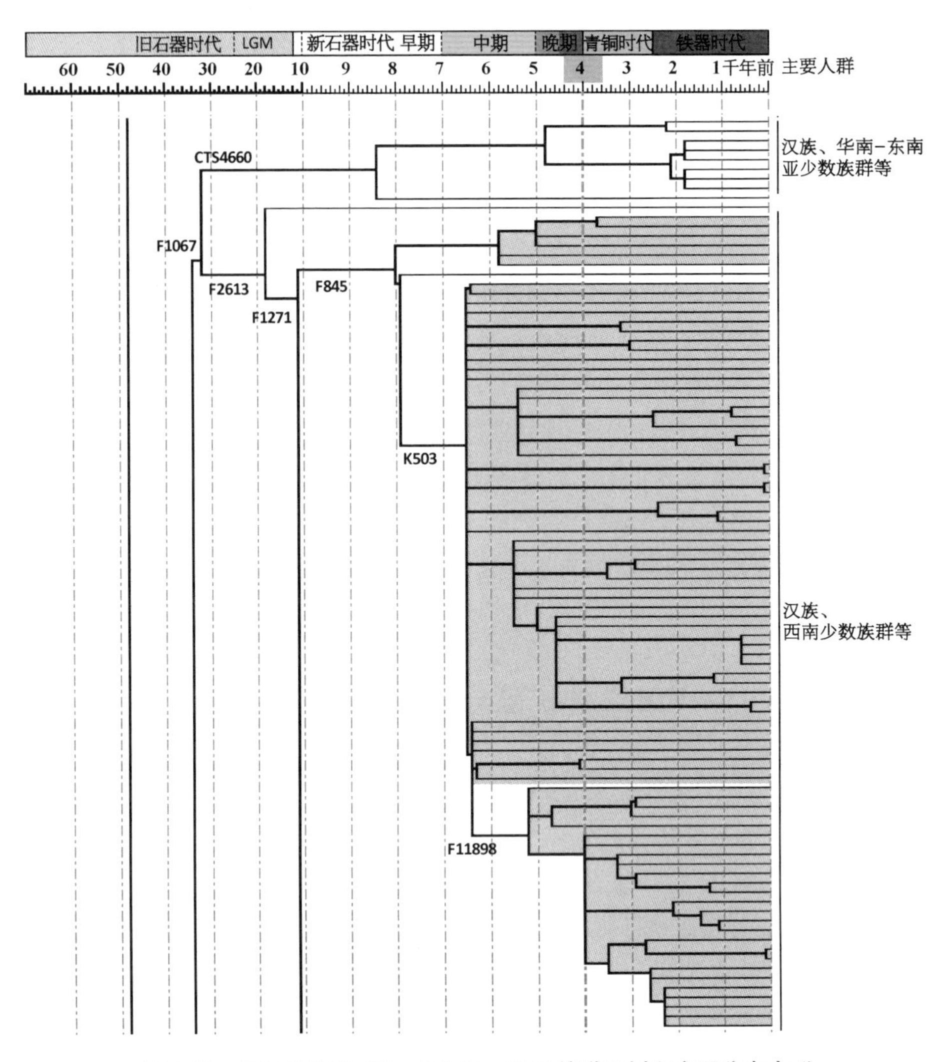

图 3.11 父系单倍群 C2b-F1067-F845 的谱系树和主要分布人群

F1067 样本均属于 C2a1-F2613/Z1338。这说明单倍群 C2a2-CTS4660 是最早分化的支系。此单倍群在中国华南地区的分布,可能暗示单倍群 C2-M217 经由东南亚路线进入东亚。当然,要完全证明这一点还需要古 DNA 的证据。

单倍群 C2a1-F2613 主要分为 3 大支系,分别是 C2a1a1-CTS2657、C2a1a2-F3880 和 C2a1b-F845[29]。这 3 个单倍群广泛分布于东亚各人群之中,但分布地域各有差异。

如图 3.11 所示,单倍群 C2a1b-F845 广泛分布在东亚地区各人群中,但在土家族和苗瑶语人群有较高的比例，是这些人群的主要父系之一[29]。

新定义了单倍群 C2a1b－F845 之下的 17 个单倍群[29]。观察到其下游呈现爆发式扩张的状态，即在长时间的瓶颈效应之后，在很短的时间内产生多个下游分支，而这些下游分支又分别产生多个分支。根据 C2a1b－F845 的扩散状态以及下游分布，推测这个单倍群在长江中游地区经历了非常成功的遗传学意义上的扩张，此后主要往西南方向扩散。此外，来自土家族的 HGDP01104 样本的 Y－STR 属于一个在土家族、傣族和苗瑶语人群中高频的支系，以 DYS385a/b＝11/11 为特征。对由土家族 HGDP01104 样本定义的 C2a1b2b－SK1037 这个支系进行更加深入的研究，有助于理解上述人群的起源和迁徙过程。

如图 3.12 所示，C2a1a1－CTS2657 主要分布于中国华北地区、朝鲜族/韩国人、日本人和蒙古语人群(特别是布里亚特人)中。这一单倍群是朝鲜族/韩国人中的 C2－M217 的主要部分[98]。这个单倍群可能起源于中国华北东北部—东北南部—朝鲜半岛一线，后期有一个或数个 M407 的下游支系向蒙古高原东部地区扩散，最终成为布里亚特人和西蒙古—卫拉特人的主要父系之一。

如图 3.12 所示，布里亚特人中高比例的 C2a1a1a1－M407(原称 C3d－M407)，均属于一个很下游的支系 C2a1a1a1b1a－F9772[97]。C2a1a1a1b1a－F9772 从其上游 M407 分化出去之后，经历了约 1 800 年的瓶颈期，很有可能是由长距离的迁徙造成的。C2a1a1a1－M407 的其他下游支系分布在汉族、朝鲜族/韩国人和日本人中。考虑到 C2a1a1a1－M407 上游更早期的分支主要分布在中国东部以南地区，我们推测 C2a1a1a1－M407(包括其上游 C2a1a1－CTS2657)的起源地点和最初的分化地点大致在中国华北—中国东北南部至朝鲜半岛一线。其中有一个分支向贝加尔湖东南方向迁徙，参与了布里亚特人的形成。具体的迁徙路径还有待古 DNA 验证。

C2a1a1a1－M407 之下存在一个在西蒙古—卫拉特人群中极为高频的父系支系[97]。其 Y－STR 以 DYS385a/b＝11/11 为特征。通过对此类样本的测序，我们新定义了 C2a1a1a1b1b－F8536 这一支系。这一支系在卡尔梅克人杜尔伯特部中比例较高[85,86,99]。据研究，北元时期的达延汗即属于这一个支系[100]。这一个支系产生的时间比较短，但与西蒙古—卫拉特人群的历史有非常密切的关系，值得深入研究。

如图 3.13 所示，新定义了单倍群 C2a1a2－F3880 之下数十个下游支

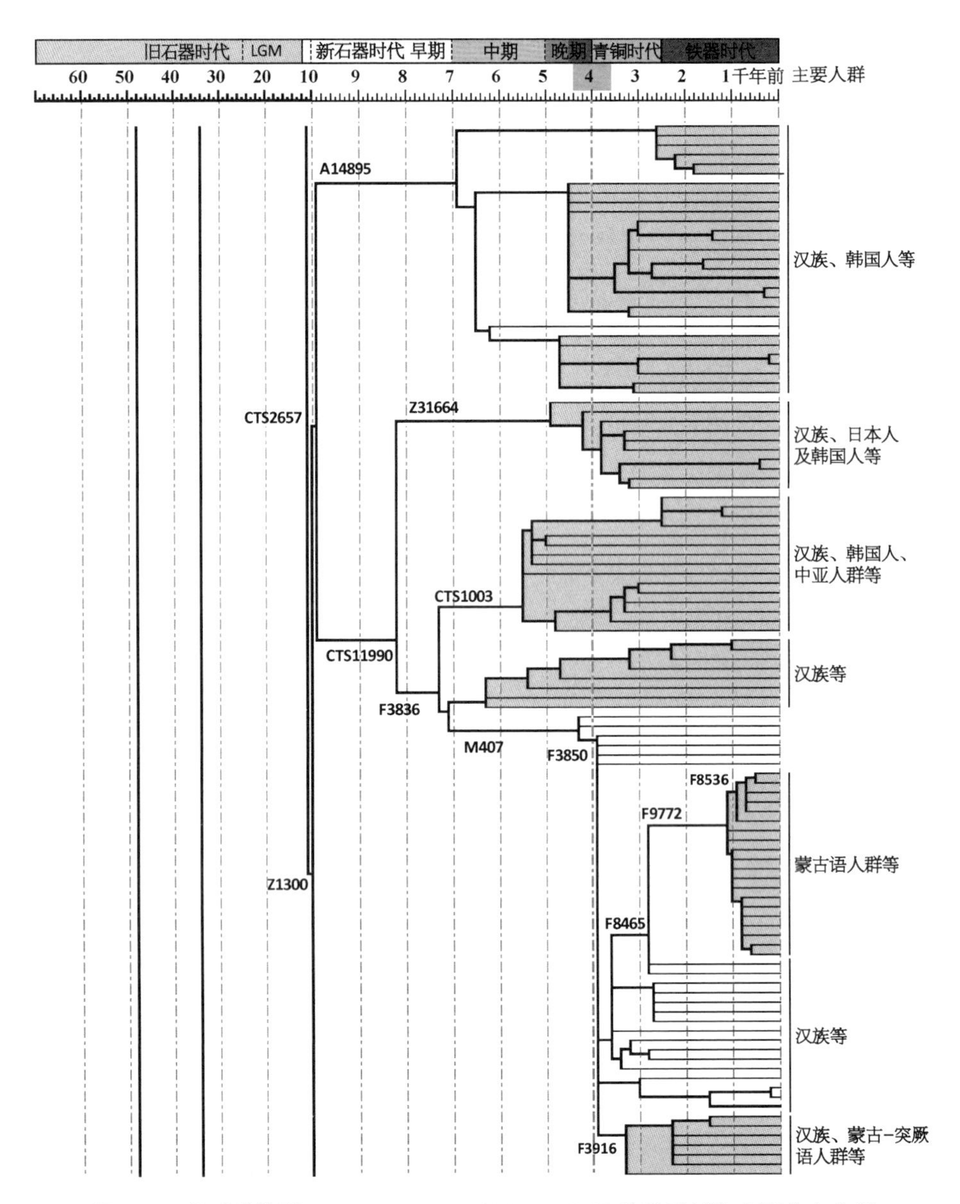

图 3.12　父系单倍群 C2b-F1067-CTS2657-M407 的谱系树和主要分布人群

系[29]。C2a1a2a1-F3777 的下游支系散布在汉族和藏缅语人群之中。目前所知，汉族之外属于这个支系的样本不多。其中，布鲁沙斯基人中的 HGDP00423 和孟加拉人的 HG03917 所代表的分支可能源于这两个人群与藏缅语人群的混合。样本 bhu-1606 来自不丹人[101]。这些样本可以排除是汉

图3.13　父系单倍群C2b-F1067-F3880的谱系树和主要分布人群

族近期影响的结果。可以认为单倍群C2a1a2a1-F3777参与了汉藏缅语人群分化的过程，所以其下游分支同时存在于汉族人群和藏缅语人群中。总之，单倍群C2a1a2a-F948(包括其下游支系C2a1a2a1-F3777)主要分布在汉族、藏缅语人群、朝鲜族/韩国人和日本人中，在蒙古人和赫哲族中也有零星分布[29]。

这个单倍群有可能以中原地区为中心发生扩散,也参与了藏缅语人群的形成。

单倍群 C2a1a2a - F948 和 C2a1b - F845 的扩张地域、扩张时间以及扩张模式都与汉族人群中的其他父系类型很相似。因此,我们主张这两个单倍群也是汉族人群的奠基者父系类型。这两个单倍群的扩张时间都在新石器时代中期。关于这两个单倍群在何时通过何种方式参与汉族的形成过程,还有待进一步研究。

我们对单倍群 C2b - F1067 的研究极大地细化了这一单倍群的下游谱系结构。区分出来的三大支系各有不同的起源,主要扩散的方向也各有差异。C2b - F1067 在东亚各个人群中广泛分布,是汉族人群的主要父系之一。针对这一重要单倍群的进一步研究有助于在更精细的层面研究东亚各个族群的起源和分化历史。

3.8 父系 N - M231 的扩散与相关人群的演化历史

单倍群 N - M231 下游一部分支系分布在西伯利亚直至欧洲北部[53],因此本研究仅仅更新分布于东亚地区的那些支系的谱系,其他支系的谱系更新是由其他学者完成的[11,101]。单倍群 N - M231 广泛分布于东亚、西伯利亚和北欧地区,是在欧亚大陆北部地区扩散得极为成功的一种父系类型。单倍群 N - M231 下游的支系非常多。其中,分布在东亚和蒙古高原地区的支系主要是 N1a2 - L666、N1a1a1a1a3 - B197、N1a1a3 - F4065 和 N1b - F2930/M1881。

如图 3.14 所示,通过测序,我们发现原 N1a2a - F1101 与 N1a2b - P43 共享部分 Y - SNP 突变,因此合并成为一支。我们也重新定义了 N1a2a - F1101 的下游支系的谱系结构。根据现有公开发表的数据,N1a2a - F1101 主要分布在华北地区以及华北与蒙古高原交界的地方。目前尚不清楚这一单倍群的起源和扩散与哪些人群历史相关,但大致可以推测这一单倍群的分布是蒙古高原地区与中国华北地区人群相互交流和相互影响的结果。

单倍群 N1a2b - P43 是乌拉尔语系萨摩耶德语支人群的主要父系类型[102],同时也是部分突厥语人群(如图瓦人)的主要父系类型之一[103]。根据测序数据构建的谱系树,可以认定突厥语人群中的 N1a2b - P43 很有可能是南西伯利亚地区的南部萨摩耶德语人群被突厥化的结果。这一单倍群后来参与了突厥语人群的扩张[104]。但这一单倍群向东扩散的范围很广,在黑龙江中下游地区的鄂温克和鄂伦春人中也有一定比例存在[32]。可见,在某一个历史时

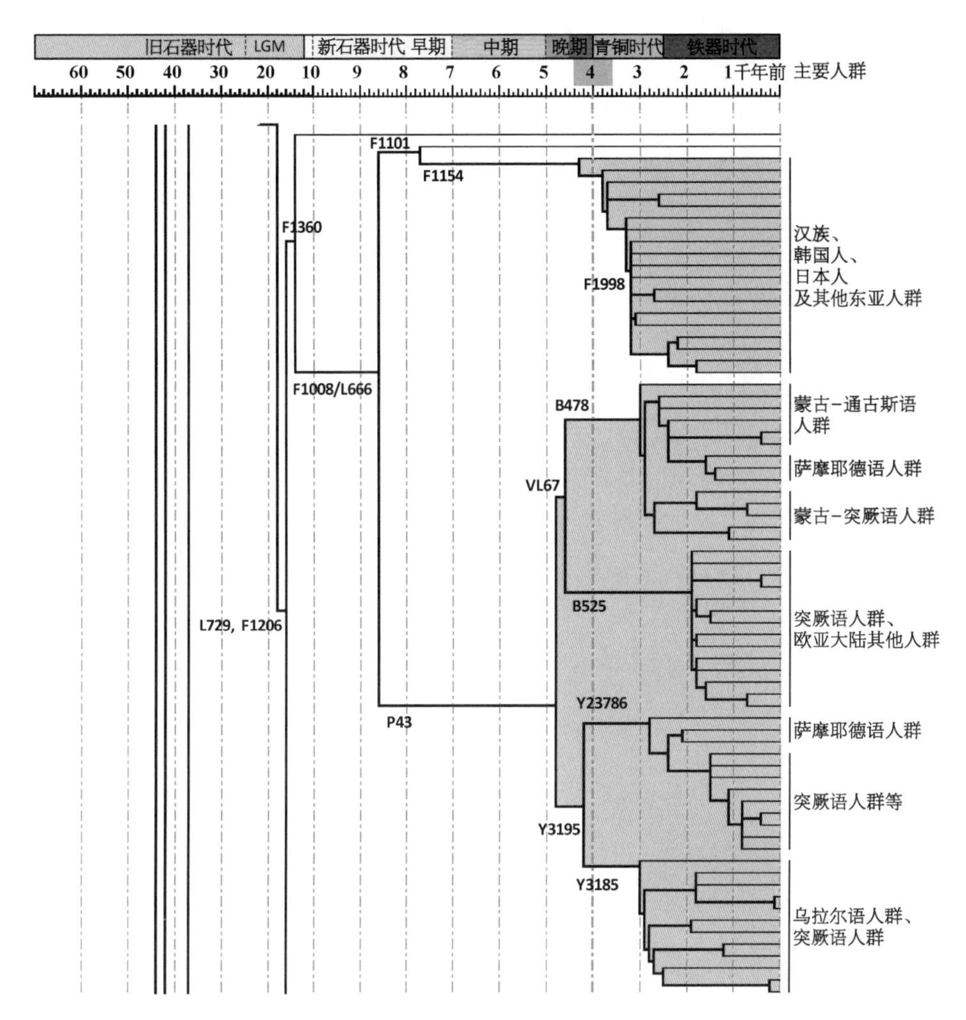

图 3.14　父系单倍群 N-M231-F1101+P43 的谱系树和主要分布人群

期，单倍群 N1a2b-P43 曾经在蒙古高原的中东部经历过一次比较成功的扩散。由于现存萨摩耶德之外的 N1a2b-P43 绝大部分出现在突厥语人群中。我们推测，N1a2b-P43 在蒙古高原上自西向东的扩散，可能伴随着突厥语人群的扩散过程。这一单倍群在通古斯语人群中的出现代表了早期通古斯语人群与乌拉尔语人群或突厥语人群的历史接触。

蒙古高原及周围地区人群中的 N-M231 大多为 N-M231-M46/M178/Tat(简称 N1a1a-M178，图 3.15)。在单倍群 N1a1a-M178 之下发现了一个重要支系，即主要分布在蒙古高原地区的 N1a1a1a1a3a-F4205。此单倍群目前出现在蒙古人、布里亚特人、锡伯族人、哈萨克人和汉族人群中。经过测序，确定雅库特人中的绝对主要父系 N1a1a－M178 大部分都属于 N1a1a1a1a4a1－M1982[64]。楚科奇人、科里亚克人、因纽特人以及欧亚大陆西北部的乌拉尔人群中的 N1a1a－M178 大多属于上述支系之外的其他分支[11,105]。此外，我们还发现一个小的支系 N1a1a3－F4065，目前仅见于华北汉族、达斡尔族和鄂伦春人中。单倍群 N1a1a－M178 的分布极为辽阔，下游支系极为庞杂，其中只有少部分支系与蒙古语人群和突厥语人群有关。

单倍群 N1a1a－M178 存在一个主要的下游支系 N1a1a1a1a3a－F4205。这一单倍群在蒙古高原周围的现代人群中广泛分布，是布里亚特人的主要父系之一[11]，在汉族中也存在一定的比例（本实验室未发表数据）。布里亚特人被认为是操突厥语的拔野古部落与原始蒙古语部落混合的结果[106]。另一方面，在蒙古部落在草原上扩散之前，丁零—铁勒—回纥一系人群长期作为主要居民存在。根据历史记载，有大量丁零—铁勒部落在历史时期不断融入中原地区居民，其后裔成为现今汉族人群的一部分[107]。根据以上信息，推测单倍群 N1a1a1a1a3a－F4205 很有可能是蒙古高原上的丁零—铁勒—回纥一系人群的主要父系之一。针对这一单倍群进行深入研究将有助于理解相关人群的起源和扩散历史。

对哈萨克人札剌亦儿部的研究有可能为上述观点提供关键证据。札剌亦儿部是蒙古部落时代的一个庞大的部落集团。他们居住在克鲁伦河流域一带，也有一部分居住在鄂嫩河沿岸[108]。他们被成吉思汗的祖先所征服，从而成为尼伦蒙古部落的一部分。木华黎国王即出自这个家族。据考证，这一部落源自回纥时代的“押剌”部落[109]。这个“押剌”部落居住在回纥汗国汗庭附近，是直属于可汗的、人口众多的大部落。据此推测，“押剌”部落是更早时期的丁零—铁勒—回纥一系居民的后裔。后来此部落发展成为札剌亦儿部，进而演化为蒙古部落之一。此部落的一部分在蒙古帝国时代迁往中亚，最后参与了现代哈萨克人群的形成。据研究，哈萨克人札剌亦儿部中存在较高比例的 N1a1a－M178(24％)[110]。在卡尔梅克人和硕特部中也有高比例的 N1a1a－M178(36.6％)[86]。如能证实这些 M178＋样本属于 N1a1a1a1a3a－F4205，将有助于我们进一步研究丁零—铁勒—回纥一系人群的演化历史。

从另一方面讲，丁零—铁勒—回纥一系人群本身的父系遗传结构应该是很复杂的。雅库特人的祖先被认为是唐代时期生活在贝加尔湖西南部的骨力干部落[111]。现代雅库特人的绝对主要父系是 N1a1a1a1a4a1a－M1979[11]。

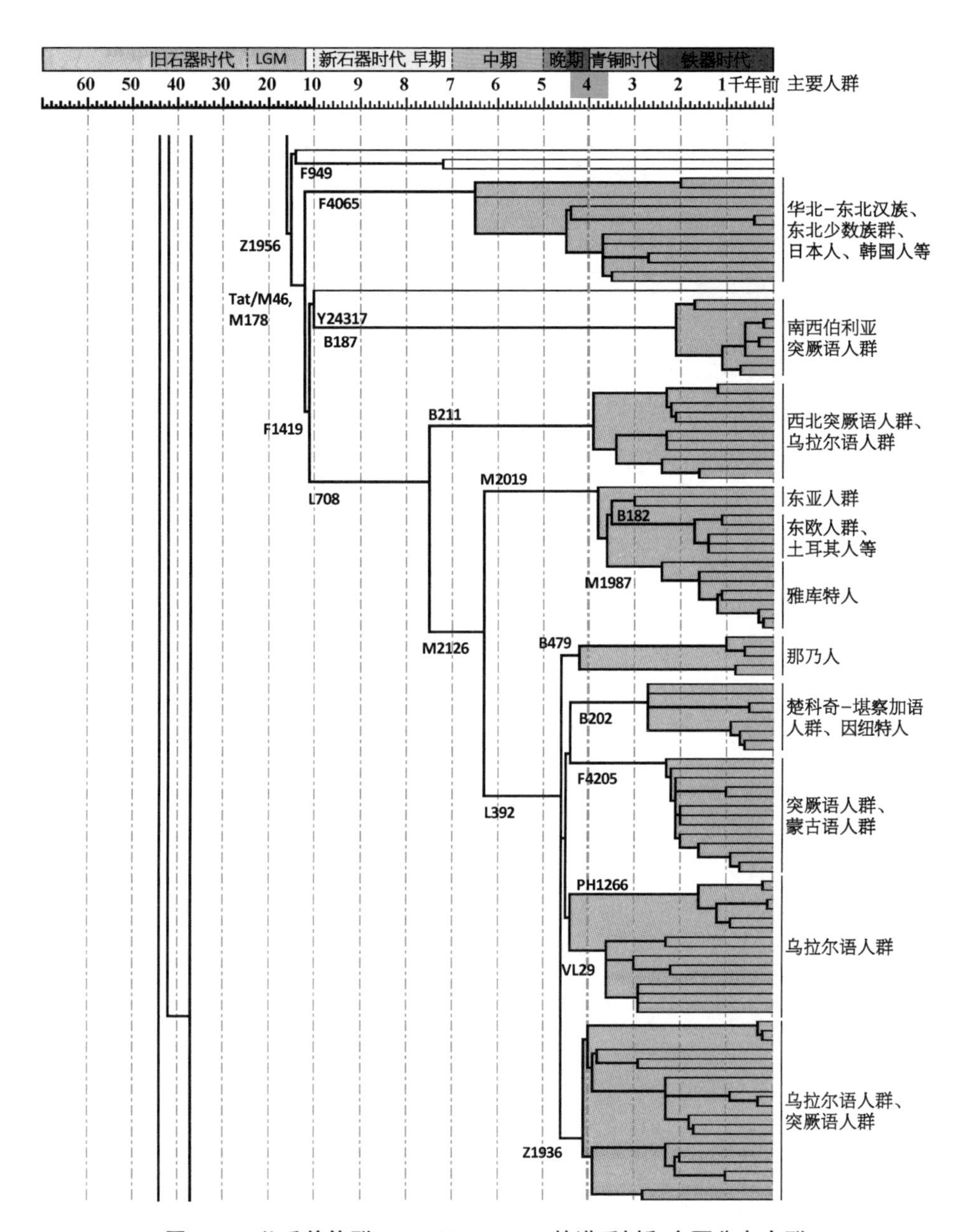

图 3.15　父系单倍群 N-M231-M178 的谱系树和主要分布人群

这一单倍群是 M178 的下游支系之一，与上述布里亚特中高频存在的 N1a1a1a1a3a-F4205 在谱系树上的关系很远，并不存在比较晚近的共祖。因此，可以认为现代雅库特人的绝对主要父系 N1a1a1a1a4a1a-M1979 可以代表其始祖骨力干人的主要父系类型。此外,由于单倍群 C2－M217 是蒙古—通古斯人的主要父系,这些人群中少量存在的 N1a1a3－F4065 有可能是源自其与古代突厥语人群的遗传交流。据以上论证,目前丁零—铁勒—回纥一系人群的主要父系类型包括 N1a1a1a1a3a－F4205、N1a1a1a1a4a1a－M1979 和 N1a1a3－F4065。当然,从现今的突厥语人群向上追溯,单倍群 C2－M217 和 Q－M242 也应是丁零—铁勒—回纥一系人群的主要父系类型之一。

我们也确定了一个在汉藏语人群中极为重要的父系支系 N1b－F2930/M1881。这一单倍群在此前被称为 N2,是原 N1* 的兄弟支系[112]。根据目前的测序数据,这一单倍群广泛分布在汉族和各个藏缅语人群中。其下主要分成 N1b1－CTS582 和 N1b2－M1819 两大支系。根据以往的文献数据,单倍群 N 在各地汉族中存在一定比例[53]。经过测试可知,汉族中的 N 属于 N1a1a－M178 的比例较少,N1b－F2930/M1881 是汉族人群中 N 的主要部分。因此可以认为单倍群 N16－F2930/M1881 是汉族人群的重要始祖成分之一。同时,单倍群 N1b－F2930/M1881 下游支系散布在汉族和藏缅语人群之中,可视为汉—藏缅人群及其语言分化的遗传标记之一。

3.9 父系 O1a－M119 的扩散与相关人群的演化历史

早期的研究结果表明,单倍群 O1a－M119 是侗台语人群、南岛语人群和汉族的主要父系之一[113-116]。孙瑾等学者在 2021 初发表的论文对这个支系进行了较为详细的研究[34,117]。结合其他文献的研究成果,父系单倍群 O1a－M119 的谱系树和主要分布人群如图 3.16 所示。

通过研究发现[34,117],中国华南地区的 O1a－M119 以 O1a1a－P203.1 为主,而之下又以单倍群 O1a1a1a－F78 和 O1a1a1b－F5498 为主。单倍群 O1a－M119 在距今 1 万年之内经历持续的爆发式扩张,单倍群 O1a1－F153 及其各级下游分支,包括 O1a1a1a－F78、O1a1a1a1a－F492 和 O1a1a1a1a1a1－F656,都存在较多的支系。此外,千人基因组项目的数据显示,单倍群 O1a1a2－F4084 在傣族人群中占据较大的比例[34]。单倍群 O1a1b－M110 在华南地区的群体中有少量发现[114],在南岛语人群中则占据较大的比例。

单倍群 O1a－M119 是南岛语人群和侗台语人群共享的父系类型[114],这一单倍群的扩散历史与这两个人类人群集团的起源演化历史有密切的关系。其他父系单倍群对于这两个人类人群集团的形成而言也同等重要,但目前看

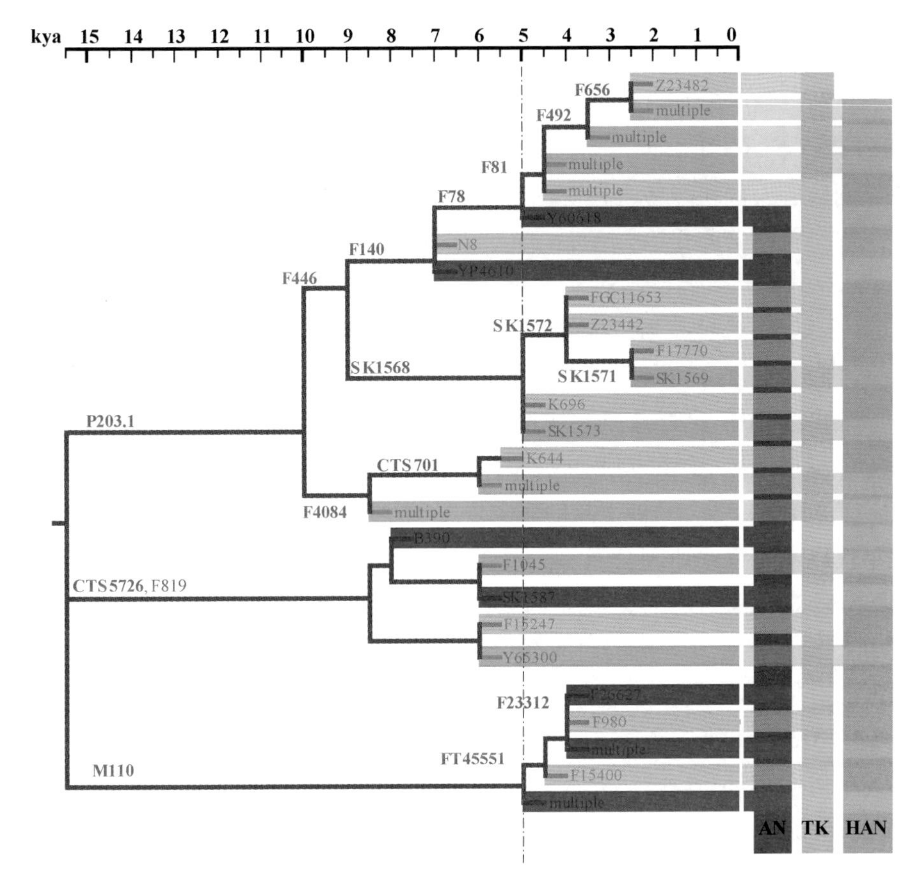

图 3.16　父系单倍群 O1a－M119 的谱系树和主要分布人群[117]

AN 表示南岛语人群，TK 表示壮侗语人群，HAN 表示汉语人群。

来似乎并不与这两大人类人群集团的共同始祖群体直接相关。从目前的谱系树来看，O1a－M119 的下游支系呈现持续分化、持续向外扩张的状态。以云南傣族为例，从千人基因组的数据看，同时存在 O1a1a1a1a1a－F492 和 O1a1a2－F4084 两大重要支系，但单倍群 O1a1a1b1－M101 也有发现[34]。在南岛语人群中，单倍群 O1a1b－M110 和 O1a1a1a－F140 之下的其他独特分支也都占有较大的比例[23,34]。从谱系树的结构看，O1a1b－M110 的扩张时间较早，而 O1a1a1a－F140 下游支系扩张的时间较晚。另一方面，南岛语人群中 O1a－M119 的下游支系均可以在东亚大陆的人群中找到亲缘类型或者早期分支[117]。这种状态说明，南岛语人群和侗台语人群在大陆地区和岛屿地区均经历了较成功的扩散，分布地域也比较广阔。新发现的下游支系在各个现代人群的具体分布比例还不清楚。早期南岛语和侗台语人群的具体起源和扩散历史尚不十分清晰,有待进一步进行大范围的采样和研究。

目前,单倍群 O1a - M119 的下游分支已经基本确定。其中单倍群 O1a1a1a - F78、O1a1a2 - F4084 和 O1a1b - M110 可能与古代东部百越人群、西部侗台语人群和南岛语人群的分化有直接的关联。在今后的工作中,需要进一步研究单倍群 O1a - M119 的下游支系的演化历史。

3.10 父系 O1b - M268 的扩散与相关人群的演化历史

单倍群 O1b - M268 是东亚地区人群的主要父系类型之一。其下游主要分支包括 O1b* - M268x(M95, M176)、O1b1a1 - M95、O1b1a1a1a - M88 和 O1b2 - M176。结合其他文献的研究成果,单倍群 O1b - M268 下游支系的分化年代以及大致的地理分布如图 3.17 所示。已有的数据表明,部分 O1b* - M268x(M95, M176)的支系是中国东北地区的当地人群的特有父系支系[32]。在历史上,中国东北地区的西南部一直是蒙古语人群活动的区域。因此,这一地区的古代居民中的一部分后裔也融入了蒙古语人群之中,并带来了少量的 O1b* - M268x(M95, M176)[85,86,118]。

单倍群 O1b1a1a1a - M88 是单倍群 O1b1a1 - M95 的主要下游支系。根据相关研究[32,114,119-126],单倍群 O1b1a1a1a - M88 主要出现在以下人群中:华南汉族、苗瑶语人群、南亚语人群和南方藏缅语人群。可以认为单倍群 O1b1a1a1a - M88 在中国西南部地区以及东南亚大陆地区经历了较为成功的扩散。另外,我们确定了 O1b1a1 - M95 之下的另一个支系 O1b1a1a2 - SK1630。此单倍群目前出现在汉族和苗族人群中。O1b1a1 - M95 之下的另一个重要支系是 O1b1a1b - M1283。从分布情况看,O1b1a1b - M1283 也是一个在中国西南部和东南亚大陆地区扩散得比较成功的父系类型。相对于 M95 的其他分支而言,O1b1a1b - M1283 的分布更偏西南一些。单倍群 O1b1a1 - M95 是南亚语人群的主要父系类型[70-71]。但此单倍群在苗瑶语人群、西部侗台语人群和西部南岛语人群中具有较高的比例[70-71]。单倍群 O1b1a1 - M95 的分布地域远远大于现今南亚语人群的分布范围。因此推测现今南亚语人群的兴起和扩散晚于单倍群 O1b1a1 - M95 的首次大扩张。

目前我们已经辨析出 M95 之下对应不同语系/语族人群扩张的下游支系,见图 3.17。K18 和 M95 之下的支系很多,演化关系非常复杂,未来需要开

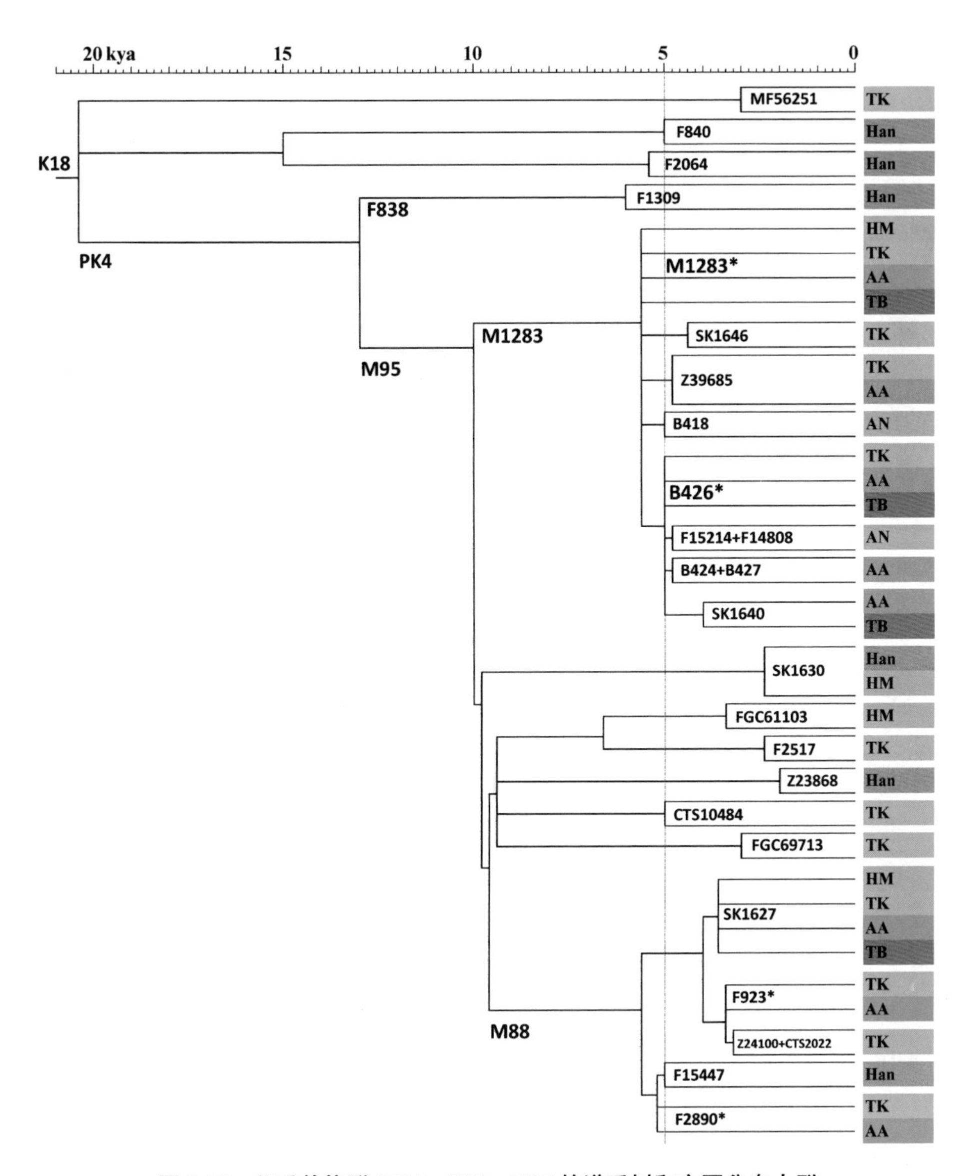

图 3.17　父系单倍群 O1b1 - K18 - M95 的谱系树和主要分布人群

TK：壮侗语人群；Han：汉族人群；HM：苗瑶语人群；AA：南亚语人群；TB：藏缅语人群；AN：南岛语人群。

展有针对性的深入研究，以揭示相关人群起源演化历史的更多细节。以下尝试按不同的时间层次对 O1b1a1 - M95 的起源和扩散进行讨论。

单倍群 O1b1a1 - M95 的上游支系（O1b1 - F1462 和 O1b1a - PK4）之前被归类为 O1b* - M268x(M95，M176)。根据我们尚未发表的细分数据，这一

类父系主要包含 F840、F2064 和 F838 等多个支系(图 3.17)。这些父系类型在长江中下游地区的汉族人群中占有较高的比例。根据目前关于水稻起源的研究,水稻的驯化和成熟稻作农业很可能发生在珠江流域和长江中下游流域之间[125]。而南亚语人群是最为典型的稻作农业人群之一。因此,推测南亚语人群的主要父系 O1b1a1 - M95 是中国华南—西南地区史前稻作农业扩散的遗传学标记之一。O1b1a1 - M95 的上游支系 O1b* 在长江中下游人群的分布,以及 O1b1a1 - M95 本身在苗瑶语人群、土家语以及中国华南—西南直至东南亚地区的广泛分布[32,114],均支持以下假说。即新石器时代稻作农业从长江中下游地区向西南方向扩散到东南亚直至南亚地区的过程,伴随着父系类型 O1b1a1 - M95 的扩散和分化。

目前有一些人群之中的 M95 的特殊下游支系还没有被发现。例如,青藏高原东部边沿地区的人群,如甘肃青海地区的人群、羌族和彝族人群,也都有一定比例的 O1b1a1 - M95[25,32]。目前尚不清楚史前或历史时期相关人群的迁徙过程。再次,目前还没有发现苗瑶语人群和南亚语人群中的 O1b1a1 - M95 的全部独有支系。最后,O1b1a1 - M95 在何时登陆印度尼西亚群岛,下游支系都有哪些,目前还不得而知。O1b1a1 - M95 也是西部南岛语人群的主要父系之一,比如印度尼西亚人群和马达加斯加岛人群[114]。马达加斯加岛人群的 M95 样本属于 M88+[126]。在今后的工作中,需要重点关注相关的下游支系。

通过测序,我们对原单倍群 O1b* - M268x(M95, M176)进行了细化,确定了 K18 之下的多个下游支系(图 3.17)。如上所述,这一单倍群在长江中下游地区人群占有一定的比例,是不可忽视的父系类型之一。在 CHB 这个近似华北汉族的人群中,O1b* 也有一定比例[34]。值得说明的是,王传超等学者对曹操家族后裔进行了大规模的遗传学调查[127],之后学者又通过古 DNA 确定了曹操家族属于单倍群 O1b* - M268x(M95, M176)[127]。之后继续对这一家族的 Y 染色体进行了测序,确定了属于这个家族特有的 Y - SNP 遗传标记。这是东亚人群第一个精确到单一家族特有 Y - SNP 标记的遗传学调查。相关研究尚待发表。

在日韩人群中,单倍群 O1b2* - M176xCTS713 和 O1b2a1a1 - CTS713(47z)是主要的父系类型[25,32,128]。SRY465 和 47z 这两个遗传标记是早期文献常用的位点,在最新的谱系树上分别对应 M176 和 CTS713。图 3.18 展示了 O1b2 - M176 的分化谱系树,朝鲜族/韩国人群、日本人和中国人群的独有支系已经初

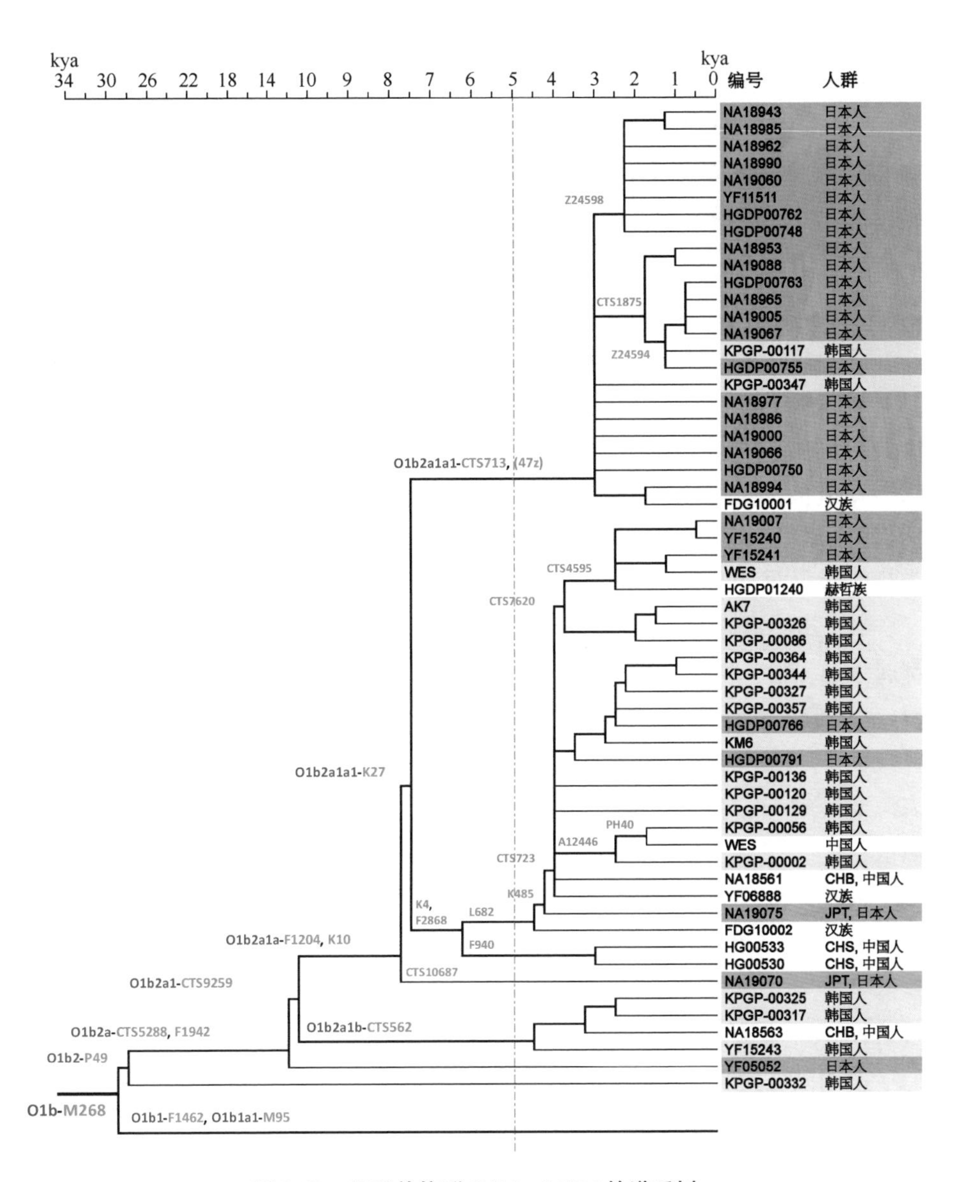

图 3.18　父系单倍群 O1b2 - M176 的谱系树

步显现。但目前这一谱系树还不够清晰，尚无法用于解读相关人群的起源历史。此外，在中国华北至东北地区的人群（比如满族和赫哲族）中，也存在一定比例的 O1b2* - M176x47z[32]。可见，单倍群 O1b2* - M176x47z 在中国东北地区有悠久的演化历史。由于缺乏样本，父系 M176 的分化过程尚不清晰，在今后的工作中需要加强相关研究。

以上我们主要对 O1b1a1 - M95 和 O1b* - M268x(M95, M176)的下游谱系进行了讨论。这些单倍群与长江中下游地区人群、苗瑶语人群、南亚语人群、西部侗台语人群和西部南岛语人群的起源有直接的关联。在今后的研究中,需要测试更多的样本,找到属于某一人群特有的支系并计算其准确的分化年代。此方面的研究将有助于理解上述人群的形成历史。

3.11 父系 O2 - M122 的扩散与相关人群的演化历史

目前,单倍群 O2 - M122 之下包括的支系非常多,主要包含 O2a1b - IMS - JST002611、O2a2b1a1 - M117 和 O2a2b1a2 - F122 - F444。这三大支系与现代部分东亚族群的起源有直接的关联,故而我们简称这三个支系为"O2 三大支"(图 3.19)。O2 三大支之外的其他支系对于东亚人群的起源和 O2 三大支本身的起源而言也都是非常重要的,因此需要重点分析和说明。

O2 - M122 之下除 O2a - M324 的类型(写为 O2* - M122xM324)外,目前都属于单倍群 O2b - F742 - F953。这一类型比较罕见,其分布对单倍群 O2 - M122 的起源和早期分化过程有指示性的作用。根据其他文献[129]和我们的研究,O2* - M122xM324 分布在各地汉族和各个少数民族中。目前可见的样本来源地最南为云南傣族和广西壮族,最北为内蒙古地区的汉族,整体分布离散。

根据以往的研究,O2a2a1a1a - M159 散见于南方汉族、海南黎族和台湾汉族中[34,130]。与 O2a1a1a1a1 - M121 类似[122],其分布中心似乎偏华南地区。这两个早期分支对研究 O2 - M122 的早期分化过程而言是十分重要的。不过,目前对它们的了解还非常少。

根据以往文献,O2a2a1a2 - M7 是苗瑶语人群的主要父系之一,也见于云南和四川地区的多个民族、壮族、南亚语人群和南岛语人群[32,113,120,123,124,131]。据此推测,单倍群 O2a2a1a2 - M7 曾经在我国华南及东南亚地区经历过一次较大范围的扩张,而苗瑶语人群中的 O2a2a1a2 - M7 支系仅是 O2a2a1a2 - M7 所有下游支系的一个子集。据研究,南岛语人群中的 O2a2a1a2 - M7 不属于在大陆地区目前已测到的支系[23]。单倍群 O2a2a1a2 - M7 下游支系的精确分化时间以及苗瑶语人群特有的 M7 下游支系,有待进一步研究。

N6 和 N7 这两个 Y - SNP 位点在 2004 年就已经被发现,但在后期的研究中较少被测试[133]。单倍群 O2a2b2 - N6 实际上是一个极为重要的单倍群。

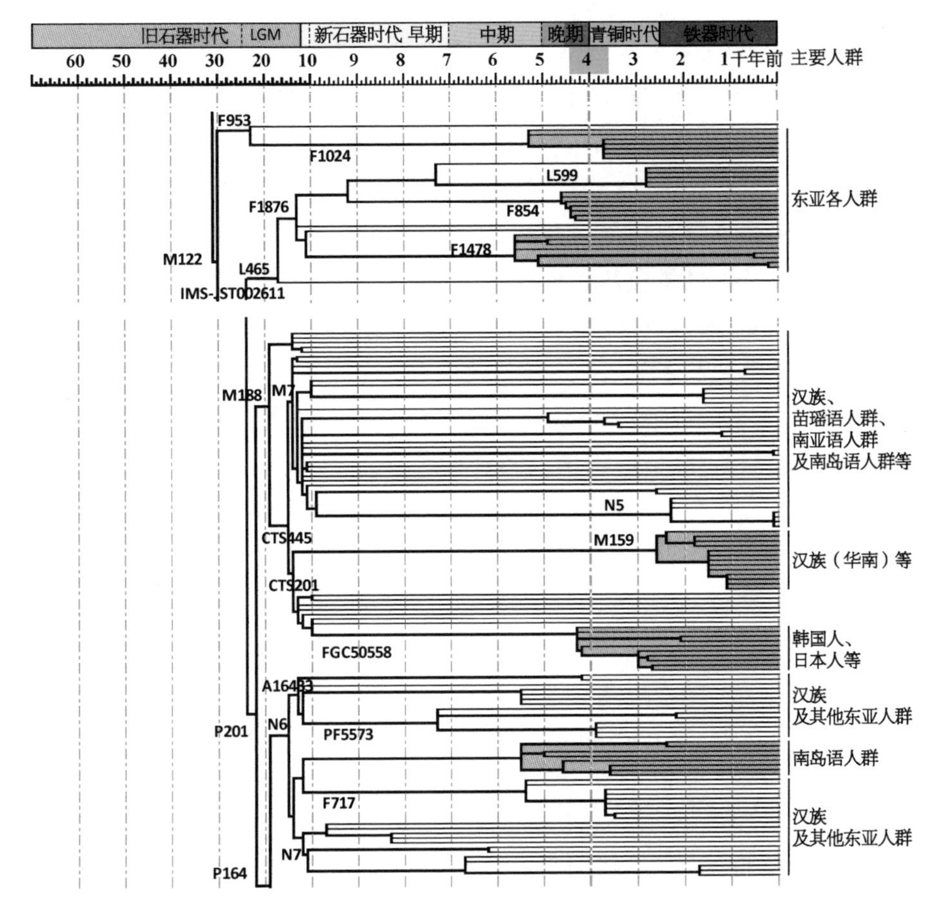

图3.19 父系单倍群O2-M122的谱系树和主要分布人群(排除“三大支”)

目前已测的样本分布在湖南、浙江、山东、山西、吉林、黑龙江以及朝鲜族/韩国人中，其中以山东地区较为多见[133]。单倍群O2a2b2-N6在东亚大陆地区的分布偏向东部沿海地区，在中国东北地区也有少量出现。在南岛语人群中，单倍群O2a2b*-P164xM134是除了O1a-M119和O1b1a1-M95之外最重要的支系。在部分南岛语人群中，单倍群O2a2b*-P164xM134达到极高的比例，几乎成为唯一的父系类型。据分析，此前研究中南岛语人群已测的O2a2b*-P164xM134样本均属于单倍群O2a2b2a2-N6-F3069[23,133]。

根据考古学家和语言学[134,135]的研究，南岛语人群的起源可能与中国华东沿海地区种植农作物粟的新石器时代人群有关。由于环境的变化，部分人群向南迁徙，与迁徙途中遇到的人群混合成为南岛语人群的始祖群体，最终扩散到印度洋和太平洋上极广阔的地域范围中。我们在东亚大陆地区找到了南岛语人群主体父系 O2a2b*－P164xM134 的亲缘个体。这些罕见的早期分支在山东及相邻地区较为多见,故而支持考古学家和语言学家提出的南岛语人群部分祖先的最初起源地(即山东至浙江之间的沿海地区)。未来对单倍群 O2a2b2－N6 的下游谱系的分化时间进行精细的研究,将有助于理解南岛语人群部分祖先的早期分化历史。此前,我们已经专门撰写了一篇文章来讨论单倍群 O2a2b2－N6 的扩散及其与南岛语人群起源的关系[133]。之后,在一篇关于马来人的父系遗传结构的文章中,我们进一步讨论了 N6 这个父系作为全体南岛语人群重要奠基者父系之一的演化历史[23]。

单倍群 O2a1b－IMS－JST002611 是汉族人群的主要父系类型之一,在苗瑶语人群、土家族、朝鲜族/韩国人和日本人中也有一定比例。王传超等学者对此单倍群的分布和起源进行了较深入的研究[136,137]。本书对这一单倍群的下游谱系结果进行了进一步的细化。

如图 3.20 所示,通过测序,我们新确定了 O2a1b－IMS－JST002611 之下两个主要早期支系 O2a1b1a2－F238 和 O2a1b2－CTS10573。前者在山东汉族、河南汉族、辽宁汉族以及广东汉族中各测到 1 例。后者仅见于云南傣族(CDX)和华北汉族(CHB)各 1 例。从有限的数据看,单倍群 O2a1b1a2－F238 的分布中心偏华北东部。这一状态与王传超等学者观察到的分布一致(见引文[136]中的图 Fig.1.C)。而王传超等学者在老挝人群中也发现少量的 O2a1b*－IMS－JST002611xF11,与我们在傣族中发现的支系可能比较接近。从 O2a1b1a2－F238 的分布看,此单倍群以华北东部为分布中心,同时也向西北方向和华南方向扩散。O2a1b－IMS－JST002611 本身在苗瑶语人群中有一定分布,其下罕见的支系 O2a1b2－CTS10573 出现在云南傣族中,这使得我们将整个 O2a1b－IMS－JST002611 的起源指向华中地区。

据考古学方面的研究,裴李岗文化(含贾湖遗址)是新石器时代早期兴盛于今河南省的一种考古文化[138,139]。裴李岗文化衰落之后,其中部分人群沿淮河流域东迁,与山东地区更早存在的人群融合,最后创造了大汶口文化[140,141]。而另一方面,考古学家和历史学家也普遍认可苗瑶语人群的最初起源地是湖南—湖北西部地区[142,143]。此处的彭头山文化是新石器时代早期一支比较兴盛的考古文化[144]。有考古学家认为,裴李岗文化中的稻作农业是长江中游地区原始稻作农业向北传播的结果[145,146]。故而,大汶口文化人群和苗瑶语人群的始祖均与华中地区的稻作农业人群有起源上的联系。这可能是这两类人群

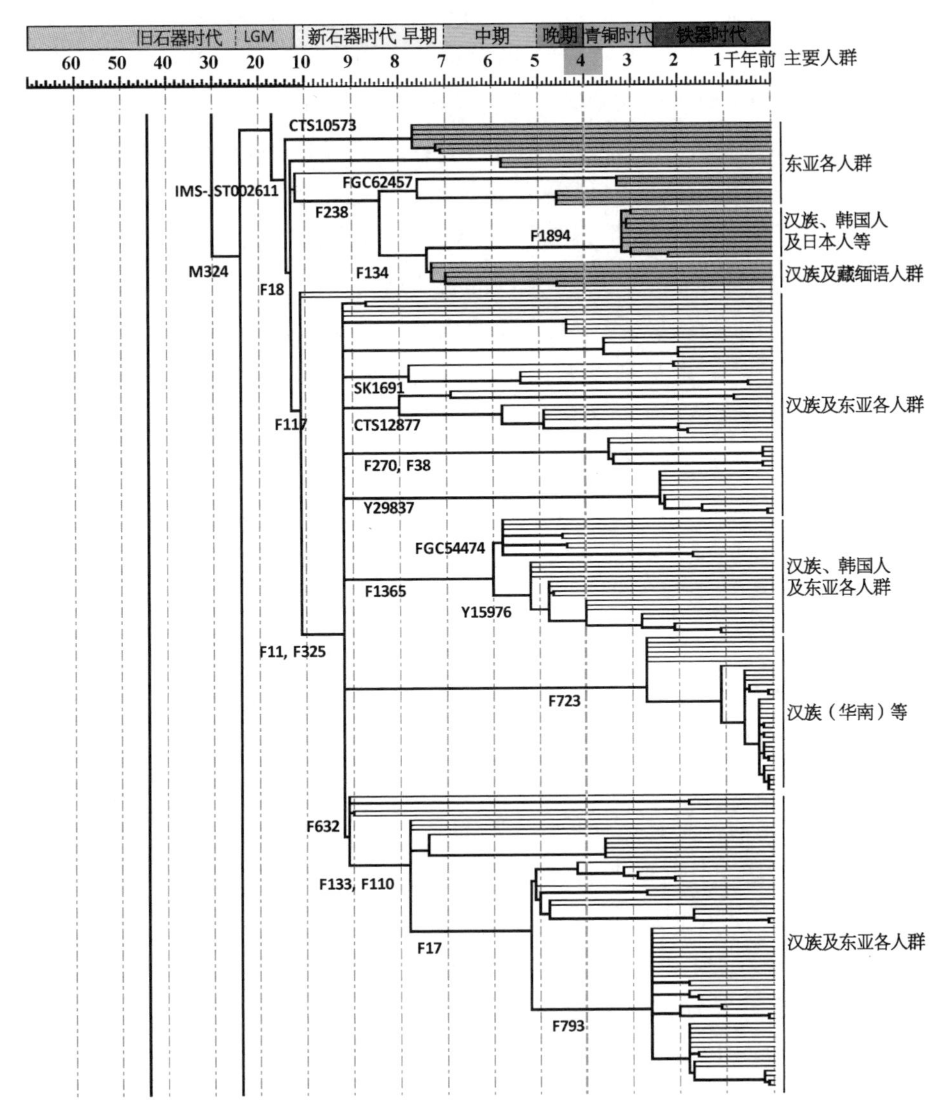

图 3.20　父系单倍群 O2a1b - IMS - JST002611 的谱系树和主要分布人群

都含有父系 O2a1b1 - IMS - JST002611 的原因之一。关于上述考古文化变迁以及人群的迁徙，尚需要古 DNA 方面的证据给出最终的答案。

谱系树研究显示，O2a1b - IMS - JST002611 下游呈现出爆发式扩张，因此，严实博士将主要下游支系命名为 Oγ - F11（图 3.20），之后更新为 Oγ - F325。目前总共测到了十个以上的一级独立分支。其中，Oγ1 - F632 之下也呈持续性扩张的状态。由于样本量较少，其他支系之下的分化状态尚不十分清晰。结合我们测序得到的谱系树，可以推测，在新石器时代早中期，Oγ－F325 在中原地区经历了非常成功的扩散，并向四周扩散至中国东北—朝鲜半岛、中国西北和华南等广大地区。综合考虑 O2a1b－IMS－JST002611 下游的谱系结构及其下游支系的分布状态（特别是 Oγ－F325），我们支持此前研究的观点，即 Oγ－F325 最初的起源和扩散地很可能是华东地区[136,137]。

结合考古学方面的证据，O2a1b－IMS－JST002611 以及 Oγ－F325 的分化历史很容易使我们将之与山东地区的大汶口文化的起源以及龙山文化的扩散联系起来。山东及其周围地区在距今大约 4 500 年前从大汶口文化转变为典型龙山文化[147]。此后典型龙山文化的文化要素迅速扩散，几乎覆盖了整个黄河中下游地区。这一文化扩散的过程可能伴随着一定程度的人口扩散。尽管考古学变迁与目前所见的遗传学谱系比较类似，但在没有古 DNA 证据的情况下无法作出确定性的结论。龙山时代是中国古代史中一个极其重要的时代。我们期待今后有更多的龙山时期中原地区考古文化遗存的古 DNA 结果。

3.12 父系 O2－M117 的扩散与相关人群的演化历史

单倍群 O2a2b1a1－M117 是欧亚大陆东部地区人群的主要父系之一[129]。单倍群 O2a2b1a1－M117 之下最主要的支系是 O2a2b1a1a1－F5（图 3.21）。这个单倍群经历了长时间的瓶颈效应，在新石器时代早期和中期经历极为强烈的扩张，成为后世汉藏语人群的核心父系之一[73,148-150]。因此，严实博士将这个支系命名为 Oα－F5。在今后的研究中，如果某一样本在当前所有 F5 等价的位点上都呈现突变型，则可归类为 Oα。

单倍群 Oα－F5 之下有多个主要支系。单倍群 Oα2－CTS7634 目前可见的样本来自湖南、东南各省汉族，华南汉族，越南人和 CHB 样本。就分布而言，似乎偏向长江以南地区。近似等价于华北汉族的这例样本（CHB，NA18623）的具体地理来源不明。单倍群 Oα3－M1543 目前仅见 3 例样本，分别是 2 例 CHS（HG00598 和 HG00565）和 1 例 JPT（NA19086）。O2a2b1a1－M117 之下的早期罕见分支 O2a2b1a1b－CTS4960 数量较少，尚不清楚其对应的人群历史。单倍群 Oα2－CTS7634 目前的分布偏向华南地区，应无法归结为历史时期华北人群南迁的结果。这一单倍群的扩散历史可能独立于其他单倍群。此单倍群在现代人中的具体分布比例尚不清楚。如果古 DNA 证据能

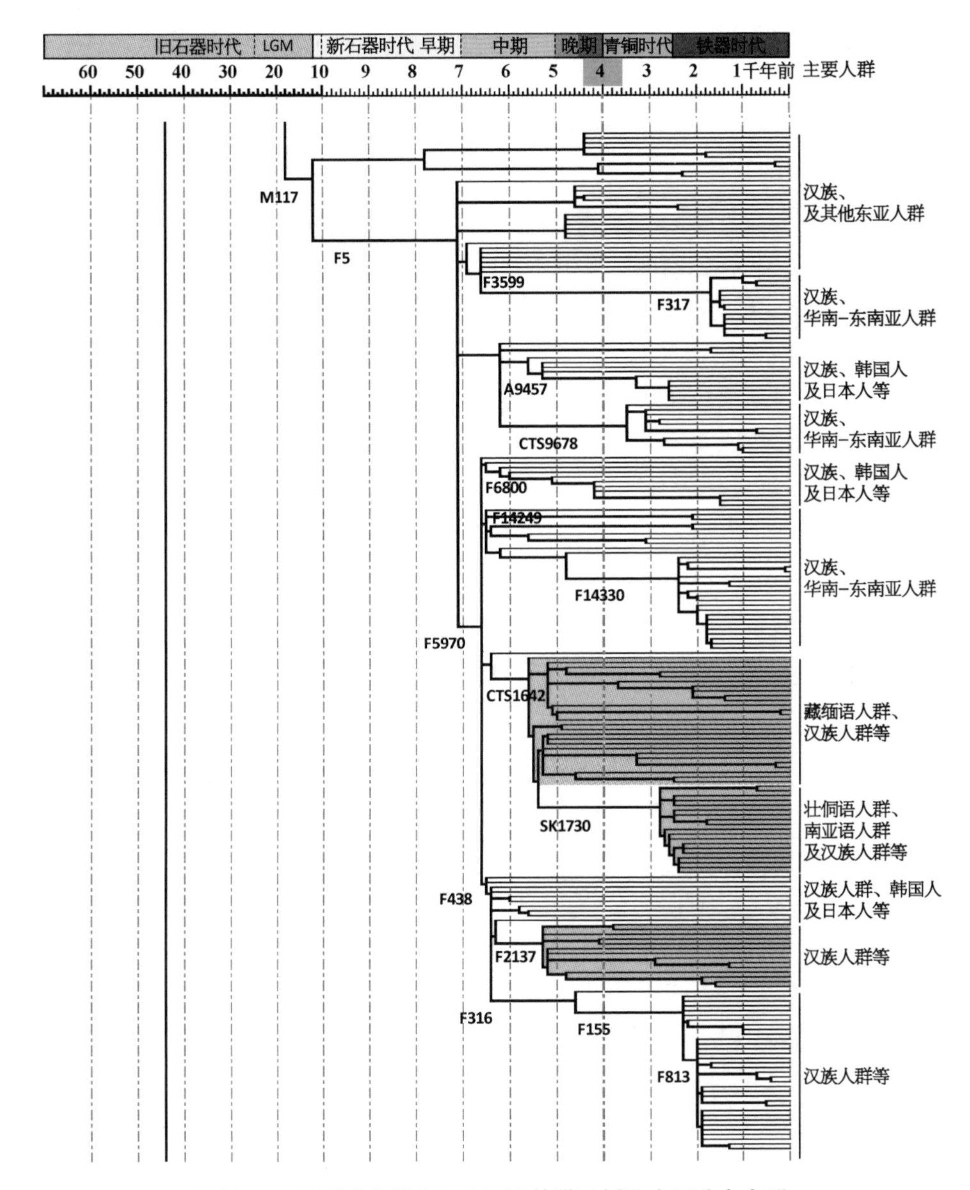

图3.21　父系单倍群O2－M117的谱系树和主要分布人群

说明这一单倍群早期分布，对于整个Oα－F5的起源而言有指示性的作用。单倍群Oα3－M1543的样本过少，尚不清楚其对应的人群历史。

单倍群Oα1－F5970之下分成4个支系，分别是Oα1a－F438、Oα1b－F6800、Oα1c－F14274和Oα1d－F14249。目前Oα1d－F14249的测序样本见于来自湖南的南部中国人(CHS)、越南人(KHV)、云南傣族(CDX)、华北中国人(CHB)和1例缅甸人(Burmese19904)。属于这一单倍群的样本虽少,但可以看出无法归结为历史时期华北人群南迁的结果。这一单倍群的扩散历史可能独立于其他单倍群。由于在现代人中没有进行大样本量的测试,因此无法得知此单倍群的具体分布状态。

单倍群 Oα1a－F438 之下目前分为23个单倍群。此类型见于华北汉族、华东汉族、土家族、朝鲜族/韩国人和日本人之中。其下又分成 Oα1a1a－F155、Oα1a1b－F1754 和 Oα1a1c－F14329/Z25907。单倍群 Oα1a－F438 和其下的 Oα1a1a－F155 与 Oα1a1b－F1754 都呈现持续性扩张的状态。单倍群 Oα1a－F438 下游的分化模式以及分布说明,这一单倍群在中国华北和华东地区经历了比较成功的扩张过程,在后世成为汉族人群父系遗传结构中一个重要部分。此外,1例土家族人样本也属于此单倍群。如果今后在其他藏缅语人群也测试到较多属于这个单倍群的样本,则可以认为单倍群 Oα1a－F438 下游的分化是汉语支人群和其他藏缅语族人群分化的一个父系遗传学标记之一。当然,需要测试更多的样本才能验证这一猜测。

单倍群 Oα1b－F6800/FGC23469/Z25852 目前分为10个单倍群。此类型见于华南汉族(1例)、华东汉族(2例)、满族和日本人之中。根据目前有限样本的分布,推测这一单倍群自始祖群体分化之后,主要向华东方向扩散,最终分布到中国东北地区和日本。尚不清楚朝鲜族/韩国人中是否存在这一单倍群。

单倍群 Oα1c－F14274/Z25913(图3.21中CTS1642的上游)目前分为39个单倍群。其下主要分成两部分。其一是 Oα1c1a－CTS5308 和 Oα1c2－F5619。这两个单倍群发现于汉族人群中。其二是 Oα1c1b－F14523/Z25928。这一单倍群发现于千人基因组的样本之中,包括越南人、云南傣族(重要部分)、缅甸人和孟加拉人群中。孟加拉人中还有1例样本(HG04134)属于早期的分支 Oα1c1*－CTS1642xCTS5308,Oα1c1b－F14523/Z25928,暂归类为 Oα1c1*。傣族人的样本与缅甸人和孟加拉人的样本属于不同的支系。

总之,Oα1c－F14274/Z25913 之下的谱系结构说明这一单倍群在汉语支人群和藏缅语人群中发生了重要的分离。其中,孟加拉人群的样本 HG03830 和 HG04134 可视为来自当地藏缅语人群。根据谱系树结构,属于 Oα1c1b4－B456 和 Oα1c1b3－A9462 的4例缅甸样本的最晚共祖年代与 Oα1c1b－F14523/Z25928 的最晚共祖年代等价。根据 M. Karmin 等学者在2015年文献中的计算,这一年代约为5 491(95% CI:4 923—6 164)年[11]。此外,根据谱系树结构，所有 5 例缅甸 M117＋样本的最晚共祖年代与 Oα1 - F5970 的最晚共祖年代等价，这一年代约为 7 455（95% CI：6 514—8 500）年[11]。由于全序列测试显示 Oα1 - F5970 这一层次只有 1 个 Y - SNP，Oα - F5 的年代应与 Oα1 - F5970 相当而略早，可粗略定位 7 600 年左右（更精确的年代还需要用更多的全序列数据进行计算）。

语言学家普遍认为现代汉藏语人群是中国西北地区仰韶文化、马家窑文化及其后续文化人群持续扩散的结果[151]。从父系 Y 染色体的谱系结构看，汉语支人群和藏缅语人群共享多个父系支系[73]。M117 下游分支是这些共享的父系类型之一。具体而言，目前在汉语支人群和藏语支人中共享的支系包括 Oα1a - F438 和 Oα1c - F14274/Z25913（Oα1c1 - CTS1642 的上游）。此外，可能还包括 Oα1d - F14249/Z25853（这一支系具体的起源地和迁徙途径目前尚不清晰）。除了上述支系，M117 之下其他支系的起源和扩散可能与汉—藏缅人分离的事件无关，包括 Oα1b - F6800/FGC23469/Z25852、Oα2 - CTS7634、Oα3 - M1543 和 O2a2b1a1b - CTS4960。以上推论均有待古 DNA 证据来验证。

此次更新大幅度细化了作为东亚人群主要父系类型之一的 M117 的下游谱系结构。部分支系在汉语支人群和藏缅语人群都存在，可视为汉语—藏缅语人群分离的遗传学标记之一。其他支系的起源和扩散历史可能与汉语—藏缅语人群分离事件无关。这些对于东亚人群起源而言极为重要的议题有待古 DNA 给出最终的答案。

3.13　父系 O2 - F122 - F444 的扩散与相关人群的演化历史

单倍群 O2a2b1a2 - F122 - F444 也是欧亚大陆东部地区人群的主要父系之一。早期文献中的 M134xM117 近似等价于 O2a2b1a2 - F122 - F444。目前整个东亚范围内仅发现 1 例 M134＋、M117 -、F444 -的样本。单倍群 O2a2b1a2 - F122 - F444 之下最主要的支系是 O2a2b1a2a1 - F46。这个单倍群经历了长时间的瓶颈效应，在新石器时代早期和中期经历极为强烈的扩张，成为后世汉藏语人群的核心父系之一（图 3.22）[148,150]。因此，严实博士将这个支系命名为 Oβ - F46。如果某一样本在当前所有 F46 等价的位点上都呈现突变型，则可归类为 Oβ - F46。

单倍群 O2a2b1a2 - F122 - F444 广泛分布于东亚人群中，是东亚人群的主

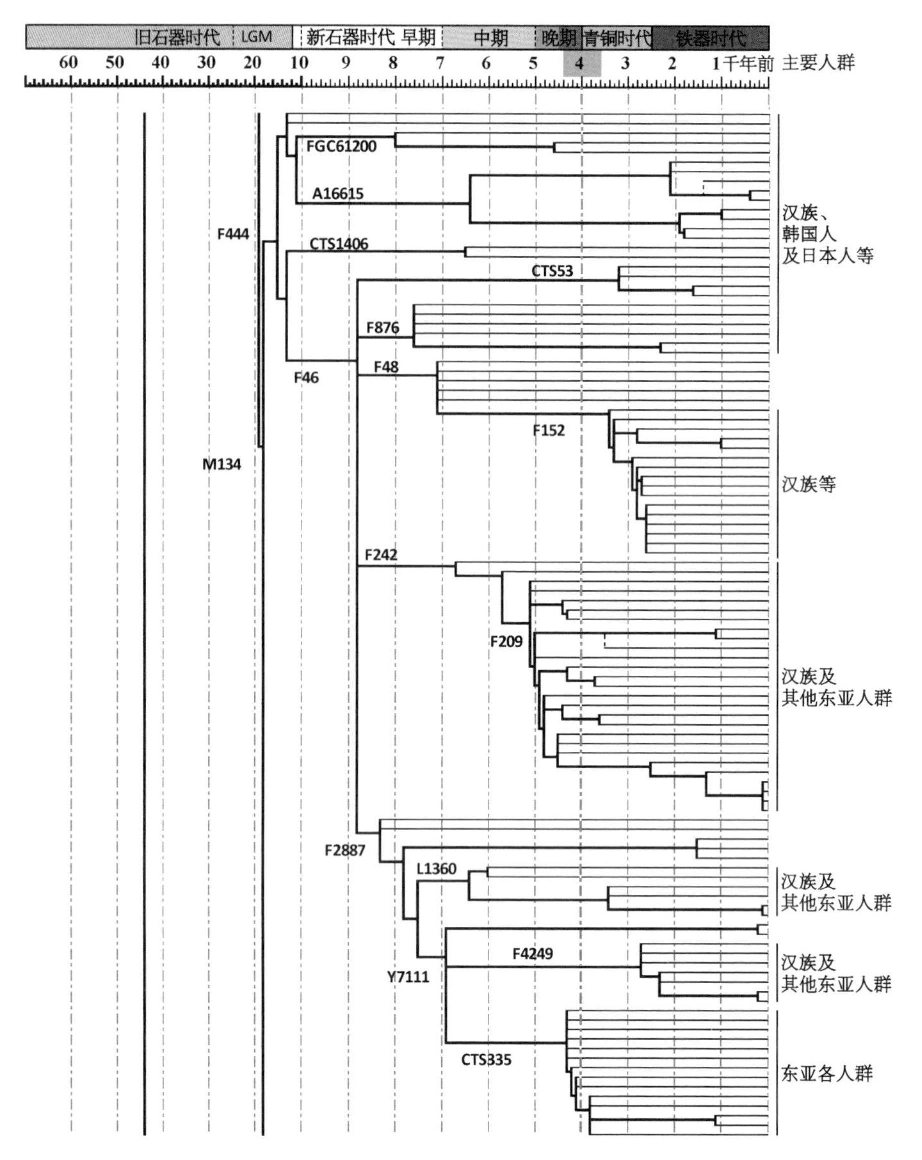

图 3.22 父系单倍群 O2 - F444 的谱系树和主要分布人群

要父系之一[32,98,116,148]。这一单倍群在汉族人群中有较高的频率，在藏缅语人群中广泛而低频地存在[129,149]。因此，可以认为单倍群 O2a2b1a2 - F122 - F444 是汉族人群的核心父系之一，同时也参与了藏缅语人群的形成过程。

在 Oβ - F46 的下游谱系结构中观察到了持续性扩张的状态。Oβ - F46 在短时间内产生 5 个支系。Oβ1 - FGC16847/Z26091 之下也在短时间内产生了

3 个主要下游分支 Oβ1a1 - F48、Oβ1a2 - F563 和 Oβ1b - F2887。而这些下游分支也都呈现出持续性扩张的状态。此外，Oβ2 - CTS53、Oβ3 - F1326、Oβ4 - F2903 和 Oβ5 - F5542/SK1760 的样本较为少见，发现于土族、土家族、傣族、湖南人群和华北汉族人群中。根据谱系树结构分析，在史前时期，以父系 Oβ - F46 为主要父系的人群经历持续性的群体扩张。单倍群 O2a2b1a2 - F122 - F444 在汉族人群、朝鲜族/韩国人和日本人中均有一定比例[32]。此外，它的下游支系在藏缅语人群中普遍低频[129,149]，推测它的扩散主要发生在华北中部和北部，在较小程度上参与了藏缅语人群的形成过程。

据已有数据，O2a2b1a2 - F122 - F444 下游分支的分布很离散，推测这一单倍群从新石器时代中晚期开始就遍布中原及其周围地区。随着新石器时代人群以及后续历史时期汉族人群的扩散，这一单倍群广泛分布于东亚各地。目前我们尚未辨识出非常有地域分布特点的分支。对于这一单倍群的早期分化过程及其对应的人群历史，有待进一步研究。

3.14　父系 Q - M242 的扩散与相关人群的演化历史

单倍群 Q - M242 有很多下游支系（图 3.23）。根据古 DNA[152-154] 和现代人群数据，单倍群 Q 的起源地应该是亚洲北部低纬度地区的南西伯利亚-萨彦岭一带[80,155]。以单倍群 Q 为主要父系的古代人群可以认为是最初扩散到当地的那一批晚期智人的支系后裔。根据古 DNA 研究，这一人群被称为古代欧亚北部人群（ANE）[152]。在末次盛冰期之后，人类再次在欧亚大陆广泛扩散，单倍群 Q - M242 的不同下游支系也随之扩散到欧亚大陆及美洲各地[11,80]。Q2 - L172 广泛分布在亚洲西部及欧洲人群中。B143 支系主要出现在楚科奇—堪察加语人群和因纽特人中。M120 主要出现在东亚地区。M25 是一部分突厥语人群的主要父系类型。Y2659 支系广泛而低频地出现在欧亚大陆人群中。L330 是叶尼塞语人群和部分突厥语人群的主要父系类型。L804 支系主要出现在北欧人群中。Z780 和 M3 则是美洲原住民的主要父系类型。

单倍群 Q1a2a1 - L54 - L330 对东亚人群历史而言也是一个重要的父系类型。根据目前已有的数据，这一单倍群是操叶尼塞语的凯特人的绝对主要父系[11,156]。在阿勒泰人和部分图瓦人中，这一单倍群也有相当高的比例[103,157]。这一父系在蒙古国人群和中国华北地区和西北地区人群也有少量分布。复旦大学的文少卿博士对裕固族人群进行了一项遗传学调查，结果杨姓（源自回纥

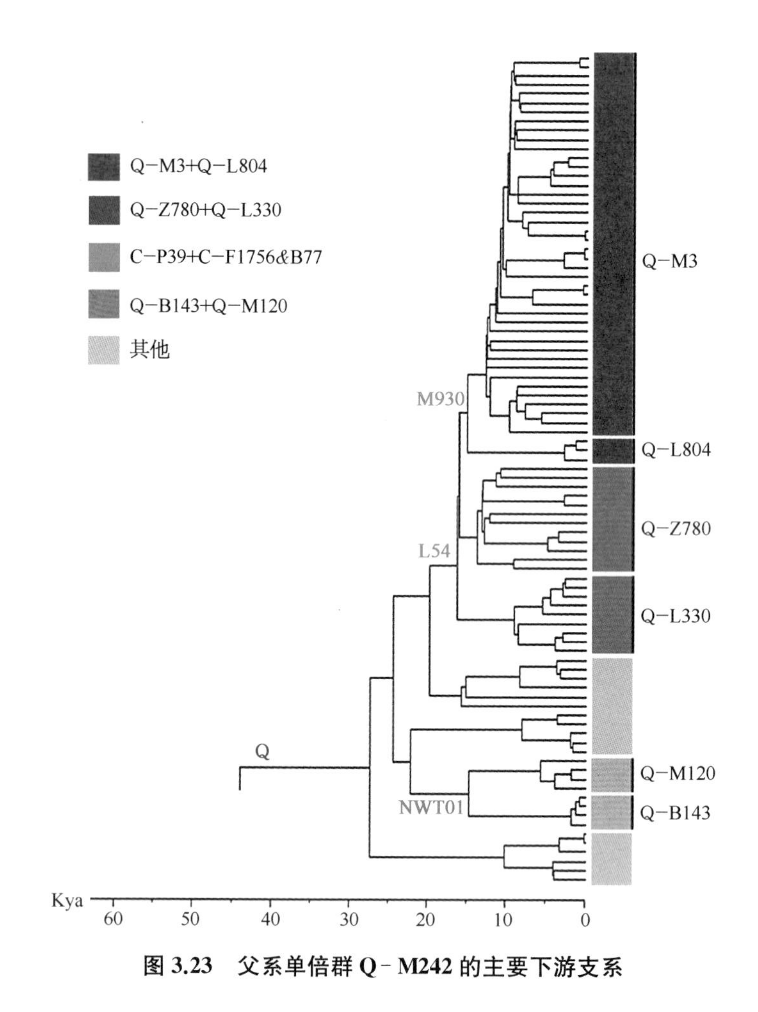

图 3.23 父系单倍群 Q-M242 的主要下游支系

王室药罗葛氏）也属于这一单倍群（Q1a2a1-L54-L330，未发表数据）。因此这一单倍群可能是回纥部落的主要父系类型之一。河北梳妆楼墓地被认为是汪古部（回纥人南下的后裔）首领家族的墓地，其中男性遗骸的父系被测定为Q（下游尚未细测）[95,158]。此外，有学者认为，匈奴人的语言可能是叶尼塞语。但目前匈奴王室的 Y 染色体类型还不清楚。此外，石峁遗址的出现显得比较突兀，其部分文化因素与南西伯利亚的奥库涅夫文化有相似之处，但其父系类型目前尚无相关古 DNA 数据。

从上述单倍群 Q1a2a1-L54（或未细测的单倍群 Q 样本）在现代人和古代人群的分布可知，这一单倍群的分布从南西伯利亚、蒙古高原西部向中国华北的西北部地区延伸。在先秦时期，这一路线同样也是古代文化传播的快速通道，比如卡拉苏克文化和鄂尔多斯式青铜器之间的相似性。有理由相信，以 Q1a2a1 - L54 为主要父系的古代人群在蒙古高原和华北地区的古代历史中占据极为重要的地位。

汉族人群中的 Q 主要属于 Q1a1a - M120（Qα - M120）这一支[116,159]。在 HGDP 包含的纳西族样本中也测到了 2 例 Qα - M120[64]（图 3.24）。古 DNA 测试表明，在先秦时期非常兴盛的戎人和狄人中，Qα - M120 是一个主要父系单倍群。古 DNA 证实在宁夏彭阳春秋时代游牧人群墓地（很可能即是后世被秦所征服的戎人的一部分）以及山西绛县横水的西周倗国墓地（狄人）中，Qα - M120 是主要的父系类型[160,161]。根据历史记载，到了战国时代后期，秦国西部和北部的戎人以及山西省周围地区的狄人均已融入华夏，其后裔成为后世汉族人群中的重要组成部分[162]。

在先秦时期，陕西北部的李家崖文化被认为很可能是鬼方人群（狄人的一部分）的考古文化[163]。此文化与陕西北部和山西北部先秦时期的部分考古文化（如杏花村文化，或称东太堡文化）有亲缘关系[164]。再往上追溯，这些考古文化可以追溯到朱开沟文化和老虎山文化[165,166]。朱开沟文化和老虎山文化对后世华北地区的考古文化有极其深远的影响。如果战国时期的戎人和狄人中的 Qα - M120 的起源是朱开沟文化和老虎山文化人群的话（需古 DNA 证据证实），则可以认为以单倍群 Qα - M120 为主要父系的史前人群对后世汉族人群在遗传上和文化上都有重要的影响。因此，很有必要对这一单倍群在现代人和古代人群中的分布和演化历史进行深入的研究。

3.15　父系 R - M207 的扩散与相关人群的演化历史

父系单倍群 R - M207 是欧亚大陆中部和西部人群的主要父系类型，有非常多的下游支系。在欧亚大陆东部人群中，主要存在 R1a1a1 - M17、R1b1a1a - M73 和 R2a - M124 这 3 个支系。根据目前的研究进展，单倍群 R1a1a1 - M17 广泛分布于欧洲、中东、南亚、中亚以及阿尔泰山周围地区[51,167]。根据古 DNA 的研究，这个单倍群最早可能出现在欧洲东北部，之后随着印欧语人群的扩张而发生扩散[168]。R1b1a1b - M269 是现代欧洲人的主要父系之一，也广泛分布在高加索地区和中东地区[52,56]。

针对阿尔泰山周围地区古代人群的 DNA 研究表明，至少从安德罗诺沃时代开始，单倍群 R1a1a1 - M17 就一直是阿尔泰山地区人群的主要父系类型[169]。

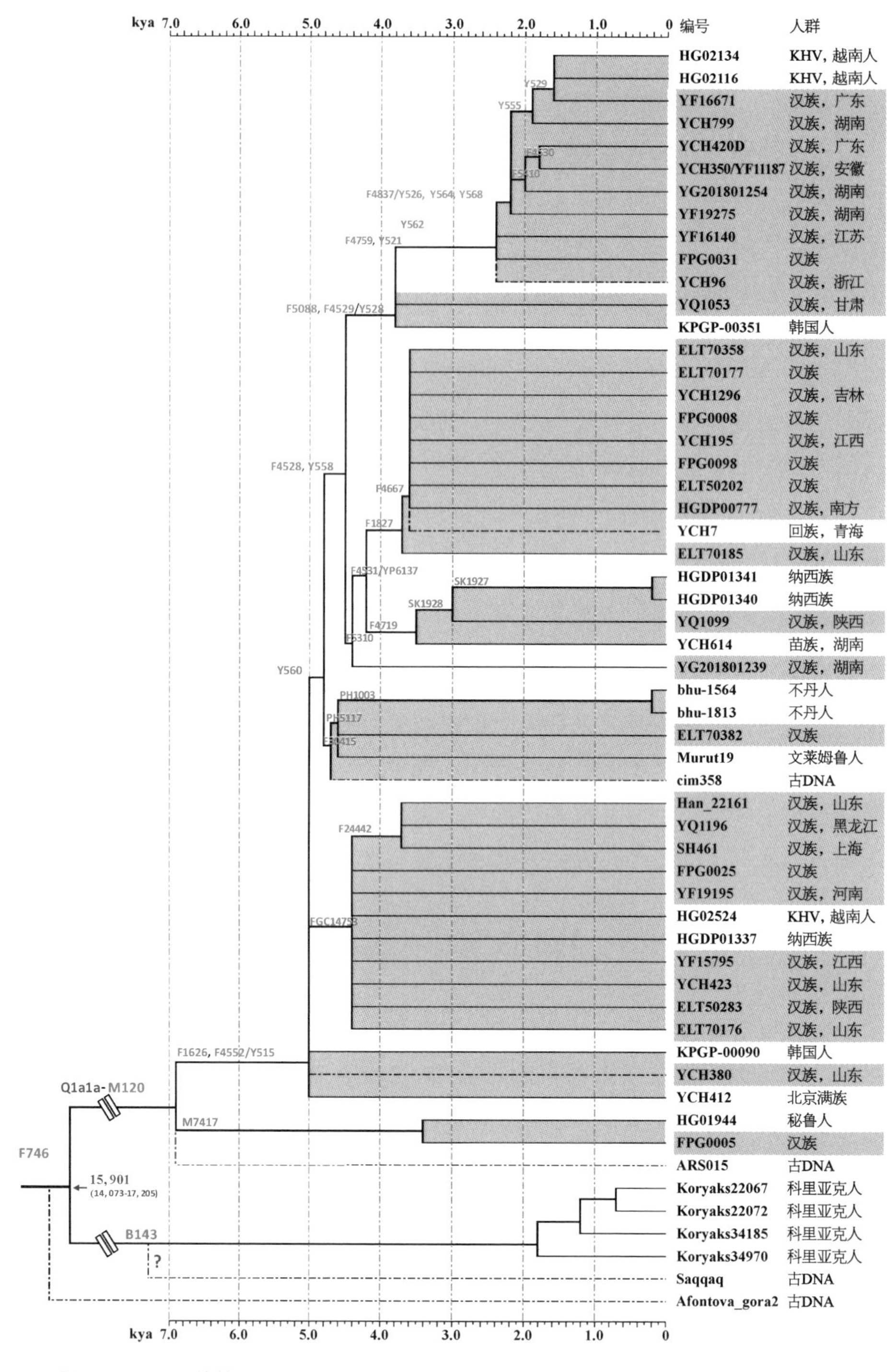

图 3.24　父系单倍群 Q1a1a－M120(Qα－M120)的谱系树(修改自参考文献[159])

考古学研究表明，从阿凡纳谢沃文化开始一直到斯基泰人的时代，在中亚地区一直存在自西向东的人群扩张[170]。在阿尔泰山地区，这一系列扩张的结果是源自欧洲和中亚地区的文化因素以及在体质上具有高加索人种特征的人群在当地的出现[171]。遗传学研究与考古学和体质人类学研究的结果是吻合的。在现代阿尔泰山地区周围的人群中（如阿勒泰人）仍然存在高频的 R1a1a1 - M17[104]。

更深入的研究表明，阿尔泰山地区、蒙古高原以及中国西北部人群中的 R1a1a1 - M17 主要属于 R1a1a1b2* - Z93xZ95[51]。其中包含系列不同于其他地区的 R1a1a1 - M17 的独特下游支系。在青铜时代和铁器时代，阿尔泰山地区的 R1a1a1 - M17 进一步扩张到蒙古高原中部地区以及中国西北部地区[172]。在欧亚大陆东西部之间的文化交流中，欧亚草原东部的古代人群起到了桥梁的作用。值得说明的是，在安德罗诺沃文化衰落之后，源自当地人群的奥库涅夫文化和卡拉苏克文化相继兴起并覆盖了整个阿尔泰山地区[173]。因此，在这两类考古文化兴盛之时，阿尔泰山地区以 R1a1a1 - M17 为主要父系的人群很可能已经改变了他们的语言和文化。因此，把阿尔泰山以东地区的所有古代人群中的 R1a1a1 - M17 个体称为印欧人是不正确的。“印欧人”是一种文化上的概念。而 R1a1a1 - M17 只是由父系 Y 染色体上的一个突变定义的 DNA 类型。以 R1a1a1 - M17 为主要父系的人群的后裔如果改变了他们的文化和语言，自然不能被称为“印欧人”。

此外，在阿尔泰山周围地区人群中还存在少量的 R1b1a1a - M73[174]。这是一个很特殊的父系单倍群。这个单倍群的分布局限在突厥语人群之中，在其他人群中仅有少量分布。这个单倍群是欧洲高频的 R1b1a1b - M269 的最接近兄弟支系。导致这种分布状态的可能原因是：阿尔泰山地区是 R1b - M343 最早的起源地和分化的地点。在史前时期 R1b1a1b - M269 向欧洲扩散之时，以 R1b1a1a - M73 为主要父系的人群还一直留在当地，并在突厥语人群兴起之后成为突厥人的一部分。另一种可能的情况是，以 R1b1a1a - M73 为主要父系的古代人群在相当早的时候就自西向东迁入了阿尔泰山地区，从而成为后世当地人群的主要父系类型之一。这些推测都还有待古 DNA 证据的验证。

在蒙古语人群之中还存在一种比较罕见的父系类型，即 R2a - M124。在贝加尔湖南部的布里亚特人中，这种单倍群甚至达到 10%的比例[175]。在卡尔梅克人中，这种父系也有一定的比例[85,86]。在其他蒙古语人群中，这种父系类型零星出现。在世界范围内，父系 R2a－M124 主要出现在南亚地区的人群中。这一父系的早期起源和扩散路径都还不清晰。我们推测，以 R2a－M124 为主要父系的古代人群从旧石器时代开始就一直生活在蒙古高原西北部，最终融入蒙古语人群之中。也有可能，蒙古语人群中的 R2a－M124 在某一个未知但较为晚近的历史时期从中亚地区迁入蒙古高原。我们对蒙古人中的 1 例 R2a－M124 样本进行了测序，结果确定这一样本属于不同于其他地区的独特的 R2a2a1－F1092 支系。这个支系很有可能代表了蒙古语人群中的 R2a－M124 所属的支系。这个支系的具体扩散过程，还有待进一步研究。

3.16 综述

在这一章中，我们讨论了欧亚大陆东部地区的所有父系类型的扩散过程及其对现代人群起源演化历史的意义。不同地区的人群往往会拥有不同的父系 Y 染色体类型。来自同一个语言集团的人群通常会拥有相似的父系遗传结构。以语族为划分依据，来自同一个语族的人群通常会拥有一个或数个特殊的、在其他人群中很少见的父系类型。通过研究所有这些父系详细的起源和扩散过程，我们能够解读现代人群的起源演化历史的细节。

参考文献

[1] 高星.更新世东亚人群连续演化的考古证据及相关问题论述.人类学学报，2014，33(3)：237－253.
[2] Weidenreich F. Six lectures on Sinanthropus pekinensisand related problems. Bull Geol Soc China，1939，19：1－110.
[3] Liu W，Martinon-Torres M，Cai Y J，et al. The earliest unequivocally modern humans in southern China. Nature，2015，526(7575)：696－699.
[4] Callaway E. Teeth from China reveal early human trek out of Africa. Nature，14 October，2015.
[5] Hallin K A，Schoeninger M J，Schwarcz H P. Paleoclimate during Neandertal and anatomically modern human occupation at Amud and Qafzeh，Israel：the stable isotope data. J Hum Evol，2012，62(1)：59－73.
[6] Dennell R. Palaeoanthropology：*Homo sapiens* in China 80，000 years ago. Nature，2015，526：647－648.
[7] Behar D M，Van Oven M，Rosset S，et al. A "Copernican" reassessment of the human

mitochondrial DNA tree from its root. Am J Hum Genet，2012，90(4)：675－684.
[8] Ke Y，Su B，Song X，et al. African origin of modern humans in East Asia：a tale of 12,000 Y chromosomes. Science，2001，292(5519)：1151－1153.
[9] Cabrera V M，Marrero P，Abu-Amero K K，et al. Carriers of mitochondrial DNA macrohaplogroup L3 basal lineages migrated back to Africa from Asia around 70,000 years ago. BMC Evol Biol，2018，18(1)：98.
[10] Vyas D N，Al-Meeri A，Mulligan C J. Testing support for the northern and southern dispersal routes out of Africa：an analysis of Levantine and southern Arabian populations. Am J Phys Anthropol，2017，164(4)：736－749.
[11] Karmin M，Saag L，Vicente M，et al. A recent bottleneck of Y chromosome diversity coincides with a global change in culture. Genome Res，2015，25(4)：459－466.
[12] Metspalu M，Kivisild T，Metspalu E，et al. Most of the extant mtDNA boundaries in south and southwest Asia were likely shaped during the initial settlement of Eurasia by anatomically modern humans. BMC Genet，2004，5：26.
[13] Wei L H，Li H. Fuyan human of 120－80 kya cannot challenge the Out-of-Africa theory for modern human dispersal. Sci Bull，2017，62：316－318.
[14] Storey M，Roberts R G，Saidin M. Astronomically calibrated 40Ar/39Ar age for the Toba supereruption and global synchronization of late Quaternary records. Proc Natl Acad Sci U S A，2012，109(46)：18684－18688.
[15] Hublin J J. Out of Africa：modern human origins special feature：the origin of Neandertals. Proc Natl Acad Sci U S A，2009，106(38)：16022－16027.
[16] Mcdougall I，Brown F H，Fleagle J G. Stratigraphic placement and age of modern humans from Kibish，Ethiopia. Nature，2005，433(7027)：733－736.
[17] White T D，Asfaw B，Degusta D，et al. Pleistocene *Homo sapiens* from Middle Awash，Ethiopia. Nature，2003，423(6941)：742－747.
[18] Rightmire G P. Out of Africa：modern human origins special feature：middle and later Pleistocene hominins in Africa and Southwest Asia. Proc Natl Acad Sci U S A，2009，106(38)：16046－16050.
[19] Mcdermott F，Grun R，Stringer C B，et al. Mass-spectrometric U-series dates for Israeli Neanderthal/early modern hominid sites. Nature，1993，363(6426)：252－255.
[20] Macaulay V，Hill C，Achilli A，et al. Single，rapid coastal settlement of Asia revealed by analysis of complete mitochondrial genomes. Science，2005，308(5724)：1034－1036.
[21] Wells R S. The Journey of Man：A Genetic Odyssey. Princeton NJ：Princeton University Press，2003.
[22] Karafet T M，Mendez F L，Meilerman M B，et al. New binary polymorphisms reshape and increase resolution of the human Y chromosomal haplogroup tree. Genome Res，2008，18(5)：830－838.
[23] Sun J，Wei L H，Wang L X，et al. Paternal gene pool of Malays in Southeast Asia and

its applications for the early expansion of Austronesians. Am J Hum Biol, 2020, 33(3): e23486.

[24] Seguin-Orlando A, Korneliussen T S, Sikora M, et al. Genomic structure in Europeans dating back at least 36,200 years. Science, 2014, 346(6213): 1113 - 1118.

[25] Hammer M F, Karafet T M, Park H, et al. Dual origins of the Japanese: common ground for hunter-gatherer and farmer Y chromosomes. J Hum Genet, 2006, 51(1): 47 - 58.

[26] Lippold S, Xu H, Ko A, et al. Human paternal and maternal demographic histories: insights from high-resolution Y chromosome and mtDNA sequences. Investig Genet, 2014, 5: 13.

[27] Underhill P A, Passarino G, Lin A A, et al. The phylogeography of Y chromosome binary haplotypes and the origins of modern human populations. Ann Hum Genet, 2001, 65(Pt 1): 43 - 62.

[28] Underhill P A. Inferring human history: clues from Y-chromosome haplotypes. Cold Spring Harb Symp Quant Biol, 2003, 68: 487 - 493.

[29] Wu Q, Cheng H Z, Sun N, et al. Phylogenetic analysis of the Y-chromosome haplogroup C2b - F1067, a dominant paternal lineage in Eastern Eurasia. J Hum Genet, 2020, 65(10): 823 - 829.

[30] Bergstrom A, Nagle N, Chen Y, et al. Deep roots for aboriginal Australian Y chromosomes. Curr Biol, 2016, 26(6): 809 - 813.

[31] Zhong H, Shi H, Qi X B, et al. Global distribution of Y-chromosome haplogroup C reveals the prehistoric migration routes of African exodus and early settlement in East Asia. J Hum Genet, 2010, 55(7): 428 - 435.

[32] Xue Y, Zerjal T, Bao W, et al. Male demography in East Asia: a north-south contrast in human population expansion times. Genetics, 2006, 172(4): 2431 - 2439.

[33] Fu Q, Li H, Moorjani P, et al. Genome sequence of a 45,000-year-old modern human from western Siberia. Nature, 2014, 514(7523): 445 - 449.

[34] Poznik G D, Xue Y, Mendez F L, et al. Punctuated bursts in human male demography inferred from 1, 244 worldwide Y-chromosome sequences. Nat Genet, 2016, 48(6): 593 - 599.

[35] 朱泓.体质人类学.长春：吉林大学出版社,1993.

[36] 刘武,吴秀杰,汪良.柳江人头骨形态特征及柳江人演化的一些问题.人类学学报,2006,25(3): 177 - 194.

[37] Shi H, Zhong H, Peng Y, et al. Y chromosome evidence of earliest modern human settlement in East Asia and multiple origins of Tibetan and Japanese populations. BMC Biol, 2008, 6: 45.

[38] Chandrasekar A, Saheb S Y, Gangopadyaya P, et al. YAP insertion signature in South Asia. Ann Hum Biol, 2007, 34(5): 582 - 586.

[39] Tishkoff S A, Gonder M K, Henn B M, et al. History of click-speaking populations

of Africa inferred from mtDNA and Y chromosome genetic variation. Mol Biol Evol, 2007, 24(10): 2180 - 2195.

[40] Naidoo T, Schlebusch C M, Makkan H, et al. Development of a single base extension method to resolve Y chromosome haplogroups in sub-Saharan African populations. Investig Genet, 2010, 1(1): 6.

[41] Barbieri C, Hubner A, Macholdt E, et al. Refining the Y chromosome phylogeny with southern African sequences. Hum Genet, 2016, 135(5): 541 - 553.

[42] De Filippo C, Barbieri C, Whitten M, et al. Y-chromosomal variation in sub-Saharan Africa: insights into the history of Niger-Congo groups. Mol Biol Evol, 2011, 28(3): 1255 - 1269.

[43] Gebremeskel E I, Ibrahim M E. Y-chromosome E haplogroups: their distribution and implication to the origin of Afro-Asiatic languages and pastoralism. Eur J Hum Genet, 2014, 22(12): 1387 - 1392.

[44] Bekada A, Fregel R, Cabrera V M, et al. Introducing the Algerian mitochondrial DNA and Y-chromosome profiles into the North African landscape. PLoS One, 2013, 8(2): e56775.

[45] Trombetta B, D'atanasio E, Massaia A, et al. Phylogeographic refinement and large scale genotyping of human Y chromosome haplogroup E provide new insights into the dispersal of early pastoralists in the African continent. Genome Biol Evol, 2015, 7(7): 1940 - 1950.

[46] Cruciani F, Trombetta B, Massaia A, et al. A revised root for the human Y chromosomal phylogenetic tree: the origin of patrilineal diversity in Africa. Am J Hum Genet, 2011, 88(6): 814 - 818.

[47] Lazaridis I, Patterson N, Mittnik A, et al. Ancient human genomes suggest three ancestral populations for present-day Europeans. Nature, 2014, 513(7518): 409 - 413.

[48] Rootsi S, Magri C, Kivisild T, et al. Phylogeography of Y-chromosome haplogroup I reveals distinct domains of prehistoric gene flow in Europe. Am J Hum Genet, 2004, 75(1): 128 - 137.

[49] Rootsi S, Myres N M, Lin A A, et al. Distinguishing the co-ancestries of haplogroup G Y-chromosomes in the populations of Europe and the Caucasus. Eur J Hum Genet, 2012, 20(12): 1275 - 1282.

[50] Di Giacomo F, Luca F, Popa L O, et al. Y chromosomal haplogroup J as a signature of the post-neolithic colonization of Europe. Hum Genet, 2004, 115(5): 357 - 371.

[51] Underhill P A, Poznik G D, Rootsi S, et al. The phylogenetic and geographic structure of Y-chromosome haplogroup R1a. Eur J Hum Genet, 2015, 23(1): 124 - 131.

[52] Myres N M, Rootsi S, Lin A A, et al. A major Y-chromosome haplogroup R1b Holocene era founder effect in central and western Europe. Eur J Hum Genet, 2011, 19(1): 95 - 101.

[53] Rootsi S，Zhivotovsky L A，Baldovic M，et al. A counter-clockwise northern route of the Y-chromosome haplogroup N from Southeast Asia towards Europe. Eur J Hum Genet，2007，15(2)：204－211.

[54] Rosser Z H，Zerjal T，Hurles M E，et al. Y-Chromosomal diversity in Europe is clinal and influenced primarily by geography，rather than by language. Am J Hum Genet，2000，67(6)：1526－1543.

[55] Batini C，Hallast P，Zadik D，et al. Large-scale recent expansion of European patrilineages shown by population resequencing. Nat Commun，2015，6：7152.

[56] Busby G B，Brisighelli F，Sanchez-Diz P，et al. The peopling of Europe and the cautionary tale of Y chromosome lineage R－M269. Proc Biol Sci，2012，279(1730)：884－892.

[57] Singh S，Singh A，Rajkumar R，et al. Dissecting the influence of Neolithic demic diffusion on Indian Y-chromosome pool through J2－M172 haplogroup. Sci Rep，2016，6：19157.

[58] Grugni V，Battaglia V，Hooshiar Kashani B，et al. Ancient migratory events in the Middle East：new clues from the Y-chromosome variation of modern Iranians. PLoS One，2012，7(7)：e41252.

[59] Sengupta S，Zhivotovsky L A，King R，et al. Polarity and temporality of high-resolution Y-chromosome distributions in India identify both indigenous and exogenous expansions and reveal minor genetic influence of central Asian pastoralists. Am J Hum Genet，2006，78(2)：202－221.

[60] Sahoo S，Singh A，Himabindu G，et al. A prehistory of Indian Y chromosomes：evaluating demic diffusion scenarios. Proc Natl Acad Sci U S A，2006，103(4)：843－848.

[61] Cordaux R，Aunger R，Bentley G，et al. Independent origins of Indian caste and tribal paternal lineages. Curr Biol，2004，14(3)：231－235.

[62] Narasimhan V M，Patterson N，Moorjani P，et al. The formation of human populations in South and Central Asia. Science，2019，365(6457)：eaat7487.

[63] Basu A，Sarkar-Roy N，Majumder P P. Genomic reconstruction of the history of extant populations of India reveals five distinct ancestral components and a complex structure. Proc Natl Acad Sci U S A，2016，113(6)：1594－1599.

[64] Bergström A，Mccarthy S A，Hui R，et al. Insights into human genetic variation and population history from 929 diverse genomes. Science，2020，367(6484)：eaay5012.

[65] Zhang X，Liao S，Qi X，et al. Y-chromosome diversity suggests southern origin and Paleolithic backwave migration of Austro-Asiatic speakers from eastern Asia to the Indian subcontinent. Sci Rep，2015，5：15486.

[66] Kumar V，Reddy A N，Babu J P，et al. Y-chromosome evidence suggests a common paternal heritage of Austro-Asiatic populations. BMC Evol Biol，2007，7：47.

[67] Gayden T，Mirabal S，Cadenas A M，et al. Genetic insights into the origins of Tibeto-

Burman populations in the Himalayas. J Hum Genet, 2009, 54(4): 216-223.

[68] Su B, Xiao C, Deka R, et al. Y chromosome haplotypes reveal prehistorical migrations to the Himalayas. J Hum Genet, 2000, 107(6): 582-590.

[69] Mallick S, Li H, Lipson M, et al. The Simons Genome Diversity Project: 300 genomes from 142 diverse populations. Nature, 2016, 538(7624): 201-206.

[70] Pinotti T, Bergstrom A, Geppert M, et al. Y chromosome sequences reveal a short Beringian standstill, rapid expansion, and early population structure of native American founders. Curr Biol, 2019, 29(1): 149-157. e3.

[71] Battaglia V, Grugni V, Perego U A, et al. The first peopling of South America: new evidence from Y-chromosome haplogroup Q. PLoS One, 2013, 8(8): e71390.

[72] Thangaraj K, Singh L, Reddy A G, et al. Genetic affinities of the Andaman Islanders, a vanishing human population. Curr Biol, 2003, 13(2): 86-93.

[73] Wang L X, Lu Y, Zhang C, et al. Reconstruction of Y-chromosome phylogeny reveals two neolithic expansions of Tibeto-Burman populations. Mol Genet Genom, 2018, 293(5): 1293-1300.

[74] Sun J, Ma P C, Cheng H Z, et al. Post-last glacial maximum expansion of Y-chromosome haplogroup C2a-L1373 in northern Asia and its implications for the origin of Native Americans. Am J Phys Anthroy, 2020, 174(2): 363-374.

[75] Wei L H, Huang Y Z, Yan S, et al. Phylogeny of Y-chromosome haplogroup C3b-F1756, an important paternal lineage in Altaic-speaking populations. J Hum Genet, 2017, 62(10): 915-918.

[76] 林幹.东胡史.呼和浩特：内蒙古人民出版社，2007.

[77] 齐木德道尔吉.从原蒙古语到契丹语.中央民族大学学报，2002，3(29)：132-138.

[78] Zhang Y, Wu X, Li J, et al. The Y-chromosome haplogroup C3*-F3918, likely attributed to the Mongol Empire, can be traced to a 2500-year-old nomadic group. J Hum Genet, 2018, 63(2): 231-238.

[79] Wang H, Chen L, Ge B, et al. Genetic data suggests that the Jinggouzi people are associated with the Donghu, an ancient Nomadic group of North China. Hum Biol, 2012, 84(4): 365-378.

[80] Wei L H, Wang L X, Wen S Q, et al. Paternal origin of Paleo-Indians in Siberia: insights from Y-chromosome sequences. Eur J Hum Genet, 2018, 26(11): 1687-1696.

[81] Malyarchuk B A, Derenko M, Denisova G, et al. Phylogeography of the Y-chromosome haplogroup C in northern Eurasia. Ann Hum Genet, 2010, 74(6): 539-546.

[82] Liu B L, Ma P C, Wang C Z, et al. Paternal origin of Tungusic-speaking populations: Insights from the updated phylogenetic tree of Y-chromosome haplogroup C2a-M86. Am J Hum Biol, 2020, 33(2): e23462.

[83] Levin M G, Po-Tapov L P. The peoples of Siberia. Chicago: University of

Chicago, 1964.
[84] Zhabagin M K, Sabitov Z, Tazhigulova I, et al. Medieval super-grandfather founder of western Kazakh clans from haplogroup C2a1a2 - M48. J Hum Genet, 2021, 66(7): 707 - 716.
[85] Balinova N, Post H, Kushniarevich A, et al. Y-chromosomal analysis of clan structure of Kalmyks, the only European Mongol people, and their relationship to Oirat-Mongols of Inner Asia. Eur J Hum Genet, 2019, 27(9): 1466 - 1474.
[86] Malyarchuk B A, Derenko M, Denisova G, et al. Y-chromosome diversity in the Kalmyks at the ethnical and tribal levels. J Hum Genet, 2013, 58(12): 804 - 811.
[87] Wang C Z, Wei L H, Wang L X, et al. Relating clans Ao and Aisin Gioro from Northeast China by whole Y-chromosome sequencing. J Hum Genet, 2019, 64(8): 775 - 780.
[88] Wei L H, Yan S, Yu G, et al. Genetic trail for the early migrations of Aisin Gioro, the imperial house of the Qing Dynasty. J Hum Genet, 2016, 62(3): 407 - 411.
[89] Yan S, Tachibana H, Wei L H, et al. Y chromosome of Aisin Gioro, the imperial house of the Qing Dynasty. J Hum Genet, 2015, 60(6): 295 - 298.
[90] 额尔登泰,乌云达赉,阿萨拉图.《蒙古秘史》词汇选释.呼和浩特：内蒙古人民出版社,1980.
[91] Wei L H, Yan S, Lu Y, et al. Whole-sequence analysis indicates that the Y chromosome C2* - Star cluster traces back to ordinary Mongols, rather than Genghis Khan. Eur J Hum Genet, 2018, 26(2): 230 - 237.
[92] Zerjal T, Xue Y, Bertorelle G, et al. The genetic legacy of the Mongols. Am J Hum Genet, 2003, 72(3): 717 - 721.
[93] Abilev S, Malyarchuk B, Derenko M, et al. The Y-chromosome C3* star-cluster attributed to Genghis Khan's descendants is present at high frequency in the Kerey clan from Kazakhstan. Hum Biol, 2012, 84(1): 79 - 89.
[94] 余大钧.《蒙古秘史》译注.石家庄：河北人民出版社,2001.
[95] 吐娜.哈萨克汗国大玉兹境内的蒙古部落研究.晓克,何天明,云广.《朔方论丛》第一辑,呼和浩特：内蒙古大学出版社,2011.
[96] Bellew H. The races of Afghanistan. New Delhi: Asian Educational Services, 1880.
[97] Huang Y Z, Wei L H, Yan S, et al. Whole sequence analysis indicates a recent southern origin of Mongolian Y-chromosome C2c1a1a1 - M407. Mol Genet Genom, 2018, 293(3): 657 - 663.
[98] Kwon S Y, Lee H Y, Lee E Y, et al. Confirmation of Y haplogroup tree topologies with newly suggested Y - SNPs for the C2, O2b and O3a subhaplogroups. Forensic Sci Int Genet, 2015, 19: 42 - 46.
[99] Malyarchuk B A, Derenko M, Denisova G, et al. Y chromosome haplotype diversity in Mongolic-speaking populations and gene conversion at the duplicated STR DYS385a, b in haplogroup C3 - M407. J Hum Genet, 2016, 61(6): 491 - 496.

[100] Batbayar K, Sabitov Z M. The genetic origin of the Turko-Mongols and review of the genetic legacy of the Mongols. Part 1: The Y-chromosomal lineages of Chinggis Khan. Rus J Genet Geneal, 2012, 4(2): 1-8.
[101] Hallast P, Batini C, Zadik D, et al. The Y-chromosome tree bursts into leaf: 13,000 high-confidence SNPs covering the majority of known clades. Mol Biol Evol, 2015, 32(3): 661-673.
[102] Karafet T M, Osipova L P, Savina O V, et al. Siberian genetic diversity reveals complex origins of the Samoyedic-speaking populations. Am J Hum Biol, 2018, 30(6): e23194.
[103] Chen Z, Zhang Y, Fan A, et al. Y-chromosome haplogroup analysis indicates that Chinese Tuvans share distinctive affinity with Siberian Tuvans. Am J Phys Anthropol, 2011, 144(3): 492-497.
[104] Derenko M, Malyarchuk B, Denisova G A, et al. Contrasting patterns of Y-chromosome variation in South Siberian populations from Baikal and Altai-Sayan regions. Hum Genet, 2006, 118(5): 591-604.
[105] Ilumäe A M, Reidla M, Chukhryaeva M, et al. Human Y chromosome haplogroup N: a non-trivial time-resolved phylogeography that cuts across language families. Am J Hum Genet, 2016, 99(1): 163-173.
[106] 宝敦古德·阿毕德.布里亚特蒙古简史.海拉尔：呼伦贝尔盟历史研究会,1985.
[107] 段连勤.丁零、高车与铁勒.桂林：广西师范大学出版社,2006.
[108] 刘迎胜.《史集·部族志·札剌亦儿传》研究.蒙古史研究,1993：1-10.
[109] 谢咏梅.蒙元时期札剌亦儿部研究.沈阳：辽宁民族出版社,2012.
[110] Zhabagin M K, Dibirova H D, Frolova S A, et al. The relation between the Y-chromosomal variation and the clan structure: the gene pool of the steppe aristocracy and the steppe clergy of the Kazakhs. Moscow University Anthropology Bulletin, 2014(1): 96-101.
[111] Okladnikov A P. Yakutia: Before Its Incorporation into the Russian State. Montreal: McGill-Queen's University Press, 1970.
[112] Hu K, Yan S, Liu K, et al. The dichotomy structure of Y chromosome haplogroup N. arXiv, 2015: 1504. 06463.
[113] Karafet T M, Hallmark B, Cox M P, et al. Major east-west division underlies Y chromosome stratification across Indonesia. Mol Biol Evol, 2010, 27(8): 1833-1844.
[114] Li H, Wen B, Chen S J, et al. Paternal genetic affinity between western Austronesians and Daic populations. BMC Evol Biol, 2008, 8: 146.
[115] Su B, Xiao J, Underhill P, et al. Y-chromosome evidence for a northward migration of modern humans into Eastern Asia during the last Ice Age. Am J Hum Genet, 1999, 65(6): 1718-1724.
[116] Wen B, Li H, Lu D, et al. Genetic evidence supports demic diffusion of Han culture.

Nature, 2004, 431(7006): 302 - 305.

[117] Sun J, Li Y X, Ma P C, et al. Shared paternal ancestry of Han, Tai-Kadai-speaking, and Austronesian-speaking populations as revealed by the high resolution phylogeny of O1a - M119 and distribution of its sub-lineages within China. Am J Phys Anthropol, 2021, 174(4): 686 - 700.

[118] Katoh T, Munkhbat B, Tounai K, et al. Genetic features of Mongolian ethnic groups revealed by Y-chromosomal analysis. Gene, 2005, 346: 63 - 70.

[119] Su B, Jin L, Underhill P, et al. Polynesian origins: insights from the Y chromosome. Proc Natl Acad Sci U S A, 2000, 97(15): 8225 - 8228.

[120] Cai X, Qin Z, Wen B, et al. Human migration through bottlenecks from Southeast Asia into East Asia during Last Glacial Maximum revealed by Y chromosomes. PLoS One, 2011, 6(8): e24282.

[121] Zhang X, Kampuansai J, Qi X, et al. An updated phylogeny of the human Y-chromosome lineage O2a - M95 with novel SNPs. PLoS One, 2014, 9(6): e101020.

[122] Yan S, Wang C C, Li H, et al. An updated tree of Y-chromosome haplogroup O and revised phylogenetic positions of mutations P164 and PK4. Eur J Hum Genet, 2011, 19(9): 1013 - 1015.

[123] Kutanan W, Kampuansai J, Srikummool M, et al. Contrastingpaternal and maternal genetic histories of Thai and Lao populations. Mol Biol Evol, 2019, 36(7): 1490 - 1506.

[124] Macholdt E, Arias L, Duong N T, et al. The paternal and maternal genetic history of Vietnamese populations. Eur J Hum Genet, 2019, 28(5): 636 - 645.

[125] Huang X, Kurata N, Wei X, et al. A map of rice genome variation reveals the origin of cultivated rice. Nature, 2012, 490(7421): 497 - 501.

[126] Capredon M, Brucato N, Tonasso L, et al. Tracing Arab-Islamic inheritance in Madagascar: study of the Y-chromosome and mitochondrial DNA in the Antemoro. PLoS One, 2013, 8(11): e80932.

[127] Wang C C, Yan S, Yao C, et al. Ancient DNA of Emperor CAO Cao's granduncle matches those of his present descendants: a commentary on present Y chromosomes reveal the ancestry of Emperor CAO Cao of 1800 years ago. J Hum Genet, 2013, 58(4): 238 - 239.

[128] Kim S H, Kim K C, Shin D J, et al. High frequencies of Y-chromosome haplogroup O2b - SRY465 lineages in Korea: a genetic perspective on the peopling of Korea. Investig Genet, 2011, 2(1): 10.

[129] Shi H, Dong Y L, Wen B, et al. Y-chromosome evidence of southern origin of the East Asian-specific haplogroup O3 - M122. Am J Hum Genet, 2005, 77(3): 408 - 419.

[130] Li D, Li H, Ou C, et al. Paternal genetic structure of Hainan aborigines isolated at the entrance to East Asia. PLoS One, 2008, 3(5): e2168.

[131] 董永利，杨智丽，石宏，等.云南18个民族Y染色体双等位基因单倍型频率的主成分分析.遗传学报，2004，10：1030-1036.
[132] Deng W, Shi B, He X, et al. Evolution and migration history of the Chinese population inferred from Chinese Y-chromosome evidence. J Hum Genet, 2004, 49(7): 339-348.
[133] Wei L H, Yan S, Teo Y Y, et al. Phylogeography of Y-chromosome haplogroup O3a2b2-N6 reveals patrilineal traces of Austronesian populations on the eastern coastal regions of Asia. PLoS One, 2017, 12(4): e0175080.
[134] Sagart L, Hsu T F, Tsai Y C, et al. Austronesian and Chinese words for the millets. Language Dynamics and Change, 2017, 7(2): 187-209.
[135] Sagart L. The Expansion of Setaria Farmers in East Asia: A Linguistic and Archaeological Model//Sanchez-Mazas A, Blench R, Ross M D, et al. Past Human Migrations in East Asia: Matching Archaeology, Linguistics and Genetics. London: Routledge, 2008: 133-157.
[136] Wang C C, Yan S, Qin Z D, et al. Late Neolithic expansion of ancient Chinese revealed by Y chromosome haplogroup O3a1c-002611. J Syst Evol, 2013, 51(3): 280-286.
[137] Yao X, Tang S, Bian B, et al. Improved phylogenetic resolution for Y-chromosome Haplogroup O2a1c-002611. Sci Rep, 2017, 7(1): 1146.
[138] 蔡金英.论裴李岗文化的分期与年代.殷都学刊，2020，41(4)：21-31.
[139] 张弛.论贾湖一期文化遗存.文物，2011，3：46-53.
[140] 邵望平，高广仁.贾湖类型是海岱史前文化的一个源头.考古学研究，2003，5：121-128.
[141] 金荣权.新石器时期淮河上游的族群迁徙与文化融合.中原文化研究，2015，4：58-64.
[142] 伍新福，龙佰亚.苗族史.成都：四川民族出版社，1992.
[143] 徐祖祥.三苗、荆蛮与瑶族来源问题.贵州民族研究，2001，1：124-128，136.
[144] 王良智，曲新楠.彭头山文化分期与类型.江汉考古，2018，3：68-80.
[145] 裴安平.彭头山文化的稻作遗存与中国史前稻作农业再论.农业考古，1998，1：102-108.
[146] 徐云峰.关于稻作起源与传播的思考.农业考古，1998，1：246-254.
[147] 张学海.龙山文化.北京：文物出版社，2006.
[148] Ning C, Yan S, Hu K, et al. Refined phylogenetic structure of an abundant East Asian Y-chromosomal haplogroup O*-M134. Eur J Hum Genet, 2016, 24(2): 307-309.
[149] Qi X, Cui C, Peng Y, et al. Genetic evidence of Paleolithic colonization and Neolithic expansion of modern humans on the Tibetan Plateau. Mol Biol Evol, 2013, 30(8): 1761-1778.
[150] Yan S, Wang C C, Zheng H X, et al. Y chromosomes of 40% Chinese descend from

three Neolithic super-grandfathers. PLoS One, 2014, 9(8): e105691.

[151] 段丽波,龚卿.中国西南氐羌民族溯源.广西民族大学学报(哲学社会科学版),2007,4: 44-48.

[152] Raghavan M, Skoglund P, Graf K E, et al. Upper Paleolithic Siberian genome reveals dual ancestry of Native Americans. Nature, 2014, 505(7481): 87-91.

[153] Jeong C, Wilkin S, Amgalantugs T, et al. Bronze Age population dynamics and the rise of dairy pastoralism on the eastern Eurasian Steppe. Proc Natl Acad Sci U S A, 2018, 115(48): E11248-E11255.

[154] Allentoft M E, Sikora M, Sjogren K G, et al. Population genomics of Bronze Age Eurasia. Nature, 2015, 522(7555): 167-172.

[155] Huang Y Z, Pamjav H, Flegontov P, et al. Dispersals of the Siberian Y-chromosome haplogroup Q in Eurasia. Mol Genet Genomics, 2018, 293(1): 107-117.

[156] Karafet T M, Osipova L P, Gubina M A, et al. High levels of Y-chromosome differentiation among native Siberian populations and the genetic signature of a boreal hunter-gatherer way of life. Hum Biol, 2002, 74(6): 761-789.

[157] Dulik M C, Zhadanov S I, Osipova L P, et al. Mitochondrial DNA and Y chromosome variation provides evidence for a recent common ancestry between Native Americans and Indigenous Altaians. Am J Hum Genet, 2012, 90(2): 229-246.

[158] Cui Y, Song L, Wei D, et al. Identification of kinship and occupant status in Mongolian noble burials of the Yuan Dynasty through a multidisciplinary approach. Philos Trans R Soc Lond B Biol Sci, 2015, 370(1660): 20130378.

[159] Sun N, Ma P C, Yan S, et al. Phylogeography of Y-chromosome haplogroup Q1a1a-M120, a paternal lineage connecting populations in Siberia and East Asia. Ann Hum Biol, 2019, 46(3): 261-266.

[160] Zhao Y B, Li H J, Cai D W, et al. Ancient DNA from nomads in 2500-year-old archeological sites of Pengyang, China. J Hum Genet, 2010, 55(4): 215-218.

[161] Zhao Y B, Zhang Y, Li H J, et al. Ancient DNA evidence reveals that the Y chromosome haplogroup Q1a1 admixed into the Han Chinese 3,000 years ago. Am J Hum Biol, 2014, 26(6): 813-821.

[162] 段连勤.北狄族与中山国.石家庄: 河北人民出版社,1982.

[163] 吕智荣.鬼方文化及相关问题初探.文博,1990,1: 32-37.

[164] 阎宏东.神木石峁遗址陶器分析.文博,2010,6: 3-9.

[165] 王乐文.试论朱开沟文化的起源、发展与消亡.北方文物,2006,87(3): 6-11.

[166] 韩建业.老虎山文化的扩张与对外影响.中原文物,2007,1: 20-26.

[167] Underhill P A, Myres N M, Rootsi S, et al. Separating the post-Glacial coancestry of European and Asian Y chromosomes within haplogroup R1a. Eur J Hum Genet, 2010, 18(4): 479-484.

[168] Haak W, Lazaridis I, Patterson N, et al. Massive migration from the steppe was a

source for Indo-European languages in Europe. Nature，2015，522(7555)：207－211.

[169] Keyser C，Bouakaze C，Crubezy E，et al. Ancient DNA provides new insights into the history of South Siberian Kurgan people. J Hum Genet，2009，126(3)：395－410.

[170] Wilkin S，Ventresca Miller A，Fernandes R，et al. Dairying enabled Early Bronze Age Yamnaya Steppe expansions. Nature，2021，598(7882)：629－633.

[171] Kiryushin Y F，Solodovnikov K N. The origins of the andronovo (fedorovka) population of southwestern Siberia，based on a middle Bronze Age cranial series from the Altai Forest-Steppe zone. Archaeol，Ethnol and Anthropolf Eurasia，2010，38 (4)：122－142.

[172] Jeong C，Wang K，Wilkin S，et al. A dynamic 6,000-year genetic history of Eurasia's Eastern Steppe. Cell，2020，183(4)：890－904. e29.

[173] Sokolova L A. Okunev cultural tradition in the stratigraphic aspect. Archaeol，Ethnol and Anthropol Eurasia，2007，30(2)：42－51.

[174] Malyarchuk B A，Derenko M，Denisova G，et al. Ancient links between Siberians and Native Americans revealed by subtyping the Y chromosome haplogroup Q1a. J Hum Genet，2011，56(8)：583－588.

[175] Kharkova V N，Khaminaa K V，Medvedevaa O F，et al. Gene pool of Buryats：clinal variability and territorial subdivision based on data of Y-chromosome markers. Russ J Genet，2014，50(2)：203－213.

第4章 分子人类学在语言集团人群演化方面的应用

4.1 引言

经过数万年的演化，现代人类群体彼此之间的亲缘关系有近有远。根据民族学的理论和研究，语言是区分人群的最重要特征之一。属于同一个语系的人群，往往有相对较近的亲缘关系，源自共同的始祖群体（尽管混合也是普遍存在的），共享更多的遗传成分和演化历史。在语族和语组层面，也是如此。另一方面，语言作为文化的最重要载体之一，被用于传承祖先记忆、群体历史和家族谱系，是人类群体凝聚力的重要来源，是不同人群文化属性的重要组成部分。

在第3章，我们把欧亚大陆东部人群的父系遗传结构分成12个大类进行逐一介绍。在本章中，我们按照语言学的分类（语系或语族），把欧亚大陆东部的人群分成10个人群集团，并从整体的视角逐一对这些人群的起源和演化历史进行综述。

对于每一个人群集团，基本的叙述框架是：先描述这一人群的整体遗传结构和大致演化过程；之后讨论这个人群的演化历史中未来还有哪些需要关注的重点和难点。

由于相关的研究进展各有差异，对于不同人群集团的描述的细化程度各不相同。对于每一个人群集团的演化历史，都有必要结合其他学科和分子人类学的研究来开展全面的综合研究，对不同学科领域关心的重要议题进行多学科的深度对话和讨论。不过，限于篇幅以及作者能力有限，本章仅做简单总结，意在提供一些宏观的见解。我们已在本丛书的另一部专著《蒙古语人群的分子人类学溯源》中尝试开展了类似的工作，作为对上一阶段的工作的总结。虽然不能算是很成熟、很成体系的阶段性总结，但希望对学界有所帮助。也希望国内外兄弟单位一起努力，共同对欧亚大陆东部其他人群集团开展类似的工作。除了阶段性总结的工作，还有很多亟待解决的重要研究议题，未来还有很多工作需要开展。

4.2　南岛语人群

南岛语人群的主要父系类型是 O2a2b2 - N6、O1a - M119 和 O1b1a1 - M95，但也拥有其他种类繁多的父系单倍群[1-19]。我国台湾地区少数民族人群的父系和母系单倍群的多样性都很高。这可能是两方面的原因造成的[11,20-24]。其一，发生过多次从大陆到台湾岛的迁徙，这些不同来源的人群都融入了南岛语人群之中，从而导致多样性的增加。其二，台湾海峡两岸是南岛语人群始祖群体形成的地方，这一地区的人群在漫长的时间中积累了很高的遗传多样性。如上文所述，在东南亚岛屿地区存在很多在现代人类首次扩散到这一地区之后就一直在当地繁衍的人群。在南岛语人群扩散的过程中，绝大部分当地人群都已经融入了南岛语人群之中，同时也伴随着遗传成分的混合。大洋洲地区的南岛语人群在迁徙的过程经历了强烈的瓶颈效应，导致父系和母系遗传结构的多样性比较低。

我国台湾地区、东南亚岛屿地区和大洋洲地区的南岛语人群的父系和母系遗传结构都存在较大差异(参考上一段的引文)。其一，父系单倍群 O1b1a1 - M95 在东南亚岛屿地区南岛语人群的父系中占有较高的比例。但这种类型在台湾地区少数民族人群中的比例较低，在大洋洲地区的南岛语人群中几乎不存在。这种父系单倍群很可能并不是南岛语始祖群体中的主要父系类型。在南岛语扩散之前，东南亚岛屿地区当地的人群本身可能存在较大比例的父系单倍群 O1b1a1 - M95。其二，父系单倍群 O2a2b2 - N6 在台湾地区少数民族人群中的比例较低，在东南亚岛屿地区南岛语人群中的比例较高，在大洋洲地区的南岛语人群达到非常高的比例。这个单倍群清晰地反映了南岛语人群扩张过程中的瓶颈效应。瓶颈效应会导致始祖群体中部分遗传类型消失，同时使在始祖群体中比例并不高的类型增加到很高的比例。其三，单倍群 O1a - M119 在台湾地区的少数民族人群中普遍达到极高的比例(超过 80%)，这应该是人群内部持续发生遗传漂变的结果。而这一单倍群在东南亚岛屿地区的南岛语人群中的比例相对较低，在大洋洲偏远地区的南岛语人群中几乎为零。

根据以上描述可以看到，南岛语人群的形成和扩散历史十分复杂。未来更深入的研究有望解决以下 4 个重要的学术问题。其一，最初的南岛语始祖人群的形成过程。台湾岛最早的大坌坑文化(3000BC—2500BC)被认为是南岛语人群始祖创造的考古文化[25]。这一考古文化诞生之后迅速扩散到整个台湾岛的西部海岸。但目前这一文化本身的兴起过程还不清晰。在大坌坑文化的遗址中普遍存在粟和水稻的遗存。而粟是新石器时代华北地区常见的农作物，在长江以南地区几乎不存在。语言学家推测，有一个古代人群从华北东部地区沿海岸线向南扩散到了台湾岛并带来了粟[26,27]。但与大坌坑文化的面貌最为接近的仍然是福建和浙江沿海新石器时代的一些遗址。因此，推测创造大坌坑文化的史前人群可能是来自华北地区的部分人群和东南沿海地区的史前人群的混合。需要古 DNA 的相关研究才能解释大坌坑文化人群的遗传结构及其来源。需要说明的是，南岛语人群的独特特征是在人群混合之后才出现的。因此，混合之前的始祖人群应被视为新石器时代的普通人群，而不应被视为南岛语人群本身的一部分。其二，南岛语系人群发生扩散并分化成为不同语支的具体时间和过程。这在遗传上对应了各个语支的人群中独特的父系和母系支系的分化时间。其三，在东南亚岛屿地区以及大洋洲地区生活的原住民融入南岛语人群的过程及其遗传成分对现代南岛语人群的影响。在这一议题上，徐书华等学者的研究是一个典型的范例[28]。这项研究揭示了印度尼西亚东部地区南岛语人群与当地居民发生混合的时间和过程。其四，部分南岛语人群中有一些比较特殊的父系单倍群，如布农人中的 O1b1a1a1a - M88、Ivantan 人中的O2a1b - IMS - JST002611 和东南亚岛屿地区的 O2a2a1a2 - M7(参考上两段的引文)。这些单倍群是其他人群的主要父系类型，而上述南岛语人群的居住地明显远离对应单倍群的分布中心。这些单倍群在南岛语人群中的出现可能是多次较晚时期的、独立的迁徙带来的。目前还没有文献对这些单倍群的来源进行具体的分析。

关于南岛语人群的起源过程，还有一个更为重要的议题，也就是澳泰超语系是否存在的问题。经过研究，语言学家认为侗台语和南岛语存在一定程度的同源关系。语言学家提出可以将侗台语和南岛语合并为“澳泰超语系”[29]。更有学者认为南岛语与汉藏语存在同源关系，从而使这一问题更加复杂化了[30]。目前，从语言学的角度看，侗台语和南岛语本身的分化过程是相对清晰的。而在遗传学方面，目前也已经对绝大部分侗台语和南岛语人群的遗传结构进行了研究。如前文所示，我们推测侗台语人群的始祖群体和南岛语人群的始祖群体本身就已经是高度混合的人群。在他们的遗传结构还没有得到很好研究的前提下，探索更古老时期的群体历史是很有难度的。但是，我们可以根据现已掌握的数据进行一些推测。如上文所述，父系单倍群 O1b1a1 - M95 很可能并不是南岛语始祖群体中的主要父系类型。此外，在大洋洲地区南岛语人群父系中高频的单倍群 O2a2b2 - N6 应该是瓶颈效应的结果。在台湾地区少数民族中，单倍群 O2a2b2 - N6 只在阿美人和卑南人中达到较高的频率。而在其他的台湾地区少数民族人群中，O1a - M119 普遍达到很高的比例。对比侗台语人群的父系遗传结构，可以看到父系单倍群 O1a - M119 是唯一一个在绝大部分侗台语人群和南岛语人群中都占有重要地位的父系类型。恰好父系单倍群 O1a - M119 也是长江下游和浙江人群的主要父系类型。因此，父系单倍群 O1a - M119 的早期分化历史是揭示侗台语和南岛语人群早期分化历史的关键。这事实上涉及一个非常重要的议题，即东周时期江浙地区越人的语言的归属问题。假设侗台语和南岛语确实可以组成一个“澳泰超语系”，并且从遗传上能够证明侗台语和南岛语的始祖人群与距今5 000年前后江浙一带的居民具有同源关系，我们是否可以据此推测东周时期江浙地区越人的语言属于这个“澳泰超语系”的更早的分支？这一问题也还涉及侗台语和南岛语的始祖人群本身的来源问题。总之，我们认为上述议题是一个十分重要的议题，值得进行更深入的研究。

4.3　侗台语人群

根据目前的研究结果，侗台语人群的主要父系是 O1a - M119、O1b1a1 - M95 和 O1b* - M268xM95[15,31-34]，但也普遍拥有其他的父系类型。目前侗台语人群主要分布在中国华南、东南亚地区以及印度的阿萨姆邦。不同的侗台语语支人群的父系遗传结构之间的差异不大。不过，父系单倍群 O1b1a1a1a - M88 和 O2a2b1 - M134 在西部的侗台语人群(如傣族)的父系通常拥有更高的比例。此外，父系 O1a - M119 的频率大致呈自东向西递减的趋势。

中国华南和东南亚地区的人群演化历史很复杂。自现代人类在距今 7 万—4 万年前在东南亚和东亚地区大规模扩散之后，中国华南和东南亚地区是旧石器时代人类长期、持续活动的区域。因此，我们可以在这一地区的人群(侗台语人群只是其中的一部分)中观察到很多在非常古老的时期就已经分化出来的支系。已经测试到的 C* 、D* /D1、F* 、K* 和 P* 就属于这样的支系[35-37]。这些单倍群可以视为整个东亚和东南亚人群的遗传结构中最古老、最底层的成分。我们可以把这一类成分作为第一层次的成分，代表了旧石器时代的、遍布整个欧亚大陆东部地区的遗传成分。其次，在大约 1 万到 5 000年前，随着早期农业的兴起，在中国华南以及东南亚地区都出现了一定规模的人群扩散。水稻的驯化过程和栽培技术的成熟本身经历了非常漫长的过程。现代苗瑶语人群、侗台语人群和南亚语人群都是熟练掌握水稻种植技术的人群。目前仍不清楚最早驯化水稻的人群的遗传结构以及水稻种植技术是怎么在现代苗瑶语人群、侗台语人群和南亚语人群中扩散的。可以推测，水稻种植技术的扩散过程应该对应了某种遗传成分的扩散。可以把这一类未知的成分称为第二层次的成分，代表了新石器时代早期遍布中国华南和东南亚地区的遗传成分。这类遗传成分的扩散也可能与块茎农业的扩散有关。

其次，在约 5 000 年前之后，苗瑶语人群、侗台语人群、南亚语和南岛语人群的始祖群体开始形成。据研究，大溪文化(4200BC—3200BC)和屈家岭文化(3000BC—2600BC)被认为是苗瑶语人群的始祖创造的考古文化[38]。台湾最早的大坌坑文化(3000BC—2500BC)被认为是南岛语人群的始祖创造的考古文化。而浙江良渚文化(约 3200BC—2200BC)、江西山背—樊城堆文化(约 3000BC—1600BC)、福建昙石山文化(约 3000BC—2000BC)和广东石峡文化(约 2000BC—1600BC)共享有肩石斧、有段石锛和印纹陶器等文化传统，被认为后世百越人群的始祖创造的考古文化[39,40]。然而，历史时期的百越人群本身是一系列有较大异质性的群体。对于百越人群及其文化的最初发源地以及如何扩散并形成上述不同的考古文化的过程，我们知之甚少。我们可以把在约 5 000—3 000 年前的这一段历史时期称为侗台语人群形成的第一阶段。根据现有的分子人类学的研究，侗台语人群的主要父系有 3 种(O1a - M119、O1b1a1 - M95 和 O1b* - M268xM95)。我们推测，在起源上有差异的多个远古人群在更早的时期经历人群和文化上的融合并形成现代侗台语人群的共同始祖群体。5 000—3 000 年前的这一段历史时期，现代侗台语人群共同始祖群体发生分化并扩散到不同的地区，后世不同语支的人群的始祖群体初步形成。在这一段历史时期形成的侗台语人群的共同成分，可以称之为侗台语人群遗传结构中的第三层次的遗传成分。从约 3 000 年前至今，不同语支的人群继续扩散并分布到其在现代分布的区域。在3 000 年前之后，史料中开始出现有关不同越人群体的记载，例如越、扬越、干越、闽越、瓯越、南越、西瓯和雒越等。

在侗台语人群向广西及以西的地区扩散的过程中，有很多与南亚语人群有起源关系的古代人群被同化到了侗台语人群之中。侗台语人群中不同语支的群体在这一阶段形成各自独特的成分，可以称之为侗台语人群遗传结构中的第四层次的遗传成分。

上文对侗台语人群内部不同语支的人群的起源和扩散的过程进行了探讨。在考古学方面，与侗台语不同语支人群的扩散直接相关的考古文化变迁过程还不十分清晰。在未来，有必要对全体侗台语人群进行大规模的采样和更精确的父系单倍群的分型。此外，还需要对来自不同侗台语语支的人群中属于单倍群 O1a－M119、O1b1a1－M95 和 O1b*－M268xM95 样本进行 Y 染色体全序列测试，然后计算不同人群中特有父系的产生年代。这些年代就与相对应的不同语支的形成过程直接相关。此外，古 DNA 的相关研究也是至关重要的。针对侗台语人群父系遗传结构的进一步研究有望解决一系列重要的学术问题，包括：① 侗台语人群共同始祖群体形成的时间及其遗传结构；② 侗台语人群发生扩散并分化成为不同语支的具体时间和过程；③ 来自其他人群的遗传成分融入侗台语人群的具体时间和过程。

4.4　南亚语人群

南亚语人群目前主要分布在中国西南地区、东南亚大陆地区、尼科巴群岛和南亚地区。一系列的研究表明，O1b1a1－M95 是南亚语人群始祖人群的核心父系单倍群[41-44]。在现代的南亚语人群中也存在很多其他的父系单倍群，应该是在不同的历史时期融入南亚语人群的。例如，印度境内的南亚语人群就存在很多来自南亚地区当地人群的成分。在梅加拉亚邦操南亚语的卡西人(Khasi)中，除了主要的 O1b1a1－M95 外，来自藏缅语人群的成分也占有很大的比例[45]。居住地彼此邻近的南亚语人群和藏缅语人群之间的遗传交流是相互的。在中国西南部和东南亚大陆上的南亚语人群的父系遗传结构中普遍存在较大比例的属于 O2a2b1－M134 的父系类型[46,47]。

考古学方面的材料可能有助于理解南亚语人群父系遗传结构的这种现状。研究表明，在泰国北部的一些遗址，主要农作物曾一度是粟而不是水稻[48]。这一点不同于一般的认识。粟从中国西北部向南部和西部扩散的过程，被认为与藏缅语人群扩散的过程相关[48,49]。而南亚语人群被普遍认为是世界上最熟悉水稻种植技术的人群之一，南亚语人群的扩散伴随着水稻种植技术在东南亚和南亚地区的扩散。此外，在中国云南地区新石器早期考古文化中，粟是主要的农作物之一。云南省境内种类繁多的藏缅语人群被认为是新石器时代那些古代人群的后裔。由此可以推测，最早在东南亚北部地区种植粟的古代人群的遗传成分很可能与藏缅语人群比较接近，而后南亚语人群在东南亚及其附近地区强势扩散的过程中，把在更早时期已经生活在当地的人群都融合了。

东亚地区的两个主要农业传统分别是在中国华南兴起的稻作农业传统和在中国华北兴起的粟—黍传统。在东南亚地区还存在块茎农业传统，也就是根系作物和块茎作物的栽培，包括各种薯类（如木薯）、芋类、薯蓣（山药）和棕榈（其淀粉可食用）等。其他蔬菜类和水果类的栽培植物就更多了。在今天的婆罗洲和苏门答腊岛，根系作物和块茎作物的栽培仍在继续。生活在那里的南岛语人群中，存在比较高频的父系类型 O1b1a1 - M95，而这种父系类型在其他地区的南岛语人群中是相对低频或几乎不存在。根据以上证据，推测可能存在这样一次史前人群扩散过程：根系作物和块茎作物的栽培技术从东南亚大陆地区向东南亚岛屿地区的扩散，伴随着以 O1b1a1 - M95 为主要父系的人群向东南亚岛屿地区的扩散（特别是在加里曼丹岛和苏门答腊岛）。

更进一步，父系单倍群 O1b1a1 - M95 在苗瑶语人群、侗台语人群以及部分台湾地区少数民族中都有很高的比例。可见，以单倍群 O1b1a1 - M95 为主要父系的史前华南人群几乎可以认为是所有华南地区和东南亚地区现代人群的始祖群体（之一）。需要对来自不同语语系和语族的人群中的 O1b1a1 - M95 样本进行 Y 染色体全序列测试，然后计算不同人群中的特有父系的产生年代。这些年代与相对应的人群的形成过程直接相关。此外，古 DNA 研究以及对来自华南和东南亚人群的样本进行单倍群 O1b1a1 - M95 下游支系的详细分型也是很有必要的。针对父系单倍群 O1b1a1 - M95 的进一步研究有望解决一系列重要的学术问题，包括：① 水稻栽培技术的形成与史前长江中下游人群演化的关系；② 苗瑶语人群中 O1b1a1 - M95 支系的分化与苗瑶语系内部分化的关系；③ 侗台语人群中 O1b1a1 - M95 支系的分化与侗台语内部分化的关系；④ 南亚语人群中 O1b1a1 - M95 支系的分化与南亚语系内部分化的关系；⑤ 南亚语人群在东南亚及南亚地区扩散的具体时间和过程；⑥ 父系单倍群 O1b1a1 - M95 出现在台湾岛各人群中的具体时间和过程；⑦ 以 O1b1a1 - M95 为主要父系的人群扩散到婆罗洲和苏门答腊岛的具体时间和过程。

4.5　苗瑶语人群

苗瑶语人群以频繁迁徙和众多的分支而著称。在父系遗传结构上，苗瑶语人群的多样性也非常高，且在不同地区间呈现出非常大的差异。父系类型 O1b1a1 - M95、O1b* - M268x(M95，M176)、O2a2a1a2 - M7、O2a1b - IMS - JST002611、O2a2b1a1 - M117 和 O1a - M119 在不同的苗瑶语人群中都占有较高的比例[14,15,32,47,50-54]。此外，部分苗瑶语人群也有较高比例的父系单倍群 C - M130 和 D - M174。根据目前的研究，苗族和瑶族各群体的父系遗传结构的主要差异在于：相对而言，瑶族人群(包括畲族)拥有更高比例的单倍群 C - M130、D - M174 和 O2a2b1a1 - M117。在进行相关研究时，还需要注意民族学对苗瑶语人群的划分与语言学对苗瑶语人群的划分存在较多不一致的地方。这也是苗瑶语人群的历史复杂性的体现。

父系单倍群 C - M130 在广西巴马瑶族中有较高的比例[32,55,56]。这种父系在仫佬族、水族和土家族也有较高的比例，这些 C - M130 都属于 C*[55]。笔者实验室收集的此类样本都属于 C1b1a2b2 - F778。这是一个在东亚大陆上相对罕见的父系单倍型，大约在距今 3 000 年之内发生过小范围的扩张，最终以较高的比例出现在上述人群中。父系单倍群 D - M174 在广西金秀的瑶族(拉珈瑶)、广西富川的平地瑶、云南(如文山市)的瑶族和数个畲族人群中都有较高的比例[15]。这类父系在拉珈瑶族人群的比例超过 50%。而畲族很可能源自某一个古代的瑶族人群的分支。可见，这个父系类型在瑶语族人群中占有重要的地位。但它在华南地区的其他人群中的比例较低。单倍群 C - M130 和 D - M174 代表了自现代人类首次扩散到华南地区之后一直在当地繁衍的人群。他们在某一个时期融入苗瑶语的始祖群体之中。最终，在苗瑶语人群的扩散之时，这两种父系类型也随之扩散。在经历了一系列的瓶颈效应之后，这两个父系类型在部分苗瑶语人群增加到比较高的比例。

现存苗瑶语人群的最晚共祖群体大致起源于两湖地区。这一地区是新石器时代早期稻作农业最早兴起的地区。首先，从 9 000 年前的彭头山文化开始，该地区经历了极其复杂的考古文化变迁过程，伴随着复杂的人群分化和融合过程。城头山文化是新石器时代早期长江中游地区一个比较繁荣的考古文化，水稻是其主要农作物。而河南地区的贾湖文化是长江中游地区种植水稻的人群北上与粟作农业人群混合的产物。其次，大溪文化(4200BC—3200BC)

和屈家岭文化(3000BC—2600BC)被认为是苗瑶语人群始祖群体创造的考古文化。大溪文化在三峡地区兴起并向东扩散。再次,在6 000—5 000年前,仰韶文化在湖北省境内强势扩散并形成了一系列地方类型。更晚时期兴起的石家河文化(2600BC—2000BC)被认为是苗瑶语人群的直接始祖人群创造的考古文化。石家河文化向北扩散到河南省西南部(接近郑州、洛阳),向南扩散到湖南省北部地区,在其中心地带则几乎覆盖了湖北省全境。这意味着湖北省早期的仰韶文化人群也被融入了石家河文化人群之中。在石家河文化晚期,龙山文化因素强烈地影响了石家河文化。可见,虽然普遍认可石家河文化是大溪文化和屈家岭文化的直接继承者,但石家河文化本身已经融合了相当多仰韶文化和龙山文化的因素。根据其考古文化来源,可以推测到了石家河文化晚期,石家河文化人群本身已经是从不同方向上扩散而来的多个人群的混合,包括两湖地区新石器时代以来的当地人群、自三峡地区向东扩散的人群、湖北仰韶文化人群和龙山文化人群。我们认为,石家河文化晚期可能是苗瑶语人群共同始祖群体的最终定型的时期。

通过对比其他东亚人群的数据,我们推测苗瑶语人群父系结构的形成过程主要经历了三个阶段。在第一阶段,不同起源的、分别以父系O1b1a1-M95、O1b*-M268x(M95,M176)、O2a2a1a2-M7、O2a1b-IMS-JST002611和O2a2b1a1-M117为主的多个史前人群发生混合并形成苗瑶语人群的共同始祖群体。在这一始祖群体中,单倍群C-M130和D-M174也有一定的比例。这一阶段可能从9 000年前城头山文化兴起之时一直延续到4 000年前石家河文化结束之时。对于这一漫长历史阶段中人群的反复迁徙和融合过程,考古学的研究提供了比较详细的论述。目前,只有一项古DNA研究涉及大溪文化人群。古DNA测试显示大溪文化人群有较高比例的O2a2a1a2-M7,而这一父系类型正是后世苗瑶语人群的主要父系。但上述与苗瑶语人群起源有关的所有其他古代人群目前都还没有得到研究。第二阶段为距今4 000—1 500年前(夏代至南北朝时期)。在这一阶段,苗瑶语人群的始祖群体被称为“黔中蛮”、“武陵蛮”或“五溪蛮”。苗瑶语人群以湖北和湖南交界地带为中心,向西北扩散到陕西东南部,向东北扩散到河南东南部,向东扩散到安徽南部和江西北部,向南扩散到湖南全境和贵州境内。苗族人群和瑶族人群在这一阶段发生分离。第三阶段为1 500年前(约从唐代开始)直至现代。这一阶段是苗瑶语之下属于各个语支和语组的群体形成的阶段。唐代以后,苗瑶语人群开始大举南迁和西迁并扩散到广东、广西、贵州和云南等地,从而形成了种类繁多的支系。大约在明代以后，苗瑶语人群扩散到了东南亚地区。在未来，对湖南和湖北地区的古代人群进行详细的古 DNA 研究，有望揭示长江中游地区新石器时代人群的复杂演变过程以及苗瑶语人群的共同始祖群体的形成过程。此外，通过计算来自苗瑶语各语组人群中特有父系和母系的分化年代以及古 DNA 的相关研究，可以揭示属于苗瑶语内部不同语支和语组的人群的具体演化过程。

4.6　藏缅语人群

汉藏语系是欧亚大陆东部地区分布最广泛的语系。藏缅语人群广泛分布在中国西南部、东南亚西北部以及南亚地区的东部和北部。藏缅语人群形成的历史十分复杂。很多藏缅语人群生活在十分偏远的、人迹罕至的地区。因此，在语言学方面，关于藏缅语族各语支分化过程的研究也还不够透彻。在分子人类学方面，尽管大部分藏缅语人群的遗传结构都已经得到了研究，但仍有一部分藏缅语人群还没有得到研究。根据目前已有的研究，藏缅语人群的主要父系单倍群包括 O2a2b1a1 - M117、N1b - F2930/M1881、D1a1 - M15 和 D1a2 - P99[32,46,52,57-59]。单倍群 O2a2b1a1 - M117 是唯一一个在所有汉藏语人群中都占有较高比例的父系类型。在来自藏缅语族不同语支的人群的父系遗传结构中，占优势的父系类型各不相同。

在南亚地区也存在不少从东亚和东南亚地区迁来的人群，主要包括藏缅语人群和南亚语人群。从巴控克什米尔地区向东一直到孟加拉国以及印度东北的阿萨姆邦，生活着种类繁多的藏缅语人群。已有的研究表明，印度东北部的贾马蒂亚人(Jamatia)、马尔马人(Marma/Mog)、米佐人(Mizo)和特里普里人(Tripuri)等藏缅语人群的父系以 O2a2b1a1 - M117 为主[60]。Chakma 人群被认为源自藏缅语人群，但目前其语言被划分为印欧语。同时，这些人群的父系中也融合一定比例来自南亚语人群(单倍群 O1b1a1 - M95)以及南亚地区当地居民的成分(C1、H、R1a1 和 R2)。针对孟加拉国的藏缅语人群(Chakma、Marma 和 Tripura)的研究结果与此类似：这些人群的父系包含了藏缅语人群的常见成分 O2a2b1a1 - M117、来自南亚语人群的 O1b1a1 - M95 以及其他来自南亚地区当地人群的成分[61]。一项针对整个南亚地区人群的研究也涉及了印度东部米佐拉姆邦的多个藏缅语人群[43]。在这些人群的父系遗传结构中，来自藏缅语人群的常见成分 O2a2b1a1 - M117 和来自南亚语人群的 O1b1a1 - M95 是两个主要的父系。

一项研究对生活在印度西孟加拉邦北部以及锡金邦的多个人群的父系进行了测试，其中包括提马尔人（Dhimal）、剌芭人（Rabha）、波多人（Mech）和锡金人（Lachungpa）4 个藏缅语人群[62]。在这 4 个藏缅语人群中，来自东亚的成分主要包括 D - M174、O1b1a1 - M95、O3 - M134xM117 和 M117。此外，研究发现生活在该区域的不同语系人群之间共享很多种父系类型，显示了当地人群之间强烈的混合历史。另外一项针对藏南地区塔尼语支人群的研究包括我国珞巴族的一些部落，发现单倍群 O2a2b1 - M134 是这些人群的绝对主要父系，推测以下游支系 O2a2b1a1 - M117 为主。

在尼泊尔的塔鲁人（Tharu）中，来自藏缅语人群的常见成分 O2a2b1a1 - M117 占有一定的比例[63]，但来自南亚地区人群的其他父系类型也占有很高的比例。父系上观察到的状态与这个人群的语言归属的争议是一致的：对于塔鲁人的语言应该属于藏缅语还是印欧语，目前还有一些争议。另一项研究表明，尼泊尔的塔芒人（Tamang）和尼瓦尔人（Newar）的主要父系是 O2a2b1a1 - M117[64]。但尼瓦尔人中也混合有很大比例的 R1a1 和 R2。一项针对克什米尔地区拉达克人的研究表明，拉达克人的主要父系类型是 D1a1 - M15、D1a2 - P99、H1 - M52、O2a2b1a1 - M117 和 R1a1a1b2 - Z93[65]。通过与其他人群的比较，可以认为拉达克人是藏语支人群扩散到现居地后与当地人群混合的后裔。

根据以上综述，可以看到，南亚地区部分藏缅语人群的父系遗传结构已经得到了研究。这些人群的主要父系类型与中国境内的藏缅语人群有很大的相似性，但也有自身的特点。其一，单倍群 O2a2b1a1 - M117 是唯一一个在上述所有藏缅语人群中普遍高频存在的父系类型。这一结果显示，在藏缅语人群迁入南亚地区时，发生了一定程度的瓶颈效应。在其他地区的藏缅语人群中普遍存在的父系类型（如 N1b - F2930/M1881）在这些人群中几乎不存在。其二，一个重要的规律是：属于藏语支的人群（如拉达克人和锡金人）通常都有很高比例的 D1a1 - M15 和 D1a2 - P99，居住地与西藏邻近的人群（如塔尼语支的人群）也有极少量的 D1a1 - M15 和 D1a2 - P99，而这两个父系类型在其他藏缅语人群（如印度米佐拉姆邦和孟加拉国内的那些人群）中不存在。由此得出一个重要的推论：早期的汉藏语始祖人群并不是一个融合得非常充分的群体，往不同方向上迁徙的不同分支人群的父系结构有较大的差异，以致在迁徙过程中经历过瓶颈效应之后最终形成的现代人群之间的父系遗传结构有较大的差异。从现代汉藏语人群的父系遗传结构看，汉藏语人群的扩散有很多个历史时间层次。关于这一议题,目前的证据还不足以进行详细的说明。

另一方面,分布在南亚地区的藏缅语人群非常多。目前被研究的人群还只是少数。在未来,有必要对更多的藏缅语人群开展深入的研究。对于研究整个藏缅语人群的历史而言,更重要的议题是如何使用分子人类学的方法去研究庞大的汉藏语系之下各个语支的形成过程。按照目前的进展,通过 Y 染色体全序列可计算不同语支人群中的特有父系的产生年代。某一个语支人群中特有支系与其他支系的分化年代以及整个特有支系在这个语支人群内部的最晚共祖时间,可以分别近似于这个语支诞生时间的上限和下限。有很大一部分汉藏语的语支分布在喜马拉雅山以南、伊洛瓦底江以西的地区[66]。尼泊尔西部和印度北部的那些藏缅语人群,目前还完全没有得到研究。因此,未来还有很多工作需要开展。

青藏高原上的藏语支人群通常拥有较高比例的 O2a2b1a1 - M117、D1a1 - M15 和 D1a2 - P99。但喜马拉雅山以南的藏语支人群(如 Tamang 人)中则完全没有单倍群 D1a1 - M15 和 D1a2 - P99。历史方面的记录显示,在公元 5 世纪之后,雅砻河谷的悉补野家族通过系列征服而建立了吐蕃王国。吐蕃王国统一期间的人群融合是现代藏族形成的重要基础。然而,悉补野家族的早期起源历史笼罩在传说和神话之中,目前仍没有定论。根据藏人自己的记录,悉补野家族可能从山南地区迁来。在语言学方面可以看到,藏语支之下与藏语有最接近关系的布姆塘语组(Bumthang)、迦勒语组(Ghale)、固戎—塔芒语组(Gurung-Tamang)、奥尔莫拉(Almora)语组和基瑙里语组(Kinauri)确实都分布在喜马拉雅山以南地区。这种现状提示藏语支的形成过程可能有多个层次。根据目前所见的遗传学数据,合理的推测是:在藏语支人群的始祖群体之中,父系单倍群 D1a1 - M15 和 D1a2 - P995 的比例极低或不存在,而在现代藏族高比例的 D1a1 - M15 和 D1a2 - P99 源自吐蕃王国建立过程中的一系列征服而导致的人群融合。现代藏族人群分布在十分辽阔的地理区域,也存在较多地方性分支人群。在未来,有必要对不同地区的藏族人群进行更详细的研究,以便分析藏族人群本身的形成过程以及各个藏族分支人群的演化过程。此外,也有必要对藏语支之下其他语组的人群进行更详细的研究。例如,确定单倍群 D1a1 - M15 和 D1a2 - P99 是否是藏语支人群始祖群体中的一个主要父系单倍群。相关的研究将揭示藏语支本身的形成过程及其始祖群体的遗传结构。

印度与缅甸交界地带的藏缅语人群特别值得单独进行讨论。根据目前已有的数据，在来自波多—加若—北那加语支(Bodo-Garo-Northern Naga)、提马尔语支(Dhimalish)、库基—钦—那加语支(Kuki-Chin-Naga)和喜马拉雅语支(Himalayan)的藏缅语人群的父系遗传结构中，来自东亚的绝对主要父系类型是 O2a2b1a1 - M117，而几乎没有其他藏缅语人群中常见的 N1b - F2930/M1881、D1a1 - M15 和 D1a2 - P99。导致这种状态的可能原因有多种。其一，藏缅语人群的始祖群体本身并不是一个融合得非常充分的群体。在上述语支人群的始祖群体中，有一些父系类型只占极小的比例。在长途迁徙之后，这些单倍群因为瓶颈效应的缘故而完全丢失了。父系类型 N1b - F2930/M1881 和 D1a1 - M15 可能属于这种类型。其二，在这些语支的人群从始祖群体分化出来之时，有一些父系类型可能还没有融入藏缅语人群的共同始祖群体之中。父系类型 D1a2 - P99 可能属于这种类型。上述观点还有待进一步验证。

目前只有三项研究涉及了缅甸境内藏缅语人群的父系遗传结构[57,67,68]。克伦人(Karen)拥有较高比例的 O2a2b1 - M134 和 K*，但没有进一步测试下游单倍群的标记点[57]。缅族人的主要父系是 O2a2b1a1 - M117 和 O1b1a1 - M95，但也有一定比例的 D - M174、J2a2 - L27、Q1a3 - L56 和 R1a1a1 - M7。这一结果显示缅族人群的父系遗传结构比较复杂，但大体上可视为南下的藏缅语人群(以父系 O2a2b1a1 - M117 和 D - M174 为代表)与当地的南亚语人群的混合(以父系 O1b1a1 - M95 为代表)。若开人的主要父系 O2a2b1a1 - M117 和 C2 - M217，而钦人(Chin)的主要父系则是 O2a2b1a1 - M117 和 O1b1a1 - M95。缅甸境内那加人的父系遗传结构与印度境内的那加人一致，都含有高频的 O2a2b1a1 - M117，而没有其他藏缅语人群常见的父系类型。另一项针对克耶人(Kayah Karen，即红克伦人)的研究显示这一人群的主要父系是 O1b - M268(未测 M95 位点)、N - M231(未测下游位点)、D - M174 和 O2 - M122(未测下游位点)[68]。根据其他文献的数据，我们推测克耶人中的 O1b - M268 应该就是东南亚人群普遍高频的 O1b1a1 - M95。

缅甸境内藏缅语人群的演化历史很复杂。克伦人是所有藏缅语人群中最早分化出去并迁徙到最南部地域的人群。由于克伦语受南亚语的强烈影响，这种语言曾一度被排除在汉藏语系之外。在父系遗传结构方面，克耶人(克伦人的一支)既有很高比例的 O1b - M268(很可能是南亚语人群的核心父系 O1b1a1 - M95)，也有其他藏缅语人群的主要父系 N - M231、D - M174 和 O2 - M122。可见，遗传学数据准确地反映了这一人群的混合历史。此外，在缅人强势扩散之前，骠人是缅甸境内的主要人群。骠人也被认为是南下的藏缅语人群之一，但其具体来源和早期历史还非常模糊。由于骠人已经完全融入缅人之中，目前无法获知骠人的遗传结构。已有的研究初步分析了缅人的父系遗传结构[67]。但此项研究的数量较少，还不足以解读整个缅族的起源和扩散过程。在未来，针对缅甸境内人群父系遗传结构的进一步研究有望解决一系列重要的学术问题，包括：① 克伦人与其他藏缅语人群分离的时间及其扩散过程；② 缅语支人群从彝缅语人群的共同始祖群体中分化出来的过程以及缅语支人群内部的分化过程；③ 缅族向缅甸中南部扩散的具体时间和过程；④ 缅甸境内其他藏缅语人群的起源和扩散过程。

彝语支人群以其种类繁多的支系而著称。这一方面是因为云贵高原上多山的地理环境比较容易导致人群的隔离，另一方面是这个语支的始祖人群本身就生活在广阔的地理区域之中。根据《汉书》中关于"西南夷"的记载，历史学家主张从四川西北部一直到东南亚北部的古代人群都有可能与现代彝语支人群存在一定程度的亲缘关系。已有的分子人类学的研究表明，彝语支人群的主要父系包括 N－M231、O2a2b1－M134、D1a1－M15、O1b1a1－M95 和 O2*－M122x(M134)(见前文引文)[46]。但在部分彝语支人群中也有一些很特殊的父系类型。比如，拉祜族有很高比例的 F2－M427，阿卡人有很高比例的 Q1a1－M120。彝语支人群父系不同于其他藏缅语支人群的特点在于：① 彝语支人群不同支系的父系遗传结构有很大的差异；② 单倍群 N－M231在部分彝语支人群中占较高的比例；③ 彝语支人群中几乎不存在藏语支和羌语支人群中普遍高频的 D3－P99；④ 平均而言，D1a1－M15 在彝语支人群中的比例远低于其在藏语支和羌语支人群中的比例，但高于其在缅甸以及南亚地区的藏缅语人群中的比例；⑤ 彝语支人群拥有一定比例的 O2*－M122x(M134)，其具体来源未知；⑥ 部分彝语支人群(如拉祜族和阿卡人)中有一些特殊的父系类型。此外，根据目前有限的缅族人群的数据，彝语支人群与缅族的父系结构的差异有：一是缅族人群中没有高比例的 N－M231；二是缅族人群中 D1a1－M15 的比例相对较低，而 O1b1a1－M95 的比例相对较高。总之，目前已有的数据还不足以说明彝语支人群的形成和分化的复杂过程。关于彝语支人群的遗传学研究也还没有细化到支系的层面。在未来，针对缅甸境内人群的父系遗传结构的进一步研究有望解决一系列重要的学术问题，包括：① 彝缅语群共同始祖群体形成与演化的时间及其扩散过程；② 缅语支人群从彝缅语群的共同始祖群体中分化出来的过程；③ 彝语支人群共同始祖群体在云南地区兴起并扩散的具体时间和过程；④ 彝语支内部不同人群、不同分支的起源和扩散的具体时间和过程。上述第4个议题与现代彝语支人群的历史记忆直接相关，因此也最为重要。

羌语支人群被认为是所有藏缅语人群中最为古老的分支之一，保留了相当多的古老成分。需要注意的是，民族学所划分的现代羌语人群与语言学上所划分的羌语支人群存在较多不一致的地方。此外，不同时期的史料中所提到的“羌/羌人”也不一定是说羌语支语言的人群，这一点是需要特别注意的。对羌族的研究显示，这一人群的主要父系是D1a2-P99、D1a1-M15、O2a2b1a1-M117和O2a1b-IMS-JST002611(见前文引文)。此外，根据我们未发表的数据，单倍群N-M231也是这一人群的主要父系类型之一。羌语支人群也普遍拥有一定比例的O1a-M119和O1b1a1-M95。可以认为这两个单倍群来自相对晚近时期的人群融合。上文所述在彝语支人群中出现的、没有细分的O2*-M122x(M134)可能就是在羌族人群观察到的O2a1b-IMS-JST002611。参考其他羌语支人群(如普米族)以及我们未发表的数据，羌语支人群的父系结构有一系列的特点。其一，羌语支人群与青藏高原上的藏语支人群一样拥有较高比例的D1a1-M15和D1a2-P99，而这种组合在其他藏缅语人群中并不存在。这说明羌语支人群和藏语支人群拥有相对较近的亲缘关系。其二，在羌语支人群(普米族)中观察到最高频率的单倍群D1a2-P99(70.2%)。根据历史材料以及前文关于藏语支人群形成过程的讨论，我们推测：以高比例的D1a2-P99为主要父系的、与现代羌语支人群存在亲缘关系的古代人群曾广泛分布在青藏高原上。随着吐蕃王国的建立，这些古代人群中的大部分被征服并融合到藏族人群之中。其三，羌语支人群的父系结构确实在整个藏缅语人群中占据中心地位。羌语支人群的主要父系包括现代藏缅语人群的4个主要父系类型，即O2a2b1a1-M117、N-M231、D1a2-P99和D1a1-M15。此外，只在少部分藏缅语人群中观察到的O2a1b-IMS-JST002611和Q1a1-M120在羌语支人群也有一定比例的存在。可见，羌语支人群在全体藏缅语人群中确实是很有代表性的：在藏缅语人群演化的不同历史时期兴起的父系类型在羌语支人群中都能找到。另一方面，语言学方面对纳西语属于彝语支还是羌语支存在一些小的争议。从父系遗传学的角度看，纳西族人拥有较高比例的D1a2-P99，而这种父系在其他彝语支人群几乎不存在。因此，可以认为纳西族在父系上更接近羌语支人群而与彝语支人群存在极大差异。不过，纳西族可能经历过长期的母系占主导的历史时期，因此无法确定纳西族远古祖先的父系遗传结构状态。在未来，针对羌语支人群父系遗传结构的进一步研究有望解决一系列重要的学术问题,包括: ① 在不同的历史时期发生扩张的父系类型融合成为现代羌语支人群的具体时间和过程;② 其他藏缅语人群与羌语支人群发生分化的具体时间和过程;③ 青藏高原上的古代人群与羌语支人群是否存在起源上的同源关系;④ 羌语支内部不同人群、不同分支的起源和扩散的具体时间和过程。

总之,目前已有的研究已经初步揭示了藏缅语不同语支人群的父系遗传结构以及他们之间的共性和差异。但是,藏缅语人群的种类非常多,大多数生活在偏远地区。目前仍有很多藏缅语人群的遗传结构还完全没有得到研究。在未来,有必要通过广泛的采样,全面地研究所有藏缅语人群的遗传结构。此外,通过计算不同语支人群中的独特父系类型的扩散时间,我们将可以在精确的时间尺度上揭示整个藏缅语族中不同语支中不同人群的分化过程,同时也将为汉藏语系下游谱系的具体分化时间和过程提供全新的证据。

4.7　汉语人群

中原及周围地区新石器时代居民通过不断融合,在距今 4 000—2 000 年前逐渐形成了华夏民族。早期的华夏民族居民发明了文字体系,建立了早期国家,在东亚东部的平原地区建立了早期文明中心。在此后的历史时期,华夏民族与周围地区的居民不断融合并发展壮大,最终形成今天世界上人口数量最多的人群——汉族。由于其长期延续的、完善的史学传统,汉文字史料中保留了有关东亚地区族群的早期历史的绝大部分记录。

近 20 多年来,几乎所有关于东亚人群遗传结构的研究著作都会涉及汉族人群。已有的研究表明,不同地区汉族人群的父系遗传结构有很大的一致性。进一步的研究显示,汉族人群绝大部分父系可以追溯到数十个在新石器时代期间(约 9 000—4 000 年前)兴起的父系类型[69]。这些父系类型在诞生之后经历了强烈的扩张并成为现代汉族人群的主要父系类型,包括 O2a2b1a1a1 - F5(Oα)、O2a2b1a2a1a - F46(Oβ)、O2a1b1a1a1a1 - F325(Oγ)、N1b1 - CTS582、N1b2 - M1819、O1a1a1a - F78(Oδ)、Q1a1 - M120(Qα)和 C2a1 - F2613/Z1338(Cα)等[1,70-76]。可以看到,汉族人群中拥有的主要父系类型数量,远远多于东亚地区其他人群。已有的研究表明,除了平话汉族之外[31],其他汉族人群拥有比较一致的父系遗传结构[70]。这种状态在整个东亚地区也是很特殊的。我们认为,这种父系遗传结构的现状是汉族人群演化历史的真实反映。黄河流域和长江流域的古代人群在非常早的时期就开始栽培粟和水稻[77]。在新石器时代(约 9 000 年前)的不同阶段,黄河流域和长江流域兴起了不同起源的考古文化。这些考古文化的后裔之间不断发生碰撞和融合,最终在 4 000 年前后导致了早期国家的诞生。经过夏代和商代的发展,在周代建立的初期,周王朝直接统治和影响到的区域已经覆盖了东亚东部平原地区的大部分区域。因此可以推测,在先秦时期华夏民族形成之时,其父系遗传结构中就已经包含了上述的所有父系类型。从新石器时代开始到秦代期间(约 2 200 年前)是一个长达 7 000 年的历史时期。在这一漫长的历史时期,东亚东部地区的新石器时代居民已经历了充分的融合。因此,在之后汉族人群持续进行扩张之时,所有的始祖人群中的父系类型都相应地经历了遗传上的扩张,从而最终导致了现代汉族人群的父系结构的一致性。

目前,各地现代汉族的父系和母系遗传结构都已经得到了研究。由于有丰富的史料记载,3 000 年前以来中原地区古代人群的融合过程比较清晰。但是,目前关于新石器时代东亚中部地区古代人群的古 DNA 研究还比较少,也还没有全基因组水平的研究。在未来有必要进行更多全基因组水平的古 DNA 研究,同时,通过 Y 染色体序列计算汉族人群内部不同父系单倍群的扩张时间。相关的研究有望解决一系列重要的学术问题,包括:① 新石器时代黄河流域和长江流域古代人群的遗传结构及其扩张过程;② 汉语支人群从汉藏语共同始祖群体中分离出来的过程;③ 新石器时代以来古代人群长期融合直至华夏民族诞生期间的具体过程;④ 近 3 000 年以内汉族人群的扩张以及与其他人群的混合过程;⑤ 历代王室、世家大族的历史活动在汉族人群遗传结构中产生的影响。中国历史上历代王室和世家大族在促进早期华夏民族—汉族文明的形成、推动东亚历史进程方面发挥了较大的作用,因此很值得进行比较精细的研究。此外,现代中国人特别是汉族人群比较注重自身家族的历史和传承。因此,也很有必要广泛进行中国姓氏家族的分子人类学研究。

4.8 朝鲜族和日本人群

已有的研究表明,朝鲜族和韩国人的主要父系类型是 O1b2* - M176x(47z)、O1b2a1a1 - CTS713(47z)、C2a1 - F2613/Z1338 和 O2 - M122 下的各个支系,而日本人群的主要父系包括 O1b2a1a1 - CTS713(47z)、O1b2* - M176x(47z)、D1b - M64.1 和 O2 - M122 下的各个支系[32,55,58,78-90]。在日本人

群中，父系类型 D1b－M64.1 被认为与旧石器时代就已经生活在日本列岛的古代人群有关，而其他父系类型则被认为源自新石器时代以后持续从大陆和朝鲜半岛迁来的居民[88]。朝鲜族（也包括韩国人）与日本人的父系遗传结构有一定的共性，即都有较高比例的 O1b2*－M176x(47z)、O1b2a1a1－CTS713(47z)和 O2－M122 下的各个支系。但这两个人群也都有各自独特的成分。上述所有朝鲜族和日本人中的父系单倍群都很古老。例如，单倍群 O2b－M176 之下主要支系的年代都超过 8 000 年。目前还没有研究涉及这些单倍群的下游分支的分化年代。因此，目前的遗传学数据还不足以详细地揭示朝鲜族和日本人的具体形成过程。在未来，相关的古 DNA 研究以及针对现代人的更精细的测试有望解决一系列重要的学术问题，包括：① O1b2－M176 的所有下游支系的谱系结构和分化时间；② 确定日本人群和朝鲜族共享的父系单倍群以及这些单倍群在日本人群和朝鲜族形成过程中所起的作用；③ 中国东部地区，特别是中国东北地区的古代人群在现代朝鲜族（也包括韩国人）与日本人群的形成过程中所起的作用；④ 日本列岛上现代居民的具体形成过程，包括冲绳人和阿伊努人。

4.9　蒙古语人群、通古斯语人群和突厥语人群

此前已有很多涉及蒙古语人群的分子人类学研究。但由于没有足够多的 Y－SNP 标记位点，以往的研究未能对蒙古语人群主要父系 C2－M217 的下游进行详细的划分。目前，国内外学者已经对蒙古语人群父系 C2－M217 之下的主要支系进行了较为深入的研究[32,76,85,91-108]。根据已发表的文献，蒙古语人群的主要父系类型包括 C2b1a3－M504（原称 C3－Star cluster 或 C3－星簇）、C2b1a1a1a－M407（原称 C3d）、C2b1a1a1－F1756（原称 C3－DYS448del）、C2b1a2a－M86/M77、N－M231[109]和 O－M175 下的各个支系。其中，在所有蒙古语人群中普遍存在一定比例的父系类型是 C2b1a3－M504。这个单倍群最初被认为与成吉思汗建立蒙古帝国的历史有关。我们通过 Y 染色体全序列计算了这个支系的扩张年代，认为这个支系应该在蒙兀室韦的时代就已经诞生了。因此，这个父系实际上应该被当作普通蒙古人的主要父系，而并非完全由成吉思汗家族本身繁衍而来。C2b1a1a1a－M407 在布里亚特蒙古人和卫拉特蒙古诸部中都有很高的比例。C2b1a2a－M86/M77 在蒙古国西部的居民以及卫拉特蒙古诸部都有很高的比例。单倍群 N 在布里亚特人中有较高的比

例[96,103,110,111]。在蒙古语人群中也存在一定比例的单倍群 O－M175、Q－M242、R－M207 和 D－M174 的下游支系。

蒙古语人群的父系多样性比较高，不同人群的优势类型各有差异。布里亚特人本身是蒙古语与突厥语部落混合的结果，因此我们推测布里亚特人中高频的 N－M231 是经由人群融合而来的。单倍群 N－M231 和 O－M175 在现代蒙古语人群中也普遍有较高的比例，在很多人群中的比例甚至超过 C2－M217 的 4 个主要下游分支。因此，可以认为现代蒙古语人群的奠基者父系类型有 6 种，包括 C2b1a3－M504、C2b1a1a1a－M407、C2b1a1a1－F1756、C2b1a2a－M86/M77、N－M231 和 O－M175。而这 6 个父系单倍群的诞生、扩张和融合的历史，就代表了蒙古语人群及其亲缘人群形成的历史。

根据现有研究结果，单倍群 C2b1a2－M48 是唯一在所有通古斯语人群中普遍存在并达到较高频率的父系类型，因此可以认为是通古斯语人群的奠基者父系类型[55,88,100,112-120]。单倍群 C2b1a2－M48 之下分为两大支系。其中，通古斯语人群中的 C2b1a2－M48 属于 C2b1a2a1－F5484/SK1061，而蒙古语人群的 C2b1a2－M48 大多属于 C2b1a2a2－F6170[91,121]。单倍群 C2b1a2－M48 在鄂温克和埃文人中达到极高的比例（＞90％）。但在南部通古斯语人群中也存在很多其他类型的父系单倍群，特别是单倍群 O－M175 下的各种支系[32]。在大部分现代满族人群中，C2b1a2－M48 的比例并不高。但在吉林省长春市九台区的满族中，C2b1a2－M48 的比例比较高（作者未发表数据）。这可能是因为这一地区的满族源自伊彻满洲，即在清代初期由其他女真部落转变而来的满族人群。历史学的研究表明，南部通古斯语人群本身就是南下的古代通古斯语人群与中国东北当地更早人群混合的结果。因此，单倍群 C2b1a2－M48 在部分南部通古斯语人群中的比例较低的事实，并不会影响这个单倍群作为通古斯语人群的奠基者父系类型的推论。在未来，相关的古 DNA 研究以及针对现代人更精细的测试有望解决有关通古斯语人群的一系列重要学术问题，包括：① 单倍群 C2b1a2－M48 的具体起源以及下游两大支系的分化过程；② 单倍群 C2b1a2a1－F5484/SK1061 的分化过程及其与通古斯语人群的分化过程的对应关系；③ 靺鞨和女真人的遗传结构及其扩散历史；④ 满族人群形成过程中的详细人群融合过程。

根据现有研究结果，现代突厥语人群拥有很高的父系遗传多样性，并不存在一种在全体突厥语人群中普遍存在并达到较高比例的父系单倍群。土耳其人有高比例的中东父系类型（J 和 G）[122-125]，土库曼人有很高比例的 R1a1a1－

M17 和 Q - M25[98,126]，撒拉族和哈卡斯人有极高比例的 R1a1a1 - M17[103,107]，部分哈萨克人有很高比例的 C2 - M217[107,128]，雅库特人有超过 90%的 N - M231[115,129]，图瓦人中有高频的 Q - M242 和 N1a2b - P43[103,130]。对比其他亚洲人群的父系遗传结构可知，这些父系在突厥语人群之外的其他人群中也有很高的比例。比如，C2 - M217 是蒙古语人群和通古斯语人群的主要父系类型。而 R1a1a1 - M17 在部分印欧语人群中高频存在，普遍认为这一单倍群的分布与印欧语人群的扩散有关[131,132]。但在阿尔泰山地区，以 R1a1a1 - M17 为主要父系的古代人群可能在某一历史时期被其他语言人群所同化了。N 是乌拉尔语人群的主要父系[109]。Q - M242 是叶尼塞语人群的绝对主要父系类型[133]。总之，可以认为突厥语人群的父系类型是欧亚大陆所有主要父系的混合，且不同突厥语人群中的混合程度有很大的差异。

4.10　乌拉尔语人群

现代乌拉尔语人群主要生活在西伯利亚西部和欧洲东北部。匈牙利人群是一个例外，他们生活在东欧中部。尤卡吉尔人的语言与乌拉尔语系的语言较为接近，他们一度被一些学者认为是乌拉尔语人群的一部分，但最终还是被认为是孤立语人群。

根据相关的研究和古今 DNA 数据，乌拉尔语人群的起源过程已经比较清晰[114,121,134-136]。乌拉尔语人群的父系以 N - M231 的两个下游支系为主，包括 N1a1a - M178 和 N1a2b - P43。其母系遗传结构呈现出欧亚东部和西部人群混合的状态[137-140]。常染色体遗传结构也显示出东西方混合的状态，只是不同地区人群的混合比例有较大的差异[114,136]。

从父系的角度看，乌拉尔语人群的远古祖先的演化历史可大致描述如下[109,121,135]。(以下讨论也参考了 www.yfull.com 上所列的各支系的样本来源和分化年代。)首先，父系 N - M231 也是东亚人群的主要父系之一。乌拉尔语人群与东亚人群的 N - M231 的分化时间大约为 1.2 万年。推测早期的分化过程是这样的：大约在 1.5 万—1.2 万年前，以 N1a1a - M178 为主要父系的人群生活在我国华北、东北以及蒙古国东部地区。随着气候的持续变暖，大型动物的活动范围也持续向高纬度退缩，一部分人群可能为了追逐猎物而向北方扩散。另一部分人群则仍然留在原地，在中国北方的现代人群中观察到的 N1a - F949 和 N1a1a3 - F4065 很可能就是这些人群的后裔[74]。在 1.2 万年前之后广泛扩散到亚洲北部地区的人群留下了 N1a1a2 - Y24317 - B187 等古老的支系。这一支系主要出现在南西伯利亚地区的阿勒泰人、绍尔人、图瓦人和哈卡斯人中。大约在 1 万年到 5 000 年前，乌拉尔语人群的祖先人群扩散到了西伯利亚西部及其与欧洲交界的地区。

到 5 000 年前的时候，乌拉尔语人群的祖先人群的主要父系大概有 3 个，包括 N1a1a1a2 - B211、N1a1a1a1a4 - M2019 和 N1a1a1a1a - L392[109,121,135]。这 3 个父系的分布略有差异。N1a1a1a2 - B211 的分布较为局限，大致仅见于乌拉尔山东西那些突厥语人群和乌拉尔语人群混合的人群中。M2019 在乌拉尔语人群和突厥语人群中都有发现，而且是雅库特人的核心父系类型(占 90%以上的比例)[115,119,135]。这种分布状态表明，以 N1a1a1a1a4 - M2019 为主要父系的古代人群可能从西西伯利亚地区再次向东扩散到贝加尔湖以东地区。这种情况在其他支系上也被观察到。

N1a1a1a1a - L392 是西部乌拉尔语人群最主要父系类型之一，达到很高的比例。当然，西部乌拉尔语人群也普遍拥有很高比例的来自欧洲当地原有人群的混合。在 N1a1a1a1a - L392 的下游分支中，也观察到了 3 个主要分布在阿尔泰山以东地区的支系[135]。其中，N1a1a1a1a25 - B479 支系发现于赫哲人中。N1a1a1a1a3b - B202 见于楚科奇人、科里亚克人和因纽特人之中。N1a1a1a1a3a - F4205 广泛分布在突厥语人群和蒙古语人中。这些支系的分布情况表明，尽管 N1a1a1a1a - L392 最初可能兴起于西伯利亚西部地区，但这一支系的下游支系在后世快速扩散到了整个欧亚大陆北部地区。

N1a2b - P43 在西部乌拉尔语人群也有一定比例，但主要见于东部乌拉尔语人群中[135,141]。N1a2b - P43 是汉特人、曼西人和萨摩耶德语人群的最主要父系类型。在 N1a2b - P43 之下同样可以观察到多个分布在阿尔泰山以东的支系。这些下游支系散见于突厥语人群、蒙古语人群和通古斯语人群中，比例通常都很低。

以上数据表明，在阿尔泰山至白令海峡之间的人群中观察到了很多与乌拉尔语人群的父系支系分离时间很晚的父系类型。这种情况说明，在乌拉尔语人群于 4 500 年前后发生大规模扩散之时，也有一部分与之有亲缘关系的人群向东扩散到了整个亚洲北部地区。这种扩散模式是令人惊讶的。这可能是乌拉尔语人群基于驯鹿的生计模式导致的。驯鹿以苔藓和地衣等为食，而高纬度地区的食物比较匮乏。饲养驯鹿的人群需要频繁地进行大范围的迁移，才能保证其生计，这导致了人群在辽阔地理范围内的快速扩散。

4.11　古亚细亚人群

“古亚细亚人”是一个定义比较宽泛的词汇，用来囊括那些生活在亚洲北部但又不属于“阿尔泰语”人群、乌拉尔语人群和因纽特—阿留申语人群的人群，包括楚科奇人、科里亚克人、伊捷门人、尼夫赫人（吉利亚克人）、尤卡吉尔人和凯特人。在某些研究中，因纽特人和阿伊努人也被当成古亚细亚人的一部分。基于已有的古 DNA[17-21,23]和现代人遗传学数据，可以对他们的演化历史作出粗略的推测[142,147]。楚科奇—堪察加语人群（包括楚科奇人、科里亚克人和伊捷门人）可视为“古代欧亚北部人群（ANE）”后裔、5 000 年前在环鄂霍次克海地区扩张的黑龙江流域旧石器时代采集渔猎人群的后裔群体和类乌拉尔语人群的混合，混合的比例在 3 个人群中各有差异[118]。相对于科里亚克人和伊捷门人，楚科齐人有较多来自因纽特—阿留申语人群的混合。尼夫赫人可视为黑龙江流域旧石器时代采集渔猎人群的后裔群体、“古代欧亚北部人群”后裔、类乌拉尔语人群和通古斯语人群的混合[118]。尤卡吉尔人可视为类乌拉尔语人群、“古代欧亚北部人群”后裔和 5 000 年前在环鄂霍次克海地区扩张的黑龙江流域旧石器时代采集渔猎人群的后裔群体的混合[116]。凯特人是现存唯一的叶尼塞语人群，可视为“古代欧亚北部人群”的直系后裔，但也与突厥语人群有一定程度的混合[148]。阿伊努人可视为日本列岛北部旧石器时代采集渔猎人群的后裔群体和在 1.5 万年前从黑龙江下游迁来的少量人群的混合[88,149-151]。

参 考 文 献

[1] Sun J, Li Y X, Ma P C, et al. Shared paternal ancestry of Han, Tai-Kadai-speaking, and Austronesian-speaking populations as revealed by the high resolution phylogeny of O1a-M119 and distribution of its sub-lineages within China. Am J Phys Anthropol, 2021, 174(4): 686-700.

[2] Sun J, Wei H, Wang L X, et al. Paternal gene pool of Malays in Southeast Asia and its applications for the early expansion of Austronesians. Am J Hum Biol, 2020, 33(3): e23486.

[3] Brucato N, Fernandes V, Kusuma P, et al. Evidence of Austronesian genetic lineages in East Africa and South Arabia: complex dispersal from Madagascar and Southeast

Asia. Genome Biol Evol, 2019, 11(3): 748 - 758.

[4] Brucato N, Fernandes V, Mazieres S, et al. The comoros show the earliest Austronesian gene flow into the Swahili Corridor. Am J Hum Genet, 2018, 102(1): 58 - 68.

[5] Wei L H, Yan S, Teo Y Y, et al. Phylogeography of Y-chromosome haplogroup O3a2b2 - N6 reveals patrilineal traces of Austronesian populations on the eastern coastal regions of Asia. PLoS One, 2017, 12(4): e0175080.

[6] Mörseburg A, Pagani L, Ricaut F X, et al. Multi-layered population structure in Island Southeast Asians. Eur J Hum Genet, 2016, 24(11): 1605 - 1611.

[7] Lipson M, Loh P R, Patterson N, et al. Reconstructing Austronesian population history in Island Southeast Asia. Nat Commun, 2014, 5: 4689.

[8] Tumonggor M K, Karafet T M, Hallmark B, et al. The Indonesian archipelago: an ancient genetic highway linking Asia and the Pacific. J Hum Genet, 2013, 58(3): 165 - 173.

[9] Wong L P, Ong R T, Poh W T, et al. Deep whole-genome sequencing of 100 Southeast Asian Malays. Am J Hum Genet, 2013, 92(1): 52 - 66.

[10] Delfin F, Myles S, Choi Y, et al. Bridging near and remote Oceania: mtDNA and NRY variation in the Solomon Islands. Mol Biol Evol, 2012, 29(2): 545 - 564.

[11] Loo J H, Trejaut J A, Yen J C, et al. Genetic affinities between the Yami tribe people of Orchid Island and the Philippine Islanders of the Batanes archipelago. BMC Genet, 2011, 12: 21.

[12] Delfin F, Salvador J M, Calacal G C, et al. The Y-chromosome landscape of the Philippines: extensive heterogeneity and varying genetic affinities of Negrito and non-Negrito groups. Eur J Hum Genet, 2011, 19(2): 224 - 230.

[13] Van Oven M, Hammerle J M, Van Schoor M, et al. Unexpected island effects at an extreme: reduced Y chromosome and mitochondrial DNA diversity in Nias. Mol Biol Evol, 2011, 28(4): 1349 - 1361.

[14] Karafet T M, Hallmark B, Cox M P, et al. Major east-west division underlies Y chromosome stratification across Indonesia. Mol Biol Evol, 2010, 27(8): 1833 - 1844.

[15] Li H, Wen B, Chen S J, et al. Paternal genetic affinity between western Austronesians and Daic populations. BMC Evol Biol, 2008, 8: 146.

[16] Kayser M, Choi Y, Van Oven M, et al. The impact of the Austronesian expansion: evidence from mtDNA and Y chromosome diversity in the Admiralty Islands of Melanesia. Mol Biol Evol, 2008, 25(7): 1362 - 1374.

[17] Mona S, Tommaseo-Ponzetta M, Brauer S, et al. Patterns of Y-chromosome diversity intersect with the Trans-New Guinea hypothesis. Mol Biol Evol, 2007, 24(11): 2546 - 2555.

[18] Scheinfeldt L, Friedlaender F, Friedlaender J, et al. Unexpected NRY chromosome variation in northern Island Melanesia. Mol Biol Evol, 2006, 23(8): 1628 - 1641.

[19] Karafet T M, Lansing J S, Redd A J, et al. Balinese Y-chromosome perspective on the peopling of Indonesia: genetic contributions from pre-neolithic hunter-gatherers, Austronesian farmers, and Indian traders. Hum Biol, 2005, 77(1): 93 - 114.

[20] Wang C C, Yeh H Y, Popov A N, et al. The genomic formation of human populations in East Asia. Nature, 2020, 591(7850): 413 - 419.

[21] Yang M A, Fan X, Sun B, et al. Ancient DNA indicates human population shifts and admixture in northern and southern China. Science, 2020, 369(6501): 282 - 288.

[22] Soares P A, Trejaut J A, Rito T, et al. Resolving the ancestry of Austronesian-speaking populations. J Hum Genet, 2016, 135(3): 309 - 326.

[23] Trejaut J A, Kivisild T, Loo J H, et al. Traces of archaic mitochondrial lineages persist in Austronesian-speaking Formosan populations. PLoS Biol, 2005, 3(8): e247.

[24] Su B, Jin L, Underhill P, et al. Polynesian origins: insights from the Y chromosome. Proc Natl Acad Sci U S A, 2000, 97(15): 8225 - 8228.

[25] Blust R. Austronesian culture history: some linguistic inferences and their relations to the archaeological record. World Archaeol, 1976, 8: 19 - 43.

[26] Sagart L, Hsu T F, Tsai Y C, et al. Austronesian and Chinese words for the millets. Language Dynamics and Change, 2017, 7(2): 187 - 209.

[27] Sagart L. The Expansion of Setaria Farmers in East Asia: A Linguistic and Archaeological Model//Sanchez-Mazas A, Blench R, Ross M D, et al. Past Human Migrations in East Asia: Matching Archaeology, Linguistics and Genetics. London: Routledge, 2008: 133 - 157.

[28] Xu S, Pugach I, Stoneking M, et al. Genetic dating indicates that the Asian-Papuan admixture through Eastern Indonesia corresponds to the Austronesian expansion. Proc Natl Acad Sci U S A, 2012, 109(12): 4574 - 4579.

[29] Benedict P K. Thai, Kadai and Indonesian: a new alignment in Southeastern Asia. Am Anthropol, 1942, 44: 576 - 601.

[30] Sagart L. Sino-Tibeto-Austronesian: An updated and improved argument//Blench R, Sanchez-Mazas A. The Peopling of East Asia: Putting Together Archaeology, Linguistics and Genetics. London: Routledge Curzon, 2005: 161 - 176.

[31] Gan R J, Pan S L, Mustavich L F, et al. Pinghua population as an exception of Han Chinese's coherent genetic structure. J Hum Genet, 2008, 53(4): 303 - 313.

[32] Xue Y, Zerjal T, Bao W, et al. Male demography in East Asia: a north-south contrast in human population expansion times. Genetics, 2006, 172(4): 2431 - 2439.

[33] He G, Wang Z, Guo J, et al. Inferring the population history of Tai-Kadai-speaking people and southern most Han Chinese on Hainan Island by genome-wide array genotyping. Eur J Hum Genet, 2020, 28(8): 1111 - 1123.

[34] Li D, Li H, Ou C, et al. Paternal genetic structure of Hainan aborigines isolated at the entrance to East Asia. PLoS One, 2008, 3(5): e2168.

[35] Kutanan W, Kampuansai J, Srikummool M, et al. Contrasting paternal and maternal

genetic histories of Thai and Lao populations. Mol Biol Evol, 2019, 36(7): 1490 - 1506.

[36] Kutanan W, Kampuansai J, Changmai P, et al. Contrasting maternal and paternal genetic variation of hunter-gatherer groups in Thailand. Sci Rep, 2018, 8(1): 1536.

[37] Macholdt E, Arias L, Duong N T, et al. The paternal and maternal genetic history of Vietnamese populations. Eur J Hum Genet, 2019, 28(5): 636 - 645.

[38] 孙宏开.东亚地区的语言及其文化价值.暨南学报(哲学社会科学版),2015,37(9): 1 - 13.

[39] 张江凯,魏峻.新石器时代考古.北京: 文物出版社,2004.

[40] 彭适凡.中国南方考古与百越民族研究.北京: 科学出版社,2009.

[41] Sharma G, Tamang R, Chaudhary R, et al. Genetic affinities of the central Indian tribal populations. PLoS One, 2012, 7(2): e32546.

[42] Kumar V, Reddy A N S, Babu J P, et al. Y-chromosome evidence suggests a common paternal heritage of Austro-Asiatic populations. BMC Evol Biol, 2007, 7(1): 47.

[43] Sahoo S, Singh A, Himabindu G, et al. A prehistory of Indian Y chromosomes: evaluating demic diffusion scenarios. Proc Natl Acad Sci U S A, 2006, 103(4): 843 - 848.

[44] Chaubey G, Metspalu M, Choi Y, et al. Population genetic structure in Indian Austroasiatic speakers: the role of landscape barriers and sex-specific admixture. Mol Biol Evol, 2011, 28(2): 1013 - 1024.

[45] Pagel M, Atkinson Q D, Meade A. Frequency of word-use predicts rates of lexical evolution throughout Indo-European history. Nature, 2007, 449(7163): 717 - 720.

[46] 董永利,杨智丽,石宏,等.云南 18 个民族 Y 染色体双等位基因单倍型频率的主成分分析.遗传学报,2004(10): 1030 - 1036.

[47] Cai X, Qin Z, Wen B, et al. Human migration through bottlenecks from Southeast Asia into East Asia during Last Glacial Maximum revealed by Y chromosomes. PLoS One, 2011, 6(8): e24282.

[48] Weber S, Lehman H, Barela T, et al. Rice or millets: early farming strategies in prehistoric central Thailand. Archaeol & Anthropol Scie, 2010, 2(2): 79 - 88.

[49] Guedes J D A, Jiang M, He K, et al. Site of Baodun yields earliest evidence for the spread of rice and foxtail millet agriculture to South-West China. Antiquity, 2013, 87(337): 758 - 771.

[50] Xia Z Y, Yan S, Wang C C, et al. Inland-coastal bifurcation of southern East Asians revealed by Hmong-Mien genomic history. biorxiv, 2019: 730903.

[51] Li H, Li X, Yang N N, et al. Origin of grass H among as revealed by genetics and physical anthropology. J Fudan Univ(Nat Sci), 2003, 42(4): 621 - 629.

[52] Shi H, Dong Y L, Wen B, et al. Y-chromosome evidence of southern origin of the East Asian-specific haplogroup O3 - M122. Am J Hum Genet, 2005, 77(3): 408 - 419.

[53] Karafet T M, Xu L, Du R, et al. Paternal population history of East Asia: sources, patterns, and microevolutionary processes. Am J Hum Genet, 2001, 69(3): 615-628.

[54] Su B, Xiao J, Underhill P, et al. Y-chromosome evidence for a northward migration of modern humans into Eastern Asia during the last Ice Age. Am J Hum Genet, 1999, 65(6): 1718-1724.

[55] Zhong H, Shi H, Qi X B, et al. Global distribution of Y-chromosome haplogroup C reveals the prehistoric migration routes of African exodus and early settlement in East Asia. J Hum Genet, 2010, 55(7): 428-435.

[56] Zhong H, Shi H, Qi X B, et al. Extended Y chromosome investigation suggests post-glacial migrations of modern humans into East Asia via the northern route. Mol Biol Evol, 2011, 28(1): 717-727.

[57] Su B, Xiao C, Deka R, et al. Y chromosome haplotypes reveal prehistorical migrations to the Himalayas. J Hum Genet, 2000, 107(6): 582-590.

[58] Shi H, Zhong H, Peng Y, et al. Y chromosome evidence of earliest modern human settlement in East Asia and multiple origins of Tibetan and Japanese populations. BMC Biol, 2008, 6: 45.

[59] Qi X, Cui C, Peng Y, et al. Genetic evidence of paleolithic colonization and neolithic expansion of modern humans on the Tibetan Plateau. Mol Biol Evol, 2013, 30(8): 1761-1778.

[60] Sengupta S, Zhivotovsky L A, King R, et al. Polarity and temporality of high-resolution Y-chromosome distributions in India identify both indigenous and exogenous expansions and reveal minor genetic influence of Central Asian pastoralists. Am J Hum Genet, 2006, 78(2): 202-221.

[61] Gazi N N, Tamang R, Singh V K, et al. Genetic structure of Tibeto-Burman populations of Bangladesh: evaluating the gene flow along the sides of Bay-of-Bengal. PLoS One, 2013, 8(10): e75064.

[62] Debnath M, Palanichamy M G, Mitra B, et al. Y-chromosome haplogroup diversity in the sub-Himalayan Terai and Duars populations of East India. J Hum Genet, 2011, 56(11): 765-771.

[63] Fornarino S, Pala M, Battaglia V, et al. Mitochondrial and Y-chromosome diversity of the Tharus(Nepal): a reservoir of genetic variation. BMC Evol Biol, 2009, 9: 154.

[64] Gayden T, Cadenas A M, Regueiro M, et al. The Himalayas as a directional barrier to gene flow. Am J Hum Genet, 2007, 80(5): 884-894.

[65] Gayden T, Mirabal S, Cadenas A M, et al. Genetic insights into the origins of Tibeto-Burman populations in the Himalayas. J Hum Genet, 2009, 54(4): 216-223.

[66] Van Driem G. Tibeto-Burman phylogeny and prehistory: Languages, material culture and genes//Bellwood P, Renfrew C. Examining the Farming/Language Dispersal Hypothesis. Cambridge: McDonald Institute for Archaeological Research, 2002:

233 - 249.

[67] Peng M S, He J D, Fan L, et al. Retrieving Y chromosomal haplogroup trees using GWAS data. Eur J Hum Genet, 2014, 22(8): 1046 - 50.

[68] Kutanan W, Srikummool M, Pittayaporn P, et al. Admixed origin of the Kayah(Red Karen) in Northern Thailand revealed by biparental and paternal markers. Ann Hum Genet, 2015, 79(2): 108 - 21.

[69] Yan S, Wang C C, Zheng H X, et al. Y chromosomes of 40% Chinese descend from three Neolithic super-grandfathers. PLoS One, 2014, 9(8): e105691.

[70] Wen B, Li H, Lu D, et al. Genetic evidence supports demic diffusion of Han culture. Nature, 2004, 431(7006): 302 - 305.

[71] Ning C, Yan S, Hu K, et al. Refined phylogenetic structure of an abundant East Asian Y-chromosomal haplogroup O* - M134. Eur J Hum Genet, 2016, 24(2): 307 - 309.

[72] Yao X, Tang S, Bian B, et al. Improved phylogenetic resolution for Y-chromosome Haplogroup O2a1c - 002611. Sci Rep, 2017, 7(1): 1146.

[73] Wang C C, Yan S, Qin Z D, et al. Late Neolithic expansion of ancient Chinese revealed by Y chromosome haplogroup O3a1c - 002611. J Syst Evol, 2013, 51(3): 280 - 286.

[74] Hu K, Yan S, Liu K, et al. The dichotomy structure of Y chromosome haplogroup N. arXiv, 2015: 1504. 06463.

[75] Sun N, Ma P C, Yan S, et al. Phylogeography of Y-chromosome haplogroup Q1a1a - M120, a paternal lineage connecting populations in Siberia and East Asia. Ann Hum Biol, 2019, 46(3): 261 - 266.

[76] Wu Q, Cheng H Z, Sun N, et al. Phylogenetic analysis of the Y-chromosome haplogroup C2b - F1067, a dominant paternal lineage in Eastern Eurasia. J Hum Genet, 2020, 65(10): 823 - 829.

[77] Yang X, Wan Z, Perry L, et al. Early millet use in northern China. Proc Natl Acad Sci U S A, 2012, 109(10): 3726 - 30.

[78] Poznik G D, Xue Y, Mendez F L, et al. Punctuated bursts in human male demography inferred from 1, 244 worldwide Y-chromosome sequences. Nat Genet, 2016, 48(6): 593 - 599.

[79] Omoto K, Saitou N. Genetic origins of the Japanese: a partial support for the dual structure hypothesis. Am J Phys Anthropol, 1997, 102(4): 437 - 46.

[80] Nonaka I, Minaguchi K, Takezaki N. Y-chromosomal binary haplogroups in the Japanese population and their relationship to 16 Y - STR polymorphisms. Ann Hum Genet, 2007, 71(4): 480 - 495.

[81] Kwon S Y, Lee H Y, Lee E Y, et al. Confirmation of Y haplogroup tree topologies with newly suggested Y - SNPs for the C2, O2b and O3a subhaplogroups. Forensic Sci Int Genet, 2015, 19: 42 - 46.

[82] Kim W, Yoo T K, Kim S J, et al. Lack of association between Y-chromosomal haplogroups and prostate cancer in the Korean population. PLoS One, 2007, 2: e172.
[83] Kim S H, Kim K C, Shin D J, et al. High frequencies of Y-chromosome haplogroup O2b - SRY465 lineages in Korea: a genetic perspective on the peopling of Korea. Investig Genet, 2011, 2(1): 10.
[84] Jeon S, Bhak Y, Choi Y, et al. Korean Genome Project: 1094 Korean personal genomes with clinical information. Sci Adv, 2020, 6(22): eaaz7835.
[85] Huang Y Z, Wei L H, Yan S, et al. Whole sequence analysis indicates a recent southern origin of Mongolian Y-chromosome C2c1a1a1 - M407. Mol Genet Genomics, 2018, 293(3): 657 - 663.
[86] Hong S B, Jin H J, Kwak K D, et al. Y-chromosome haplogroup O3 - M122 variation in East Asia and its implications for the peopling of Korea. Korean J Genetics, 2006, 28: 1 - 8.
[87] Han Y, Li L, Liu X, et al. Genetic analysis of 17 Y - STR loci in Han and Korean populations from Jilin Province, Northeast China. Forensic Sci Int-Gen, 2016, 22: 8 - 10.
[88] Hammer M F, Karafet T M, Park H, et al. Dual origins of the Japanese: common ground for hunter-gatherer and farmer Y chromosomes. J Hum Genet, 2006, 51(1): 47 - 58.
[89] Peng M S, Zhang Y P. Inferring the population expansions in peopling of Japan. PLoS One, 2011, 6(6): e21509.
[90] Inagaki S, Yamamoto Y, Doi Y, et al. Typing of Y chromosome single nucleotide polymorphisms in a Japanese population by a multiplexed single nucleotide primer extension reaction. Legal Med, 2002, 4(3): 202 - 206.
[91] Liu B L, Ma P C, Wang C Z, et al. Paternal origin of Tungusic-speaking populations: insights from the updated phylogenetic tree of Y-chromosome haplogroup C2a - M86. Am J Hum Biol, 2020, 33(2): e23462.
[92] Balinova N, Post H, Kushniarevich A, et al. Y-chromosomal analysis of clan structure of Kalmyks, the only European Mongol people, and their relationship to Oirat-Mongols of Inner Asia. Eur J Hum Genet, 2019, 27(9): 1466 - 1474.
[93] Wang C Z, Wei L H, Wang L X, et al. Relating Clans Ao and Aisin Gioro from Northeast China by whole Y-chromosome sequencing. J Hum Genet, 2019, 64(8): 775 - 780.
[94] Wei L H, Yan S, Lu Y, et al. Whole-sequence analysis indicates that the Y chromosome C2* - Star Cluster traces back to ordinary Mongols, rather than Genghis Khan. Eur J Hum Genet, 2018, 26(2): 230 - 237.
[95] Wei L H, Huang Y Z, Yan S, et al. Phylogeny of Y-chromosome haplogroup C3b - F1756, an important paternal lineage in Altaic-speaking populations. J Hum Genet, 2017, 62(10): 915 - 918.

[96] Malyarchuk B A, Derenko M, Denisova G, et al. Y chromosome haplotype diversity in Mongolic-speaking populations and gene conversion at the duplicated STR DYS385a, b in haplogroup C3 - M407. J Hum Genet, 2016, 61(6): 491 - 496.
[97] Malyarchuk B A, Derenko M, Denisova G, et al. Y-chromosome diversity in the Kalmyks at the ethnical and tribal levels. J Hum Genet, 2013, 58(12): 804 - 811.
[98] Di Cristofaro J, Pennarun E, Mazieres S, et al. Afghan Hindu Kush: where Eurasian sub-continent gene flows converge. PLoS One, 2013, 8(10): e76748.
[99] Batbayar K, Sabitov Z M. The genetic origin of the Turko-Mongols and review of the genetic legacy of the Mongols. Part 1: the Y-chromosomal lineages of Chinggis Khan. Rus J Genet Geneal, 2012, 4(2): 1 - 8.
[100] Malyarchuk B A, Derenko M, Denisova G, et al. Phylogeography of the Y-chromosome haplogroup C in northern Eurasia. Ann Hum Genet, 2010, 74(6): 539 - 546.
[101] Zhou R, Yang D, Zhang H, et al. Origin and evolution of two Yugur sub-clans in Northwest China: a case study in paternal genetic landscape. Ann Hum Biol, 2008, 35(2): 198 - 211.
[102] Roewer L, Kruger C, Willuweit S, et al. Y-chromosomal STR haplotypes in Kalmyk population samples. Forensic Sci Int, 2007, 173(2 - 3): 204 - 209.
[103] Derenko M, Malyarchuk B, Denisova G A, et al. Contrasting patterns of Y-chromosome variation in South Siberian populations from Baikal and Altai-Sayan regions. J Hum Genet, 2006, 118(5): 591 - 604.
[104] Kwak K D, Suren G, Tundewrentsen S, et al. Y-chromosome STR haplotype profiling in the Mongolian population. Leg Med(Tokyo), 2006, 8(1): 58 - 61.
[105] Katoh T, Munkhbat B, Tounai K, et al. Genetic features of Mongolian ethnic groups revealed by Y-chromosomal analysis. Gene, 2005, 346: 63 - 70.
[106] Nasidze I, Quinque D, Dupanloup I, et al. Genetic evidence for the Mongolian ancestry of Kalmyks. Am J Phys Anthropol, 2005, 128(4): 846 - 854.
[107] Xue Y, Zerjal T, Bao W, et al. Recent spread of a Y-chromosomal lineage in Northern China and Mongolia. Am J Hum Genet, 2005, 77(6): 1112 - 1116.
[108] Zerjal T, Xue Y, Bertorelle G, et al. The genetic legacy of the Mongols. Am J Hum Genet, 2003, 72(3): 717 - 721.
[109] Rootsi S, Zhivotovsky L A, Baldovic M, et al. A counter-clockwise northern route of the Y-chromosome haplogroup N from Southeast Asia towards Europe. Eur J Hum Genet, 2007, 15(2): 204 - 211.
[110] Kharkova V N, Khaminaa K V, Medvedevaa O F, et al. Gene pool of Buryats: clinal variability and territorial subdivision based on data of Y-Chromosome markers. Rus J Genet, 2014, 50(2): 203 - 213.
[111] Wozniak M, Derenko M, Malyarchuk B, et al. Allelic and haplotypic frequencies at 11 Y - STR loci in Buryats from Southeast Siberia. Forensic Sci Int, 2006, 164(2 -

3)：271 - 275.

[112] Duggan A T, Whitten M, Wiebe V, et al. Investigating the prehistory of Tungusic peoples of Siberia and the Amur-Ussuri region with complete mtDNA genome sequences and Y-chromosomal markers. PLoS One, 2013, 8(12)：e83570.

[113] Karafet T M, Osipova L P, Savina O V, et al. Siberian genetic diversity reveals complex origins of the Samoyedic-speaking populations. Am J Hum Biol, 2018, 30(6)：e23194.

[114] Pugach I, Matveev R, Spitsyn V, et al. The complex admixture history and recent southern origins of Siberian populations. Mol Biol Evol, 2016, 33(7)：1777 - 1795.

[115] Pakendorf B, Novgorodov I N, Osakovskij V L, et al. Investigating the effects of prehistoric migrations in Siberia：genetic variation and the origins of Yakuts. J Hum Genet, 2006, 120(3)：334 - 353.

[116] Pakendorf B, Novgorodov I N, Osakovskij V L, et al. Mating patterns amongst Siberian reindeer herders：inferences from mtDNA and Y-chromosomal analyses. Am J Phys Anthropol, 2007, 133(3)：1013 - 1027.

[117] Derenko M, Malyarchuk B A, Wozniak M, et al. The diversity of Y-chromosome lineages in indigenous population of South Siberia. Dokl Biol Sci, 2006, 411：466 - 470.

[118] Lell J T, Sukernik R I, Starikovskaya Y B, et al. The dual origin and Siberian affinities of native American Y chromosomes. Am J Hum Genet, 2002, 70(1)：192 - 206.

[119] Puzyrev V P, Stepanov V A, Golubenko M V, et al. MtDNA and Y-chromosome lineages in the Yakut population. Genetika, 2003, 39(7)：975 - 981.

[120] Zerjal T, Wells R S, Yuldasheva N, et al. A genetic landscape reshaped by recent events：Y-chromosomal insights into central Asia. Am J Hum Genet, 2002, 71(3)：466 - 482.

[121] Karmin M, Saag L, Vicente M, et al. A recent bottleneck of Y chromosome diversity coincides with a global change in culture. Genome Res, 2015, 25(4)：459 - 466.

[122] Lazaridis I, Nadel D, Rollefson G, et al. Genomic insights into the origin of farming in the ancient Near East. Nature, 2016, 536(7617)：419 - 424.

[123] Rootsi S, Myres N M, Lin A A, et al. Distinguishing the co-ancestries of haplogroup G Y-chromosomes in the populations of Europe and the Caucasus. Eur J Hum Genet, 2012, 20(12)：1275 - 1282.

[124] Semino O, Magri C, Benuzzi G, et al. Origin, diffusion, and differentiation of Y-chromosome haplogroups E and J：inferences on the neolithization of Europe and later migratory events in the Mediterranean area. Am J Hum Genet, 2004, 74(5)：1023 - 1034.

[125] Cinnioglu C, King R, Kivisild T, et al. Excavating Y-chromosome haplotype strata

in Anatolia. Hum Genet, 2004, 114(2): 127 - 148.
[126] Haber M, Platt D E, Ashrafian Bonab M, et al. Afghanistan's ethnic groups share a Y-chromosomal heritage structured by historical events. PLoS One, 2012, 7(3): e34288.
[127] Wang W, Wise C, Baric T, et al. The origins and genetic structure of three co-resident Chinese Muslim populations: the Salar, Bo'an and Dongxiang. J Hum Genet, 2003, 113(3): 244 - 252.
[128] Dulik M C, Osipova L P, Schurr T G. Y-chromosome variation in Altaian Kazakhs reveals a common paternal gene pool for Kazakhs and the influence of Mongolian expansions. PLoS One, 2011, 6(3): e17548.
[129] Khar'kov V N, Stepanov V A, Medvedev O F, et al. The origin of Yakuts: analysis of Y-chromosome haplotypes. Mol Biol(Mosk), 2008, 42(2): 226 - 237.
[130] Chen Z, Zhang Y, Fan A, et al. Y-chromosome haplogroup analysis indicates that Chinese Tuvans share distinctive affinity with Siberian Tuvans. Am J Phys Anthropol, 2011, 144(3): 492 - 497.
[131] Underhill P A, Poznik G D, Rootsi S, et al. The phylogenetic and geographic structure of Y-chromosome haplogroup R1a. Eur J Hum Genet, 2015, 23(1): 124 - 131.
[132] Underhill P A, Myres N M, Rootsi S, et al. Separating the post-Glacial coancestry of European and Asian Y chromosomes within haplogroup R1a. Eur J Hum Genet, 2010, 18(4): 479 - 484.
[133] Karafet T M, Osipova L P, Gubina M A, et al. High levels of Y-chromosome differentiation among native Siberian populations and the genetic signature of a boreal hunter-gatherer way of life. Hum Biol, 2002, 74(6): 761 - 789.
[134] Damgaard P B, Marchi N, Rasmussen S, et al. 137 Ancient human genomes from across the Eurasian steppes. Nature, 2018, 557(7705): 369 - 374.
[135] Ilumäe A M, Reidla M, Chukhryaeva M, et al. Human Y chromosome haplogroup N: a non-trivial time-resolved phylogeography that cuts across language families. Am J Hum Genet, 2016, 99(1): 163 - 173.
[136] Tambets K, Yunusbayev B, Hudjashov G, et al. Genes reveal traces of common recent demographic history for most of the Uralic-speaking populations. Genome Biol, 2018, 19(1): 139.
[137] Tambets K, Rootsi S, Kivisild T, et al. The Western and Eastern roots of the Saami — the story of genetic "outliers" told by mitochondrial DNA and Y chromosomes. Am J Hum Genet, 2004, 74(4): 661 - 682.
[138] Malyarchuk B A, Derenko M, Denisova G, et al. Mitogenomic diversity in Tatars from the Volga-Ural region of Russia. Mol Biol Evol, 2010, 27(10): 2220 - 2226.
[139] Bermisheva M, Tambets K, Villems R, et al. Diversity of mitochondrial DNA haplotypes in ethnic populations of the Volga-Ural region of Russia. Mol Biol

(Mosk), 2002, 36(6): 990 - 1001.

[140] Derbeneva O A, Starikovskaya E B, Wallace D C, et al. Traces of early Eurasians in the Mansi of Northwest Siberia revealed by mitochondrial DNA analysis. Am J Hum Genet, 2002, 70(4): 1009 - 1014.

[141] Derenko M, Malyarchuk B, Denisova G, et al. Y-chromosome haplogroup N dispersals from South Siberia to Europe. J Hum Genet, 2007, 52(9): 763 - 770.

[142] Sikora M, Pitulko V V, Sousa V C, et al. The population history of Northeastern Siberia since the Pleistocene. Nature, 2019, 570(7760): 182 - 188.

[143] Yu H, Spyrou M A, Karapetian M, et al. Paleolithic to Bronze Age Siberians reveal connections with first Americans and across Eurasia. Cell, 2020, 181(6): 1232 - 1245.

[144] Kilinc G M, Kashuba N, Koptekin D, et al. Human population dynamics and Yersinia pestis in ancient Northeast Asia. Sci Adv, 2021, 7(2).

[145] Sun J, Ma P C, Cheng H Z, et al. Post-last glacial maximum expansion of Y-chromosome haplogroup C2a - L1373 in Northern Asia and its implications for the origin of Native Americans. Am J Phys Anthropol, 2020, 174(2): 363 - 374.

[146] Raghavan M, Skoglund P, Graf K E, et al. Upper Paleolithic Siberian genome reveals dual ancestry of Native Americans. Nature, 2014, 505(7481): 87 - 91.

[147] Flegontov P, Altinisik N E, Changmai P, et al. Palaeo-Eskimo genetic ancestry and the peopling of Chukotka and North America. Nature, 2019, 570(7760): 236 - 240.

[148] Flegontov P, Changmai P, Zidkova A, et al. Genomic study of the Ket: a Paleo-Eskimo-related ethnic group with significant ancient North Eurasian ancestry. Scie Rep, 2016, 6: 20768.

[149] Horai S, Murayama K, Hayasaka K, et al. MtDNA polymorphism in East Asian populations, with special reference to the peopling of Japan. Am J Hum Genet, 1996, 59(3): 579 - 590.

[150] Tajima A, Hayami M, Tokunaga K, et al. Genetic origins of the Ainu inferred from combined DNA analyses of maternal and paternal lineages. J Hum Genet, 2004, 49(4): 187 - 193.

[151] Tanaka M, Cabrera V M, Gonzalez A M, et al. Mitochondrial genome variation in eastern Asia and the peopling of Japan. Genome Res, 2004, 14(10A): 1832 - 1850.

第5章 分子人类学在其他学科领域的应用

5.1 引言

分子人类学诞生以来，数十年间获得了很多研究成果，也存在不少错误，在学者和公众中都产生了很大的影响，对于其他学科的研究起到了一定的推动作用。本章尝试对分子人类学在其他学科领域的应用进行简单的综述，主要涉及：一是此前其他学科领域基于分子人类学提供的基础工具和数据而开展的研究；二是未来的学科交叉研究前景以及相关理论探讨。主要论及法医学、民族学、历史学、考古学和语言学 5 个领域。论述的框架基本相同。

由于涉及不同的学科方向，交叉科学的研究尤其需要跨学科的深层次对话。不同的学科有不同的研究范式。分子人类学是一门新兴学科，其研究方法、工具（如 DNA 数据的时空分辨率等）和研究理论体系尚不成熟，在很多方面还需要不断提升。就分子人类学而言，其他学科已有的研究成果和研究思路无疑是重要的研究基础和参考。相关学科的共同目标都是研究人类演化历史的细节，总结过去的演化规律，以期为当下和未来可能遇到的问题提供见解和解决方案。如果以解决科学问题为导向的话，DNA 不过也只是一种基础研究材料而已。因此，我们认为，深度的多学科交叉融合研究，不仅是可行的，也是必要的。从另一方面看，假设某一个议题本身在其他学科中已经被争议了很久、目前尚未被完整解决，而分子人类学刚好可以提供一些证据和见解，如果能利用分子人类学方面提供的研究结果，或许有助于议题相关研究的推进。总之，除了日常在某个细节科学问题上的共同讨论，还需要在学理和哲学层面上进行深度的思想对话，这样才有望最终达成共识，共同解决当下或未来可能遇到的研究和发展议题。

5.2　个体识别与法医学应用

人类遗传学的研究发现了各类遗传标记并揭示这些遗传标记的演化规律。在第 1 章我们介绍了各种经典遗传标记，包括经典遗传标记（如血型等）和 DNA 序列上的各类遗传标记（如短串联序列重复等）。分子人类学研究 DNA 序列的变化规律与人类个体和群体演化之间的关系，从而促进了各类遗传标记在法医学方面的应用。

在 20 世纪 90 年代，随着对人类基因组测序工作的开展[1]，科学家在人类 DNA 序列上发现了一系列具有很高多样性的微卫星位点（短串联序列重复，STR）[2]。这些位点对于不同的人类个体有很高的个体识别率。其中的 13 个位点被整合为“DNA 联合索引系统”（combined DNA index system，CODIS），用于法医部门开展个体识别的工作[3]。这些位点包括 CSF1PO、FGA、THO1、TPOX、VWA、D3S1358、D5S818、D7S820、D8S1179、D13S317、D16S539、D18S51、D21S11。经过评估，这些常染色体遗传标记足以区分当前所有人类个体[4]。在 1998 年之后，这套标记在全世界范围内被广泛用于法医学的个体识别和犯罪调查。从 2017 年开始，CODIS 系统包含的位点增加到 20 个[5]。

此外，有学者曾尝试用母系线粒体 DNA 来进行个体识别。对于母系亲缘关系方面的判断，线粒体 DNA 可以发挥作用。但由于人体细胞中的线粒体 DNA 拥有大量的异质性，线粒体 DNA 难以用于精确的个体识别，限制了其在法医学领域的应用。随着人全基因组数据的积累，研究人员找到了一些对个体的地理起源和族属起源有一定指示性作用的 SNP 位点，即祖先信息位点（ancestry informative marker，简称 AIM）。法医学研究者尝试建立基于 AIM 位点的个体识别位点体系，并希望对推测检材样本的地理来源和族属来源进行更为准确的判断[6-8]。不过，目前研究的效果还不理想。此外，indel 标记也被尝试应用于法医学，但相关研究尚处在早期阶段。

目前，基于第二代测序技术的全基因组测序的成本已经很低，个人基因组测试的普及是可以预见的未来。建立基于第二代测序技术的法医学个体识别标记体系是当前法医学领域相关研究的重点。不过，相关的研究还面临很多挑战。主要的难点在于第二代测序技术在较低测序乘数条件下的错误率。对于法医学应用而言，准确率仍是需要被考虑的第一因素。第一代测序技术基本上已经排除了错误率的问题，目前仍是事实上的金标准。目前尚未出现在行业中普遍被使用的方案，相关的研究还在进行中。未来的解决方案，或者需要对第二代测序错误率的彻底解决（比如以极低的测试成本获得很高的乘数以补偿错误率），或许直接向第三代测序技术过渡（如 Nanopore 技术）。

5.3 在民族学领域的应用

在某些情况下，民族学（ethnology）和人类学（anthropology）可以被认为是同一个学科。民族学是一个庞大的学科，拥有很多学科分支。分子人类学对民族学的贡献主要集中在民族史学领域。如本书第 1 章第 1.5 节的表 1.1 所示，研究近 1 万年以来古代及现代人类群体的演化过程是分子人类学的主要学科任务和研究内容之一。

人类群体的形成往往经历漫长的过程，而早期的史料记载往往比较缺乏。早期文明中心的人群的文字记载通常可以追溯到比较久远的年代，但对于更古老时期的记录也是缺乏的，文明兴起早期阶段的相关记录也往往不甚清晰。通常，开始拥有本地的编年史以后，相关人群的演化过程才会变得较为清晰。对于远离早期文明中心的人群而言，情况则略有不同。早期文明中心的人群通常建立了自己的经济生活方式、政治制度、道德体系和文化传统。这些文化传统通常与周围其他人群的文化传统有较大的差异。建立早期文明中心的人群虽然视周围的人群为其已知世界的一部分，但对于周围人群的记录一般都集中在两者之间的互动上，对这些人群内部详细的演化过程往往是不重视的。这导致史料中对于周围人群的记录往往是模糊的，也包含很多讹误。

人类群体的演化历史会在 DNA 上留下一定的痕迹，这些痕迹可以一定程度上弥补历史学等其他学科所使用材料的不足。分子人类学研究所揭示的人群各类生物属性和文化属性的起源和演化过程，可以为其他学科相关研究提供关键且可靠的群体遗传学背景知识和底层数据，促进学科的交叉与融合。

具体而言，通过对现代人群和古代人类遗骸进行大量的 DNA 测试，可以揭示现代人群遗传结构的差异及其对古代人群的继承性，再结合其他学科（如民族学、历史学、考古学和语言学等）的研究成果，共同研究人类群体漫长演化历史的细节。对于缺乏文字记载或者文字记载较为模糊的时段，分子人类学研究能够发挥较大的作用。

在过去的 30 余年中，研究人类群体的起源和演化过程是分子人类学研究的重要工作之一，取得了丰硕的成果，当然也有不少的错误。分子人类学的研究为人类了解自身在过去的起源演化历史做出了一定的贡献。不过，通常某一篇研究论文会重点关注某一个专门的话题。关于一个人群的研究很可能是不同的机构在不同的年份开展的。读者们很难及时阅读到所有相关的研究。同时，大部分论文都是在外文期刊发表的，论文的获取和阅读也造成了一定程度的障碍。为解决这一问题，作者尝试做一些总结性的工作。在本丛书的另一部专著《蒙古语人群的分子人类学溯源》中，作者对相关的研究进行了综述，对蒙古语人群的始祖群体的来源、早期的混合历史、相关古代人群的演化和现代族群的形成进行了讨论。可供参考。

另一方面，在已经较为详细地揭示了人群起源演化历史的基础上，分子人类学在未来有可能为民族学中的"族群理论"做出贡献。"族群理论"主要讨论人类个体和家庭凝聚成一个族群的基础、如何形成一个族群以及形成族群之后的演化过程。分子人类学的研究可以揭示那些没有被记录或被记忆传承下来的历史的细节，这方面的研究成果可能对现有族群理论有积极的贡献。但族群的形成过程中往往伴随着主观的"遗忘"和"构建"。分子人类学的研究在这方面可能会对现有族群理论带来一定的挑战。不过，如果分子人类学揭示的历史细节是真实而准确无误的，其研究成果也应被认为是人类知识的一部分，这有助于理解人类自身的演化历史以及人类未来的发展趋势。

从另一个角度看，个人 DNA 测试的全面普及是不可避免的趋势。现有族群理论对 20 世纪以前人群演化历史的描述可以认为是"旧时代"人类对自身群体组织形式长期适应后而形成的状态。在电子设备、互联网以及人工智能更加普及的未来，"遗忘"或许将变得越来越不可能。在新的形势下，有必要对相关挑战进行深入的研究并提出合适的应对措施。在理想的情况下，研究者可以提出更加适合未来人类社会族群状态的族群理论。

5.4　在历史学领域的应用

人类学与历史学的结合，催生了"历史人类学"这一新兴的学科分支[9-12]。历史人类学在研究历史问题时加入了人类学的视角、概念和方法论。加入分子人类学数据和研究方法的历史人类学研究只是历史人类学研究的一小部分。世界上绝大部分人群都有自己的历史典籍，考古学也为人类研究自己的群体历史提供了丰富的材料。但是，对于人群形成的早期历史，或者偏远地区少数族群的历史，往往缺乏可靠的文字记载和足够的考古学证据。因此，分子人类学的研究以记录了祖先群体演化过程信息的DNA为研究对象，可以揭示古今人群的遗传学起源和文化传统的起源与演化的过程，从而为解决历史学和考古学中那些目前还无法解决或者还有争议的问题提供新的证据。

分子人类学的一个重要理论基础是：如果一个历史事件使人群的遗传结构发生了显著的变化，那么就可以使用DNA去研究相关的古代和现代人群的遗传结构的变化并留下了可被DNA技术追溯的痕迹，从而研究历史事件本身发生的过程。这里所说的人群，可以指一个古代人群或现代人群，也可以指一个延续数千年或百年的家族，还可以指一个小规模的家庭。人群对自身"历史"的记忆的形式可能是神话、传说或是文字记载。

徐旭生先生在《中国古史的传说时代》中将中国的古代史划分为传说时代和信史时代（出现甲骨文之后）[13]。对于中国信史时代以前的传说时代，相关的文字记载中存在很多模糊或讹误之处。对于信史时代以前的人物和历史，历史学的研究本身对一些议题已经形成定论，但仍有很多议题还存在争论。有的学者甚至认为对这一时段历史的研究是不可能得到最终答案的，因此避免涉入这一领域，或者避免讨论相关的话题。但我们认为，传说时代是中国历史中非常重要的一部分，是中华文明基本要素的渊源所在，也是普通中国人非常关心和关注的一部分历史。这样的关注会长久地持续下去。因此，仍然有必要使用科学的方法和逻辑对传说时代的历史进行研究。本着实事求是的原则，我们既需要努力解决那些有可能被解决的问题，也需要意识到有一些问题是永远无法得到解决的。对于所有的研究结果，我们应持开放的态度。

5.4.1 华夏民族和汉族的早期历史

根据历史学的研究成果，我们可以把华夏民族和汉族的早期历史分为以下3个阶段。

神话时代：可大致对应盘古、燧人氏、伏羲、女娲和神农氏等神话人物所在的时代[14]。有关这些神话人物的描述中涉及创造天地万物、创造人类、发明火的使用方法、发明农业技术、识别野生植物、发明治疗疾病的方法、发明采集—渔猎—农耕生活所需的一系列工具、创造八卦以及创造乐器等。根据考古学的研究成果，上述种种事物在东亚人类的旧石器时代和新石器时代早中期就已经出现，是人类文化长期积累的结果，而不可能在新石器时代晚期（约5 000年前）才出现。因此可以认为，这些神话人物应该是文字发明之后，人类对自己所经历过的“蒙昧时代”的追记，而并非后裔人群对自己祖先的事迹的真实记忆。

传说时代：从炎黄时期开始到商代盘庚迁殷之时。这一时期发生的历史事件，在当时未能由文字记载下来，而靠“口耳相传”的方式流传下来，到了出现文字的时代才被记录下来。正如徐旭生所言，“世界上任何一个民族的最初历史，总是用口耳相传的方法流传下来”。在这些传说中，存在一些真实的史实背景，也存在很多不可靠的材料。

信史时代：指史料在当时就由文字记载下来并流传至今的时代。中国的信史时代从商代盘庚迁殷开始，直至现代。如果以后发现夏代至商代盘庚以前的文字材料，那么信史时代就可以提前到相应的时代。需要说明的是，中国的历史记录直到公元前 841 年才开始有确切的纪年。也有学者主张，中国的信史时代应从公元前 841 年开始计算，我们一定程度上同意这一主张。相关议题留待以后进行讨论。

对于神话时代和传说时代的种种史料的辩证，前贤学者已有极多的研究成果，但也很多地方值得进一步讨论，本书不进行展开。按照合理的逻辑进行推测，假设确实存在这样一个历史人物：他所代表的古代人群强势地扩张到一个很大的地理区域并形成了庞大的后裔人群，进而在后世成为现代族群的重要组成部分。那么，这一过程必定在某一些古代人群和现代人群的遗传结构中留下了显著的影响。通过对现代人群进行大规模的遗传学调查和对适当的地理区域内的考古文化遗骸进行精确的古 DNA 研究，我们完全可以确定这个历史人物所代表的古代人群的遗传结构(特别是父系类型)。更进一步，假设确实存在这样一个历史人物：他所在的群体发生过强势的扩张，并且这个群体的后裔在后世成为现代人群的重要组成部分；在信史时代，有某一些人物或群体声称是这个(神话或传说中)历史人物的直系后裔；而信史时代的这些人物或群体又有可靠的直系男性后裔(通常有某一个或多个姓氏作为家族的标识)繁衍至今。那么，遗传学需要在 4 个方面展开，包括：① 适当的地理区域内的考古遗骸的古 DNA 研究；② 信史时代之后的相关古代群体的古 DNA 研究；③ 现代某一个或多个姓氏的遗传学调查；④ 现代人群中的大样本量的、有足够代表性的遗传学调查。如果四方面的研究结果均指向同一种在对应的历史时期经历过扩张的细分父系类型，那么它很有可能就是所研究的历史人物本身的父系类型。以此父系类型为基础，可以研究传说时代的历史。

以帝尧及其所代表的人群(可简称“尧部落”)的遗传结构为例。根据历史学家的研究，虽然《尚书》和《史记》的文字记载本身形成的时间远远晚于帝尧生活的时代，但有足够的证据表明帝尧是一个真实存在的历史人物或者一个家族[14]。关于帝尧的种种描述(暂不论真实与否)，通过人群世世代代“口耳相传”的方式流传下来。因此，帝尧是一个处于“传说时代”的历史人物[15]。此外，通过长达数十年的考古学研究，目前认为陶寺文化的早期和中期很有可能就是帝尧家族及其所代表的人群留下的考古学文化[16]。陶寺文化的渊源、所处在的时代和地点以及这种文化对当时其他地区及后世的考古文化的影响，与史料中有关帝尧的基本事迹都是吻合的。历史上存在过很多与“尧部落”有关的古代和现代人群，尽管还存在很多争议或尚未确定的地方。其一是山西中部 4 600—4 200 年前新石器时代晚期人群。“尧部落”可能是从这一古老的人群中分化出来的。其二是 4 300—4 100 年前的陶寺文化人群，特别是陶寺早期大墓的墓主。陶寺文化可能是“尧部落”及其亲缘人群创造的考古文化。其三是 4 000—3 000 年前位于翼城至洪洞之间的部分考古文化人群。陶寺文化衰落之后，其后裔人群有小范围的扩散。其四是山西省南部浮山桥北遗址的古代“先氏”人群[17]。据记载，晋国的先氏可能与源自唐杜氏的范氏有共同的祖先[18]。其五是周代至唐代长安市附近的杜氏家族的墓葬遗骸。据记载，唐杜氏是“尧部落”的遗民。其六是东周时期山西地区的士氏、范氏和随氏的墓葬遗骸。据记载，晋国的这 3 个家族是杜氏的分支。其七是现代人群中的杜、士、范、随、祁和刘等姓氏的男性。

假设对上述 7 个现代或古代人群的遗传学研究表明都指向同一种独特的父系类型，而这种父系类型具有以下特点：① 这种父系类型的始祖类型存在于临汾盆地或上党盆地的新石器时代晚期的人群中，且这种父系类型诞生于 4 300 年前后；② 这种父系类型是陶寺早期大墓的父系类型，同时也是陶寺文化人群的贵族和部分平民中的主要父系类型；③ 这种父系类型是 4 000—3 000 年前位于山西省翼城至洪洞之间的部分考古文化人群的主要父系类型；④ 这种父系类型是古代杜氏和范氏等家族的核心父系类型；⑤ 这种父系类型在现代的杜、士、范、随、祁和刘等等姓氏的男性中普遍存在；⑥ 陶寺早期大墓、古代杜氏和范氏等家族和现代的杜氏和范氏在 Y 染色体谱系树上呈现出明确的先后继承关系。那么，我们就有足够的证据说明这种父系类型就是帝尧家族本身的父系类型，进而研究更详细的起源演化历史。

同时，也可以看到，要实现对上述 7 个现代或古代人群的遗传学调查，其难度是很大的。但是我们可以认为，上述研究是可行的。所有涉及神话时代和传说时代的研究的难度都非常大。可能存在的疑问是，是否有必要花费如此多的人力和物力进行这样的研究？我们的回答是：与神话时代和传说时代的人物相关的古代人群，不但在遗传上是汉族和中国人的直接祖先，在文化上更是奠定了中华文明的基础。这些人物本身及其所代表的历史过程，是中国人关于"我们从哪里来"这一永恒主题的重要部分。这些历史过程如果不能被研究清楚，也将是中国人心中永恒的疑问。在现代科学发展的基础上，通过分子人类学的研究有可能解决这些数千年以来的谜团。因此，无论所研究的议题的难度有多大，我们将持续努力进行下去，也希望有更多的学者一起参与到这一过程中来。

5.4.2　少数族群的早期历史

居住在远离早期文明中心地带的少数族群拥有文字记载的历史相对较短。早期文明中心的文字记载涉及这些少数族群的记载非常稀少甚至完全没有，而仅有的少数记载也可能存在相互矛盾的地方。这种状态在全世界范围内都是相似的。因此，对于少数族群的早期历史，其 3 个阶段的划分与早期文明中心的人群的划分存在差异。

以蒙古族为例。从中原王朝的记载的角度看，从北朝时期（公元 5 世纪）开始出现有关室韦部落的记载。因此可以认为，从 5 世纪开始蒙古语人群已经进入了信史时代。但是，这些记载是以他者的身份进行记录的，且很少涉及人群起源的核心内容。在 11 世纪蒙古人的记忆中，并没有关于鲜卑部落和室韦部落的详细内容。对于蒙古人自身而言，历史记录是从公元 13 世纪中叶成书的《蒙古秘史》所追溯的祖先开始的。《蒙古秘史》中关于乞颜和捏古斯直至阿兰豁阿（约公元 6—9 世纪末）之间的这一段历史，可以认为是蒙古人的传说时代。自阿兰豁阿以后，迅速繁衍的庞大家族的历史得到详细的记载，并且有一些人物的事迹可以与金代史料的记载相对应。因此，可以认为阿兰豁阿以后直至现代的这一段时期（约公元 10 世纪以后）是蒙古人的信史时代。

再以满族爱新觉罗家族的起源历史为例。研究爱新觉罗家族的起源过程，对于研究满族的起源以及我国东北地区女真一系人群的历史而言都是非常重要的。爱新觉罗家族从图们江流域迁徙到辽宁新宾之后（约相当于公元 1450 年之后）的历史，相关史料有详细的记载。因此可以认为此后的时期是爱新觉罗家族的信史时代。从定居在依兰（三姓地方）到居住在图们江地区的这一段历史（约相当于公元 1350—1450 年），在明代史料中没有完整的、准确的记载,但保留在爱新觉罗家族自身的口传历史之中。因此这一段时期可以认为是爱新觉罗家族的传说时代。而对于更古老时期的起源历史,爱新觉罗家族保留了有关“布库里雍顺”的传说。这一则传说涉及了仙女等因素。因此可以把从传说中的布库里雍顺到定居于依兰地方之间的这一时期(从未知的远古时期至约公元1350年)作为爱新觉罗家族的神话时代。

总之,不同少数族群的历史进程各有差异,在研究时需要对具体问题进行具体的分析。根据现代民族学调查的结果,少数族群通常拥有非常丰富的口传历史。这些口传历史虽然不能直接作为信史来进行研究,但也是非常值得重视的。这些口传历史如果能够被其他学科的证据所证实,对于重建这些族群的历史而言也是非常有用的。此外,也需要注意区分传说与神话。

5.4.3 信史时代的相关研究

即使出现了文字,也并非所有的历史进程都有了详细而准确的记载。自盘庚迁殷(约公元前1300年)之后的部分历史事件还有很多的争议。而这些历史事件对中华民族的形成过程以及中国的历史进程而言可能是非常重要的。上文提到,分子人类学的一个理论基础是:如果一个历史事件使人群的遗传结构发生了显著的变化并留下可被DNA技术追溯的痕迹,我们就可以使用遗传学的方法研究相关的古代和现代人群的遗传结构的变化,从而研究历史事件本身发生的过程。这里所说的人群,可以指一个古代人人群或现代人群,也可以指一个延续数千年或百年的家族,还可以指一个小规模的家庭。另一方面,那些对历史进程而言非常重要,但并没有改变人群遗传结构的历史事件,分子人类学是无法进行研究的。对于历史事件中特别细节的问题,分子人类学也是无法进行研究的。

父系社会是新石器时代以后世界上绝大部分人群的社会组织形式。这一客观事实导致绝大部分对历史进程产生重大影响的历史事件都是由某一个或数个由男性主导的家族或人群活动的结果。因此,我们主要通过父系Y染色体来进行研究。当然,母系线粒体和常染色体也是人群遗传结构的重要组成部分。在相关的研究中也须考虑。我们以如何研究并确定一个古代男性历史人物的Y染色体类型为例,来说明加入生物人类学证据的历史人类学研究的步骤。

历史人类学的研究主要包括以下几个步骤。首先,需要进行历史文本研究并熟悉来自其他学科的研究成果,确定需要解决的问题以及解决问题的方法。接着，确定需要采集的样本的范围，包括古代DNA和现代人群的DNA。然后，收集足够多的、有代表性的样本进行准确的DNA测试，分析数据并计算相应DNA类型的起源和分化时间。最后，结合DNA数据、历史记载和其他科学的研究成果进行综合分析，确定研究对象的遗传结构，包括父系类型。

以**曹操家族**Y染色体类型的遗传学研究为例[19-21]。曹操家族的后裔可能并没有在现代汉族中占据很大的比例，但曹操家族在中国家喻户晓，对三国时代的历史进程产生了重大的影响，因此是非常值得研究的一个家族。首先，通过文本研究发现，对曹操家族后裔的父系Y染色体类型的研究是可行的。对三国时代史料的研究发现，曹氏家族在当时并没有经历过大规模的屠杀，有明确的史料表明曹氏家族自西晋之后仍得到很好的繁衍。进而，通过对现代全国各地的曹氏家族的家谱进行研究，发现有相当多的曹氏家族声称自己是曹操家族的后裔。此外，在安徽亳州等地有庞大的与曹操家族有关的曹氏家族墓地。因此，总结认为，通过对古代曹氏家族墓葬样本以及现代全国各地的曹姓进行详尽的遗传学研究，有可能确定曹操家族的父系类型并解决曹操本人的身世问题。之后，研究者对全国各地的现代曹氏男性进行了广泛的采样，并采集了亳州曹氏家族墓地中曹操的叔祖父——曹鼎墓中的牙齿。通过对现代人和古人样本的DNA测试，确定部分家谱上追溯到曹操的现代男性与曹鼎的牙齿中的DNA属于同一个特殊的父系类型(O1b-M268+，F1462+，PK4-)。之后，进一步测试了属于这种父系类型的现代曹氏男性的Y染色体全序列，确定了专属于这些现代曹姓男性的特有Y-SNP标记[22]，确定这些序列的共祖年代是1 800年前后。由此，总结认为这种父系类型正是曹操家族的父系类型。此外，关于曹操家族的遗传学调查同时确定了汉代宰相曹参家族以及鄱阳操姓家族的特有父系类型。这项研究的意义在于：① 通过分子人类学的研究方法确定了曹操家族的父系类型；② 确定了曹操的父亲曹嵩是曹腾从本家族中过继的养子，而排除了其他可能性；③ 完整地实施了一项通过分子人类学解决历史问题的研究，促进了历史人类学的推广。

再以**北魏拓跋氏**的起源为例[22]。以拓跋元氏为首领的拓跋鲜卑部建立了北魏王朝(386—557年)，一度统一了中国北方。拓跋鲜卑部主动学习当时先进的汉文化，并通过一系列的改革措施主动将整个族群融入当时的汉民族之中。拓跋鲜卑部的后裔成为现代中华民族的一部分，其历史活动对中国的历史进程产生了极大的影响。魏晋南北朝时期的族群融合为隋唐时期中国文明的兴盛奠定了基础。研究拓跋部的起源和演化过程是一个十分重要的议题。

然而，对于拓跋氏的最早起源，目前考古学和历史学的研究仍存在很大争议。有关拓跋部早期历史的史料很少，大多来自北魏王朝自己的记录，即《魏书·序记》[23]。根据史料，拓跋部落声称自己是从一个"方千余里"的大泽迁徙而来。另一方面，早期的考古学研究发现呼伦贝尔地区东汉时期的墓葬与西辽河以及内蒙古中南部地区的鲜卑墓葬有相似之处[24,25]。因此，普遍认为拓跋部所声称的"大泽"在呼伦贝尔地区。1980 年，米文平在大兴安岭北部发现了北魏时期留下的《石刻祝文》[26]。此后，嘎仙洞→呼伦贝尔→大兴安岭西南麓→阴山地区的迁徙路线几乎成为定论[27]。然而，针对嘎仙洞更详细的研究表明此处的考古遗存并非鲜卑考古文化的源头[24]。在对东汉至北魏时期的鲜卑相关墓葬进行更深入的研究之后[28]，吴松岩认为：① 分布在呼伦贝尔地区的早期鲜卑遗址与分布在西辽河上游地区的鲜卑遗址在考古文化上是不同源的；② 西辽河上游地区和大凌河流域的大部分鲜卑遗址很有可能是慕容鲜卑的早期遗存；③ 内蒙古中南部地区的鲜卑墓葬与呼伦贝尔地区的早期鲜卑遗址存在明显的继承关系，因此可能是拓跋鲜卑南迁"匈奴故地"之后的遗存。罗新对相关问题进行了重新的研究，认为拓跋元氏把嘎仙洞作为祖源地，包含了当时政治的需求，是记忆重构的结果，而非源自传承有序、准确无误的口传历史[29]。

目前仍无法确指内蒙古中南部的鲜卑遗址中哪些是拓跋鲜卑部留下的遗存。内蒙古中南部的鲜卑遗址普遍受匈奴类型文化或更西部的考古文化的强烈影响[30-34]。拓跋鲜卑部本身可以认为是鲜卑部落与匈奴后裔部落的混合群体。而拓跋鲜卑部的首领家族——拓跋元氏是否有可能来自内蒙古中南部的当地居民而非从蒙古国方向迁来的人群的后裔呢？另外，据《魏书官氏志》记载："纥骨氏、是云氏，均改为元氏。"可见，拓跋鲜卑部和拓跋元氏本身的来源非常复杂，很有可能有多种父系类型。总之，关于拓跋元氏和拓跋鲜卑部落的起源和扩散过程，目前的认识还有很多模糊之处。

对拓跋鲜卑部进行历史人类学的研究，我们将可以揭示这个人群的详细起源和扩散过程。这一项研究需要涉及多个材料。其一，公元前 3 世纪至公元前后的外贝加尔湖地区的墓葬遗骨。这些古代人群可能是东汉时期呼伦贝尔地区鲜卑墓葬人群的始祖群体。其二是东汉时期(公元 1—2 世纪中期)呼伦贝尔地区的鲜卑墓葬。其三是东汉晚期至魏晋时期(约公元 2 世纪后期至 3 世纪中期)内蒙古中南部的一系列墓葬。这些墓葬的内涵十分复杂，可能包括匈奴后裔、拓跋鲜卑部、东部鲜卑或者宇文鲜卑的遗存。其四是东汉早中期至魏晋时期(约公元 2 世纪初至 4 世纪初)西辽河以及大凌河流域的鲜卑遗址。这些遗址包括慕容鲜卑的早期遗址和可能属于东胡后裔的一些遗址。其五是明确属于北魏皇室——拓跋元氏成员的遗骸。其六是魏晋南北朝时期(约公元 3—6 世纪)明确属于宇文氏和慕容氏家族成员的遗骸。其七是现代全国各地元氏、宇文氏和慕容氏男性。由于拓跋元氏在北魏末年经历过大规模的屠杀,因此对于现代元氏后裔是否是拓跋元氏的直系后裔,还需要进行确切的考证。

在获得上述样本之后,首先对明确属于北魏王室——拓跋元氏成员的遗骸进行完整的 DNA 测试并确定专属于拓跋元氏家族的特有 Y - SNP 标记。以此为基点,判断外贝加尔湖地区和呼伦贝尔地区的相关墓葬是否是拓跋元氏的直系始祖人群。其次,按照吴松岩以及其他前贤学者的研究,东部鲜卑可能是东胡的支系后裔,而拓跋鲜卑是在更晚的时期从呼伦贝尔地区(以及更早的外贝加尔湖地区)迁来。据此,拓跋元氏的细分父系类型应该与东部鲜卑的慕容氏的细分父系类型是不一样的。此外,关于宇文氏是否是匈奴单于家族的直系后裔,也存在很大争议。相关的研究也可通过确定比较宇文氏与拓跋元氏和慕容氏的父系类型,来确定宇文氏到底是匈奴单于家族的直系后裔,还是源自被匈奴同化的鲜卑人。

再以**周代王室——姬周族群**的起源和扩散过程为例。姬周族群开创了延续近 800 余年的周代(公元前 1046—前 256 年),在很大程度上奠定了中华文明的基础,包括华夏民族的形成、语言文字系统的成型、政治制度与礼制传统的形成以及道德体系与哲学体系的建立等[35]。此外,姬周族群传说的祖先——黄帝也成为现代中国人的人文始祖之一[36]。因此,探索姬周族群详细的起源和扩张历史,是一个极其重要的议题。

但是,到目前为止,姬周族群的起源和形成过程还有很多模糊和有争议的地方。在考古学方面,对于姬周族群和先周文化的来源和形成过程,以邹衡、徐锡台、胡谦盈、张长寿和尹盛平为代表的老一辈学者以及以刘军社、张天恩和雷兴山为代表的年轻一代学者都做出了重要的贡献[37,38]。目前从考古学方面进行的先周文化探索遇到了困境。在关中地区商代中晚期的考古研究已经非常深入的前提下,仍无法确定到底应该把郑家坡遗存还是碾子坡文化当作先周文化。孙庆伟认为,其根本原因是在向东扩张的过程中,姬周族群的文化面貌由以袋足鬲为特征器物的碾子坡文化变成了以联裆鬲为特征器物的郑家坡文化,创造沣西类遗存的人群本身已经是姬周族群与大量其他不同源的人群的混合[37,38]。在这种情况下,单纯以袋足鬲或联裆鬲作为判断标准,抑或以沣西类遗存的特征去向上追溯先周文化的来源,就会呈现出混乱的局面。

更进一步,碾子坡文化本身的来源也十分复杂。目前,有较多的学者倾向于支持碾子坡文化是先周文化的重要部分[39]。如果相信周人自身的记载的话,那么可以认为碾子坡文化人群就是姬周族群的直接来源。有学者研究发现,碾子坡遗址的葬式以俯身葬式为主,而西周时期的周人墓并不采用俯身葬的葬式,因此认为碾子坡墓地的族属不是周人[40]。这一论证过程忽略了姬周族群的葬式发生过彻底改变的可能性。碾子坡遗址出土的农业生产工具很少,而兽骨则很多。可见,碾子坡文化畜牧业较为发达而农业相对落后。在碾子坡文化内部,周人、豳人和密须人之间的关系仍未完全厘清[41]。

关于姬周族群的早期起源,散见于周代史料中的记录本身有很多矛盾之处。经过前贤学者的长期研究,我们可以看到这些矛盾单靠文献本身是无法调和的。例如,周人一方面宣称自己的远古祖先(后稷、弃和不窋)长期从事农业并担任夏朝的农官[42]。另一方面又将黄帝追认为始祖,且认为"我姬氏出自天鼋"[43]。同时还宣称周人在很早的时候就已经与羌人联姻(姜嫄,有邰氏)[44]。根据考古学的实物证据,很有可能是周人渊源的碾子坡文化中的农业是比较落后的。天鼋是一种青铜器上的族徽铭文,而族徽铭文在商文化中是比较流行的做法。沈长云一直坚持周人的陕北起源说,在石峁遗址被发现之后更是如此[45]。在商代,羌人是关中西部地区当地人群。目前,学界对于周人的早期起源还没有达成一致观点,或出自晋南的夏文化区的人群,或是来自陕北人群南下的结果,或是关中当地人群演化的结果。

对于姬周族群的早期起源,研究的难点在于:在其发展的过程中,姬周族群本身的文化面貌可能发生过彻底的变化。首先,无论姬周族群是从陕北南下,抑或是从晋南迁来,可以推测生活在古邠地的姬周族群的文化面貌与其始祖群体的文化面貌之间已经存在很大的差异。此外,周人自称"自窜于戎狄之间"。此后,姬周族群经历了两个重要的发展阶段,包括与羌戎人群的融合以及征服整个关中地区之后的大规模人群融合。在这两个阶段中,姬周族群的文化面貌可能都发生了剧烈的变化。从逻辑上讲,如果一个族群在其发展的过程中文化面貌发生了彻底的改变,包括生产方式(农耕、畜牧或渔猎)、生活方式(如修建房屋的方法)、使用的器物群(如陶器等)和丧葬习俗(比如葬式)。那么,也就很难从考古发掘所看到的各种遗物去追溯这个族群的起源。在这种假设前提下，在这个族群的整个发展历史中唯一不变的就是专属于这一个族群特有的父系 Y 染色体类型（对于姬周族群，也就是姬周王室父系）。如果能从分子人类学的角度全面揭示姬周父系的起源和扩散历史，以及它在不同历史时期的考古文化人群中出现的比例和占据的社会地位，不但是对文献材料的一大突破，同时也将为历史学的研究提供重要的、全新的证据。

对于姬周族群进行详细的历史人类学研究，可能需要涉及以下多种材料：一是夏代晋南地区的考古文化遗骸样本以及夏至商代中期陕北及其东临区域相关考古文化遗骸样本。二是商代中后期的碾子坡文化遗址遗迹及邻近地区相关遗址的遗骸样本。三是商代晚期关中西部周原地区的姬周族遗存群以及邻近地区羌戎遗存的遗骸样本。四是关中地区商时期的考古文化遗骸样本。五是周代时期明确属于周文王直系男性后裔的姬周王室以及姬姓诸侯国的国君和贵族的遗骸样本。六是由姬姓分化出来的各个姓氏的现代男性样本。在获得上述样本后，首先对明确属于周文王直系男性后裔的周代男性遗骸样本进行完整的 DNA 测试，并确定专属于姬周王室家族特有的 Y-SNP 标记（简称姬周父系标记）。以此为基点对所有其他样本进行测试，其结果将可以：① 判断商代晚期关中西部周原地区人群的父系遗传结构并判断姬周父系在其中的地位；② 判断商代晚期关中西部周原地区人群的核心父系是否直接继承自碾子坡文化人群的核心父系；③ 判断碾子坡文化人群的核心父系是来自陕北，还是晋南地区，还是关中地区；④ 通过姬周父系的扩散历史以及不同历史时期的人群遗传结构的融合过程，研究各种不同起源的要素是通过何种途径最终融合到姬周族群对于自身起源的“历史记忆”之中。在姬周王室以及姬周族群的起源和演化过程得到比较详细研究的前提下，可以通过更多古 DNA 测试结果推测，周代期间周人与商人后裔、山东地区的东夷后裔以及淮河和长江流域的其他古代人群发生融合并演化为华夏民族的过程。

以改变了群体遗传结构为前提，中国古史以及少数族群的神话时代、传说时代以及信史时代的种种尚未解决或尚有争议的历史问题，都可以通过与上述例子类似的途径进行研究。历史人类学的研究将详细地解读中国各人群自远古以来的起源、兴起、扩散和融合历史，也将有助于每一个国人理解自身、自己所在家族、自己所在的族群，理解整个中华民族的历史进程，理解自己所身处其中的语言、文化和文明传统的由来，理解自身所处在的历史长河中的趋势和前进方向，进而激励人们去创造更和谐、更美好的未来。

5.5 在考古学领域的应用

考古学通过研究古代人类的活动遗迹来研究古代人类社会的演化历史。生物考古学作为考古学的一个分支,重点对遗迹中的生物类遗存进行研究,包括人类、动物(牲畜)的遗骨和植物的遗存,也包括细菌和病毒的遗存等。其中,又产生了人类骨骼考古学,通过人类骨骼的遗存来研究人群的健康状态、食谱、生存环境、社会发展水平、婚姻制度和其他文化传统等。作为分子人类学的一个分支,古 DNA 研究通过对人类遗骸等生物类遗存进行 DNA 测试,分析当时的生物群体的遗传结构,从而探索相关的演化历史。

针对人类遗骸的古 DNA 研究可以揭示古代人群的群体结构。通过对比其他遗址的古 DNA 数据和现代人的群体遗传学数据,可以讨论一系列的议题。其一,创造考古遗存的人群本身的内部亲缘关系,可以反映是否存在阶层、婚姻制度、社会制度和文化传统等。其二,创造考古遗存的人群的来源、混合过程以及与同时代人群的亲缘关系。其三,后世人群与此古代人群的亲缘关系。

此外,古 DNA 研究在“族属考古”方面也有广阔的应用前景。族属考古,也称考古人类学或民族考古学。考古学在中国兴起之后,伴随着历史学和民族学研究的兴盛,民族考古学在我国一度非常繁荣[46-49]。不过,人类学民族学本身关于族群理论就有很大的争议。英国学者希安·琼斯在《族属的考古——构建古今的身份》一书中对以往族属考古的理论和实践进行了全面的讨论[50]。希安·琼斯认为,由于人类群体的“族属”本身难以有明确的定义,对某个考古遗址进行族属的认定在理论上几乎是不可能实现的。我们对希安·琼斯的论证十分钦佩,并认为她的论述指出了问题的关键核心。分子人类学的古 DNA 研究或许可以为解决这个问题提供关键证据。如果能识别出现代人群和古代人群的核心奠基者遗传支系,通过古今 DNA 的对比,可以为现代人群对古代人群的继承性以及古代人群对更古老时期人群的继承性进行准确的评估。这种继承性或许可以为族属考古提供新的证据和研究视角。

对动物(牲畜)遗骨和植物遗存的古 DNA 测试可以揭示人群的食物来源以及动植物本身的起源演化历史。马、牛和羊等驯化动物以及驯化农作物的传播与农业和畜牧业在欧亚大陆和非洲的扩散密切相关,同时也与人群的扩散密切相关。因此,对动物(牲畜)遗骨和植物遗存的古 DNA 研究也有助于揭示人类群体的演化历史各方面的细节。细菌和病毒与人类是共生的，经历了长期的协同演化过程。同时，细菌和病毒导致的疾病甚至是瘟疫在人类的历史上不断出现。因此，针对细菌和病毒的古 DNA 研究也就可以揭示人类社会演化历史的一些细节。

5.6　在语言学领域的应用

语言是人类文化传统中重要的组成部分，也是绝大部分人类文化传统的载体。目前，语言是划分人类族群的最重要因素之一。因此，语言的兴起和分化与人类族群的兴起和分化实际是同一个过程的两面。近数十年来，部分学者使用生物演化树的算法模型和软件对某些人类语系的演化时间框架进行了研究，取得了一系列显著的成果[51-55]。毫无疑问，人类的语言和遗传成分的演化是两套独立的系统，但两者之间的复杂关系值得从理论层面和具体实例层面开展深度的研究。比如，语言的分化通常都应该晚于人群的分化，那么是哪些要素通过何种方式影响两者分化时间的间隔？

基于群体遗传学的研究能够且只能研究那些在群体遗传结构中留下可追溯痕迹的语言演化过程。人类的语系可简单定义为：存在可追溯共同始祖语言的两个或多个独立语言的语言集团。语系的形成需要一系列的基本条件。语言的演化过程与人群的演化过程密切相关，人群的分化、融合与接触会导致语言分化、融合和接触。语言演化过程会在群体遗传结构中留下痕迹，因此可以从遗传学的视角研究语言（语系）的演化历史。相关的研究还需要更多理论上的探索。

参 考 文 献

[1] Cavalli-Sforza L, Bowcock A. The study of variation in the human genome. Genomics, 1991, 11(2): 491 - 498.

[2] Baechtel F S, Monson K L, Forsen G E, et al. Tracking the violent criminal offender through DNA typing profiles — a national database system concept. EXS, 1991, 58: 356 - 360.

[3] Mcewen J E. Forensic DNA data banking by state crime laboratories. Am J Hum Genet, 1995, 56: 1487 - 1492.

[4] Scherczinger C A, Hintz J L, Peck B J, et al. Allele frequencies for the CODIS core

STR loci in Connecticut populations. J Forensic Sci，2000，45(4)：938 - 940.
[5] Moretti T R，Moreno L I，Smerick J B，et al. Population data on the expanded CODIS core STR loci for eleven populations of significance for forensic DNA analyses in the United States. Forensic Sci Int Genet，2016，25：175 - 181.
[6] Guo X Y，Sun C C，Xue S Y，et al. 49AISNP：a study on the ancestry inference of the three ethnic groups in the North of East Asia. Yi Chuan，2021，43(9)：880 - 889.
[7] Zhao G B，Ma G J，Zhang C，et al. BGISEQ - 500RS sequencing of a 448-plex SNP panel for forensic individual identification and kinship analysis. Forensic Sci Int Genet，2021，55：102580.
[8] Dash H R，Avila E，Jena S R，et al. Forensic characterization of 124 SNPs in the central Indian population using precision ID Identity Panel through next-generation sequencing. Int J Legal Med，2021，136(2)：465 - 473.
[9] 陈彦.历史人类学在法国.法国研究，1988，3：97 - 104.
[10] 黄国信，温春来，吴滔.历史人类学与近代区域社会史研究.近代史研究，2006，5：46 - 60.
[11] 黄志繁.历史人类学：读《走进历史田野》.史学理论研究，2004，1：143 - 147.
[12] 王铭铭.我所了解的历史人类学.西北民族研究，2007，2：80 - 97.
[13] 徐旭生.中国古史的传说时代.桂林：广西师范大学出版社，2003.
[14] 王玉哲.中华远古史.上海：上海人民出版社，2000.
[15] 张晨霞.帝尧传说与地域文化.北京：学苑出版社，2013.
[16] 卫斯.关于"尧都平阳"历史地望的再探讨——兼与王尚义先生商榷.中国历史地理论丛，2005，1：147 - 152.
[17] 田建文，范文谦，侯萍，等.山西浮山桥北商周墓.古代文明(辑刊)，2006，5：347 - 394，411 - 422.
[18] 韩炳华.先族考.中国历史文物，2005，4：32 - 39.
[19] 王传超，严实，侯铮，等. Y 染色体揭开曹操身世之谜.现代人类学通讯，2011，5：107 - 111.
[20] 韩昇.曹操家族 DNA 调查的历史学基础.现代人类学通讯，2010，4：e8.
[21] Wang C C，Yan S，Yao C，et al. Ancient DNA of Emperor CAO Cao's granduncle matches those of his present descendants：a commentary on present Y chromosomes reveal the ancestry of Emperor CAO Cao of 1800 years ago. J Hum Genet，2013，58(4)：238 - 239.
[22] 韩昇，蒙海亮.隋代鲜卑遗骨反映的拓跋部起源.学术月刊，2017，49(10)：128 - 140.
[23] 姚大力.论拓跋鲜卑部的早期历史——读《魏书·序纪》.复旦学报(社会科学版)，2005，2：19 - 27.
[24] 倪润安.呼伦贝尔地区两汉时期考古遗存的分组与演变关系.边疆考古研究，2010，1：105 - 125.
[25] 李逸友.扎赉诺尔古墓为拓跋鲜卑遗迹论//中国考古学会第一次年会论文集.中国考古学会.北京：文物出版社，1979：328 - 331.
[26] 米文平.鲜卑石室的发现与初步研究.文物，1981，3：1 - 7.

[27] 宿白.东北、内蒙古地区的鲜卑遗迹——鲜卑遗迹辑录之一.文物,1977,5：42-54.
[28] 吴松岩.嘎仙洞考古发现意义的再思考.边疆考古研究,2012,2：283-290.
[29] 罗新.民族起源的想像与再想像——以嘎仙洞的两次发现为中心.文史,2013,2：5-25.
[30] 吴松岩.七郎山墓地再认识.草原文物,2009,1：96-105.
[31] 吴松岩.早期鲜卑墓葬研究(博士论文).长春：吉林大学,2010.
[32] 韦正.鲜卑墓葬研究.考古学报,2009,3：349-378.
[33] 孙危.鲜卑考古学文化研究.北京：科学出版社,2007.
[34] 张全超,周蜜.内蒙古兴和县叭沟墓地汉魏时期鲜卑族人骨研究.边疆考古研究,2005,4：261-269.
[35] 杨宽.西周史.上海：上海人民出版社,2016.
[36] 杜贵晨.黄帝形象对中国"大一统"历史的贡献.文史哲,2019,3：139-164,168.
[37] 孙庆伟.联裆鬲还是袋足鬲：先周文化探索的困境(上).江汉考古,2015,2：40-57.
[38] 孙庆伟.联裆鬲还是袋足鬲：先周文化探索的困境(下).江汉考古,2015,3：49-66.
[39] 胡谦盈.周文化考古研究选集.成都：四川大学出版社,2000：106-123.
[40] 梁云.碾子坡商代遗存族属探讨.中原文物,2015,6：8-14.
[41] 刘军社.先周文化研究.西安：三秦出版社,2003.
[42] 林甸甸.周人农耕传统与周族史诗的生成——以后稷神话为中心.文艺研究,2016,8：37-46.
[43] 刘桓.商周金文族徽"天黾"新释.历史研究,2010,1：34-43,189-190.
[44] 王芳妮.陕西关中地区姜嫄信仰研究.宗教学研究,2013,2：253-256.
[45] 沈长云.华夏族、周族起源与石峁遗址的发现和探究.社会科学文摘,2018,6：89-93.
[46] 彭适凡.中国南方考古与百越民族研究.北京：科学出版社,2009.
[47] 张增祺.中国西南民族考古.昆明：云南人民出版社,2012.
[48] 乌恩岳斯图.北方草原考古学文化比较研究：青铜时代至匈奴时期.北京：科学出版社,2008.
[49] 赵宾福.中国东北地区夏至战国时期的考古学文化研究.北京：科学出版社,2009.
[50] 希安・琼斯.族属的考古：构建古今的身份.陈淳,沈辛成,译.上海：上海古籍出版社,2017.
[51] Gray R D, Jordan F M. Language trees support the express-train sequence of Austronesian expansion. Nature, 2000, 405(6790): 1052-1055.
[52] Gray R D, Atkinson Q D. Language-tree divergence times support the Anatolian theory of Indo-European origin. Nature, 2003, 426(6965): 435-439.
[53] Gray R D, Drummond A J, Greenhill S J. Language phylogenies reveal expansion pulses and pauses in Pacific settlement. Science, 2009, 323(5913): 479-483.
[54] Zhang M, Yan S, Pan W, et al. Phylogenetic evidence for Sino-Tibetan origin in northern China in the Late Neolithic. Nature, 2019, 569(7754): 112-115.
[55] Sagart L, Jacques G, Lai Y, et al. Dated language phylogenies shed light on the ancestry of Sino-Tibetan. Proc Natl Acad Sci U S A, 2019, 116(21): 10317-10322.

第6章 关于现代人起源的研究进展

6.1 引言

本章旨在从分子人类学的角度对晚期智人(现代人类)的起源过程及其与其他古老型智人(如尼安德特人和丹尼索瓦人)之间的演化关系进行讨论。早期的化石人类学研究提出了“多地区演化说”、“现代多地区演化说”、“连续演化附带杂交”和“非洲起源说”等学说。早期的分子人类学研究(1987—2009)没有观察到古老型智人的遗传混合,因此倾向于支持“非洲起源学说”。不过,随着尼安德特人和丹尼索瓦人的古基因组被测试和研究,学者发现现代人类的基因组中普遍拥有尼安德特人和丹尼索瓦人的基因片段。研究相关的混合过程及其影响成为当前的热点。相关研究显示了人类起源演化过程的复杂性,还有很多复杂的议题需要进一步深入研究。

首先,我们简要综述了尼安德特人和丹尼索瓦人的化石和古基因组的相关研究,讨论了不同地区现代人类的基因组中来自古老型智人的混合。

在以往的研究中,石器技术体系的演化是支持各种人类起源模式学说的最重要证据之一。我们从人类种群区域差别的角度讨论了世界范围内石器技术体系的演变,提出所谓的石器技术体系从第一模式向第五模式的演变,很可能并不是同步发生在对应时段的所有人类种群之中,而可能仅仅是同时段所有人类种群中的某一个或某几个种群的局部创新。此外,石器本质上是人类获取食物和防卫的工具,随着食物来源的变化,某些史前人群的石器技术体系可能会发生退化。我们关于石器技术体系演变模式的新观点可能可以为相关人类起源模式学说提供新的视角。

之后,我们讨论了真人属内部分支的分化过程。关于尼安德特人的古DNA研究揭示了其演化的3个阶段,这3个阶段中的尼安德特人在遗传学上可明确划分为 3 个种群，但在骨骼形态上的差别并不显著。这一结果表明，相对于化石人类学而言，遗传学(古 DNA)的研究可以为人类种群的演化过程提供更为清晰的图景和分类。与此类似，遗传学(古 DNA)的研究也可以为 100 万年以来真人属内部各分支的演化过程提供更为清晰的图景和分类。在命名人类物种和判断人类演化阶段的相关研究中，化石人类学研究或许可以考虑纳入遗传学(古 DNA)的相关研究结果。

最后，结合分子人类学和化石人类学在当前的研究进展，我们对晚期智人的起源和演化过程提出了"走出非洲，连续杂交"的观点。人类的起源和演化过程非常复杂，有待进一步深入研究。同时，我们进行了一些展望。

6.2　关于尼安德特人的研究

在 2009 年，由德国马普所的科学家领导的科研小组公布了尼安德特人(*Homo neanderthalensis*，简称尼人)的基因组草图[1]。在人类学研究历史上，这堪称一个划时代的事件。这项研究首次获得了现代人类之外的其他"古老型人类"(Archaic Hominin)的全基因组数据，揭示了智人物种的早期分化过程以及古老型人类与现代人类之间的混合过程。在 2010—2012 年，科学家们又公布了来自阿尔泰山地区丹尼索瓦洞穴的一种全新的古老型人类丹尼索瓦人(Denisovans，简称丹人)的基因组数据[2]。这是一个为全世界所关注的重要发现。此后，关于尼人、丹人和现代人类之间的遗传成分的相互混合过程以及这些混合带来的生物学功能成为人类生物学领域内的研究热点。

尼人最早被发现于德国杜塞尔多夫(Düsseldorf)市附近的尼安德特山谷(Neander Valley)。目前已有的材料显示，尼人广泛分布在欧洲、北非、中东和高加索地区[3]。在 2014 年，科学家通过 DNA 测试确认阿尔泰山丹尼索瓦洞穴中的部分人类遗骨也属于尼人，从而将尼人的活动范围扩散到了中亚和阿尔泰山地区[2]。在蒙古国和中国北部地区的很多遗存中也发现与尼人直接相关的莫斯特类型的文化因素，但目前还没有确切证据表明尼人曾经到达中国北部地区。对尼人遗骨的研究表明，尼人的平均身高与同时代的晚期智人相当，但具有更强壮的骨骼结构[4,5]。尼人的平均脑容量与现代人(*H. sapiens sapiens*)相当甚至略高[6-8]。尼人能使用复合工具，具有很好的狩猎能力和丧葬习俗[9-11]。

根据考古学的材料，尼人生活在大约 30 万—3 万年前，但具有部分尼人颅骨性状特征的人类遗骸在 43 万年前已经出现[3,12,13]。7.5 万—3 万年前的尼人被称为典型尼人（如法国的 La Ferrassie 人）。对于尼人灭绝的原因，学者们有多种观点，如现代人带来的疾病[14,15]、人数劣势[16]、气温骤降[17,18]，以及来自现代人的生存竞争[19]等。现代人类相对于尼人的生存优势可能全方位的，因此尼人的灭绝应该是多种因素共同作用的结果。以现代人类的角度去看，尼人的灭绝似乎是在短时间内发生的一个神秘的过程。但实际上，现代人类至少在 10 万年前开始就与尼人共同生活在中东地区[20]，而现代人类直到约 4.5 万年前才进入欧洲[21]。这很可能与现代人类祖先和尼人长期存在于中东有关。在欧洲，尼人大致存活到 2.8 万年[22]前。这意味着现代人类与尼人在中东地区共同生活了 5 万多年，在欧洲则至少共同生活了约 1.7 万年。尼人的灭绝事实上是一个非常漫长的过程。

根据对尼人和现代人基因组的分析，非洲之外现代人类群体的基因组中约有 1%～4%的成分来自尼人[23-26]。来自尼人的基因渗入为现代人类带来了颇多好处，帮助现代人适应欧亚大陆的气候环境[27,28]。尼人的基因改变了现代人的皮肤表型[23,26-30]，使现代人更能抵御寒冷[26]，减少病原体的感染[31-34]和减少紫外辐射的伤害[35]。但另一方面，混血也带来了一些负面影响[36]。比如，尼人基因使现代人增加肥胖、对尼古丁依赖、患 2 型糖尿病和抑郁症的风险，还与帕金森病、血液凝结过快以及日晒或辐射导致的皮肤损伤有关[23,37,38]。此外，尼人基因还能降低幽门螺杆菌的感染风险，但更容易引发过敏[34,39]。

关于尼人和丹人的古 DNA 研究表明，尼人、丹人和现代人之间**不存在生殖隔离**。这一点的意义是非常重大的。已有的证据表明现代人与尼人发生过多次混血。第一次混血出现在走出非洲之后在中东地区活动的早期阶段[1,23]。这一次混血使得非洲之外的现代人类都含有 1%～4%的尼人遗传成分。其次，古 DNA 显示罗马尼亚一个洞穴中的现代人（Osae 1，约 4 万年前）拥有非常晚近（约 4—6 代前）的尼人祖先[40]。但这一次混血而导致的遗传成分渗入并没有广泛地扩散到现代欧洲人之中。最后，现代东亚人群的祖先群体很可能与尼人发生过一次独立的混合。东亚人基因组中的尼人成分的比例比欧洲的要高[23,24,41]，有学者认为这是自然选择的结果[24]，但其他的学者则认为自然选择难以造成这样的状态[25,42]。在与欧洲人发生分离之后，东亚人的祖先可能与尼人发生过第二次混血，使得部分亚洲人继承了更多的尼人的遗传成分[25,29,35,41,42]。东亚人群始祖与尼人的这一次混合发生的地点目前还不能确定，有可能发生在南亚—东南亚一带，也有可能发生在南西伯利亚地区。

尼人、丹人和现代人类种群之间的分离时间是被普遍关注的一个问题。目前所有已测试的尼人母系的共祖时间是 15 万年前[43]。根据基于高质量的古人类基因组的计算[2,23]，从常染色体的角度而言，尼人和丹人共享一个约 43 万年(47.3 万—38.1 万年)前的始祖群体，而尼人、丹人和现代人类共享一个约 66 万年(76.5 万—55 万年)前的始祖群体。值得注意的是，这个共祖年代与埃塞俄比亚的 Bodo 遗址(64 万—55 万年前)的年代比较接近[44]。而 Bodo 遗址是目前最早的伴随手斧出现的海德堡人遗址[45]，以上信息提示尼人、丹人和现代人类都是海德堡人的后裔分支。基于对 6.5 万个碱基的计算，J. P. Noonan 等人在 2006 年给出的分离年代与上述计算结果比较接近[46]，而 R. E. Green 等人基于 100 万个碱基的结果与之差别较大[47]。这很大程度应该是基因组覆盖度的差异而造成的。

尼人、丹人以及西班牙胡瑟谷古人(*Homo* in Sima de los Huesos)的基因组揭示了尼人种群演化的复杂过程[43,48]。胡瑟谷出土了超过 30 个个体的人类遗骸，距今约 40 万年前[49]。形态学的研究认为这些胡瑟谷古人应归为海德堡人，其骨骼的性状与尼人骨骼的一些特征相似[50]。按照传统的观点，欧洲 60 万—40 万年前的海德堡人是尼人的祖先，而约 30 万—13 万年前的早期尼人[如德国的斯坦海姆人(Steinheim Skull)和英国的斯旺斯库姆人(Swanscombe)]是此后遍布欧亚大陆的典型尼人(约 7.5 万—3 万年前)的直系祖先。但是，典型尼人的莫斯特文化包含的第三模式石器技术是在 40 余万年前的非洲东部逐步兴起的[51]。这种石器技术直到 25 万年前的时候才扩散到欧洲和中东地区[52]。欧洲海德堡人和早期尼人使用的石器技术还属于第二模式(主要是手斧)。这意味着欧洲海德堡人不太可能是典型尼人的直系祖先。另一方面，非洲地区更新世中晚期的部分化石遗骸也显示出早期尼人的一些特征。为此，人类学家对以往的观点做出了修改。其中，C. B. Stringer 和 G. P. Rightmire 主张扩大发现于欧洲的“海德堡人”的内涵，使之包含非洲中更新世中晚期的所有人类化石。[53,54]如此，“尼人起源于海德堡人”的观点就仍然可以成立。而 J. J. Hublin 认为非洲地区中更新世中晚期的古代人类更有可能是尼人的祖先[3]，为此提出了另外一种主张，即所有具有典型尼人的部分或全部特征性状的人类遗骸都可以划入尼人的范畴。同时，把罗德西亚人的概念扩大，包含非洲和欧洲中更新世中晚期的所有人类化石。这样的话，主要观点就变成了“尼人起源于罗德西亚人，且欧洲海德堡人也属于罗德西亚人”。

尼人、丹人和胡瑟谷古人的全基因组数据为解决尼人的起源问题提供了新的证据。根据古 DNA 数据，尼人种群的祖先群体大约在 70 万年前与现代人的始祖群体发生分离，但在 40 万年前发生一次重要的混血事件。此次混血事件导致现代人远古祖先的母系类型进入尼人群体之中，并成为 15 万年前之后所有尼人的母系类型[43,48]。正是这次混血事件导致了非洲大陆上的尼人始祖和现代人始祖群体之间谱系关系的混乱以及相关化石形态的多样化。年代更晚的长者智人(约 16 万年前)比年代要早得多的 Florisbad 人(26 万年前)和奥莫人(约 19 万年前)更接近具有古老型智人特征(近似于尼人特征)的罗德西亚人[55]。根据以上提到的种种证据，我们提出这样的可能性：在 40 万年前之后出现的罗德西亚人(包括长者智人)，可能是在 70 万年前已经分离的现代人直系祖先群体与尼人直系祖先群体之间混合的产物。罗德西亚人是现代人和与尼人始祖群体的混合，抑或这两个始祖群体的渊源，还有待进一步研究(图 6.1)。罗德西亚人一直生活到很晚的时期，因此进行古 DNA 研究的可行性是很大的。未来相关的研究将揭示这一远古人类种群的演化历史。

结合上述遗传学和考古学方面的研究，我们将尼人种群的起源和分化分为 3 个阶段，如图 6.1 所示。我们采取考古学家 J. J. Hublin 对尼人的重新定义，即把具有部分尼人典型特征的人类遗骸(如胡瑟谷古人)也都归类为尼人。

第一阶段：约 45 万—40 万年前。在这一阶段，尼人种群从其与丹人共祖的始祖群体中分化出来并迅速扩散到西班牙(胡瑟谷古人)。按传统观点，欧洲 60 万—40 万年前的海德堡人是尼人的祖先。但是，根据现有的遗传学数据，尼人既与丹人共享晚近的共祖，又与诞生于非洲的现代人共享一个约 40 万年前的母系。丹人可能仅仅分布于欧亚大陆东部地区。胡瑟谷古人属于一个在遗传上与尼人的始祖群体有亲缘关系的古代人群，但并非后期尼人的直系祖先。这样看来，尼人的直系祖先更有可能生活在非洲东北部至中东地区之间，欧洲 60 万—40 万年前的海德堡人并不是尼人的直系祖先。

第二阶段：约 40 万—15 万年前。尼人与现代人在母系上共享一个约 40 万年前的共祖。而在常染色体遗传结构上与尼人更接近的丹人和胡瑟谷古人却共享另一种分离年代更为古老(超过 100 万年)的母系线粒体类型。因此，研究者认为，这种结果意味着在约 40 万年前，尼人的祖先人群与现代人的祖先群体发生混合并从后者那里获得了一个母系类型。之后这个母系类型成为所有典型尼人(15 万—3 万年前)的母系类型。根据考古学方面的证据，第二

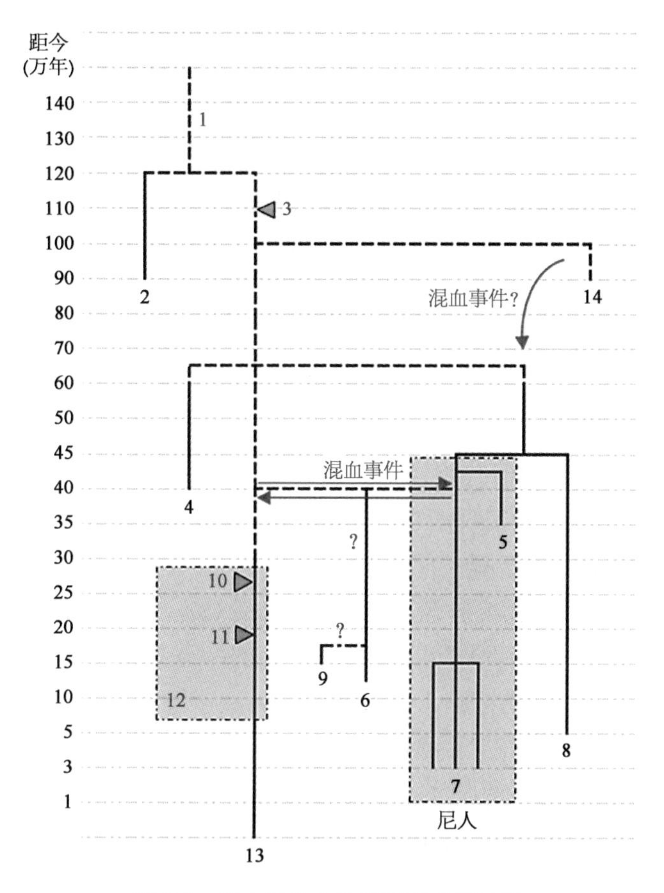

图 6.1　尼人与丹人的起源和分化过程

注：1. 智人；2. 先驱人（*H. antecessor*）；3. 赞比亚 Kabwe 人；4. 欧洲海德堡人；5. 胡瑟谷古人；6. 罗德西亚人；7. 尼人；8. 丹人；9. 长者智人；10. 南非 Florisbad 人；11. 埃塞俄比亚奥莫人；12. 赫尔梅人；13. 晚期智人；14. 未知人类种群。

模式的石器工业约在 50 万年前扩散到中东和欧洲地区。第三模式的石器工业约 50 万年前出现在非洲，大约在 25 万年前扩散到上述地区。但是，典型尼人创造的莫斯特文化（属于典型的第三模式的石器工业）的延续时间则是 7 万—3 万年前。那么，在 40 万—16 万年前，携带第三模式的石器工业扩散到北非、欧洲、中东的古人则有可能和胡瑟谷古人一样拥有与典型尼人相似的遗传结构，但并不是典型尼人的直系祖先。

第三阶段：约 15 万—3 万年前。考古学家主张莫斯特文化是尼人的遗迹。目前所有已经测试的典型尼人的线粒体都共享一个约 15 万年前的共同母系祖先。因此,可以将基于化石的典型尼人概念的年代(约 7.5 万—3 万年前)的上限延伸到 15 万年前。基于尼人线粒体 DNA 计算得到的时间与考古学所见的尼人创造的莫斯特文化的延续十分吻合。另一方面,遗传学证据也说明在 40 万—15 万年前使用第三模式石器工业的古人可能与典型尼人拥有相似的常染色遗传结构,但只有其中的一支是尼人的直系祖先。关于典型尼人更确切的起源过程,还有待进一步的研究。

6.3 关于丹尼索瓦人的研究

丹尼索瓦人的发现是一个意外的收获。阿尔泰山地区存在着相当多的 13 万—1 万年前的旧石器时代晚期的人类活动遗址。在 2000—2015 年,考古学家在丹尼索瓦洞穴先后发现了超过 13 万个骨骼碎片,其中绝大部分无法判断是否属于人类,以及属于哪一种人类的何种部位的骨骼。其中,有数个骨骼碎片被识别为古老型智人的骨骼,包括一截指骨(*Denisova 3*)[56,57]、两颗牙齿(*Denisova 4*,*Denisova 8*)[58]以及来自尼人的一截指骨(*Denisova 5*,*Altai Neanderthal*)[23]和一截骨骼(DC1227,*Denisova 11*)[59]。这些骨骼的年代跨度很大,但大部分集中在 5 万年前后。这些骨骼过于零碎,以致无法通过形态学的方法准确判断它们的归属。因此,它们在人类种群内部的归属都是通过 DNA 测试来最终确定的。丹尼索瓦洞穴也同时出土属于旧石器晚期的现代人类一些装饰品以及细石器。德国马普所的研究人员对上述指骨和牙齿进行了古 DNA 测试,结果出人意料地发现了一个全新的人类种群[56,57]。这个新的人类种群被称为丹尼索瓦人(Denisovans),简称丹人。

对丹人古 DNA 的研究表明[56,57],丹人与尼人共享一个约 43 万年(47.3 万—38.1 万年)前的始祖群体,而尼人、丹人和现代人类共享一个约 66 万年(76.5 万—55 万年)前的始祖群体[23]。但母系线粒体显示的亲缘关系则稍有不同。尼人与现代人类共享一个约 40 万年前的母系。胡瑟谷古人的母系与丹人共享一个约 70 万年前的母系。而尼人—现代人类与丹人—胡瑟谷古人的母系的共祖年代约在 104 万年(130 万—77.9 万年)前。在牙齿形态上也观察到,丹人的牙齿形态与尼人和现代人类的牙齿都有很大的差异。胡瑟谷古人的牙齿有一些类似尼人牙齿的独特特征,丹人则完全没有这些特征[56]。另一方面,在丹人的常染色体中观察到了独特的、来自一种未知的古老人类的遗传成分(约 2.7%—5.8%)[23]。这个未知的古老人群与"丹人—尼人—现代人类”的始祖群体在常染色体水平的分离时间是140万—90万年前，或者400万—110万年前[23]。丹人的常染色体中也有少量来自阿尔泰山尼人的遗传成分[2,56]。

基于上述常染色体数据以及牙齿形态的证据，科学家们认为不同人类种群之间母系谱系与常染色体亲缘关系之间的不匹配是由多次混血造成的。目前，学者们认为典型尼人的母系很可能是早期尼人通过与非洲现代人类的直系祖先人群的混血而获得的[43,48]。另一方面，学者们认为丹人的母系很有可能是与一种未知的、远古的人类种群混合的产物[23,43,56,57]，这个未知的种群有可能是某个海德堡人的分支[43,57]，或者是欧洲的先驱人[43]和直立人[23]。学者们还认为，来自未知人类种群的混血，很有可能也是导致丹人的牙齿形态与尼人、胡瑟谷古人以及现代人类有很大差异的原因[56]。基于上述最古老的母系的分化年代(104万年前)，我们认为比较合理的解释是这种未知的古人可能属于智人种群的最古老分支之一，也就是先驱人的亲缘群体(如图6.1所示)。但这一假设仍有不能解释的问题：这次假设的混血事件为丹人和胡瑟谷古人带来了共同的母系，但何以丹人的牙齿形态与胡瑟谷古人以及尼人都存在较大差别？考虑到南亚、东南亚和东亚地区在50万—5万年前存在很多其他的古老型人类种群，我们推测丹人基因组中来自远古人类的基因渗入可能发生过多次，而导致母系和牙齿形态发生变化的混血时间可能是不同的。而另外一种可能性也不能完全排除：即丹人和胡瑟谷古人所属的母系类型本来就是所有70万年前之后分化出来的人类种群(大致可以用海德堡人这一概念来概括)的母系类型，而现代人的直系祖先在之后的某个时代获得了非洲大陆上一种未知古人(在100余万年前与海德堡人分离)的母系，并在40万年前将这种母系传递给了典型尼人的直系祖先。以上两种可能性还有待古DNA的验证。

来自丹人的遗传成分并没有出现在非洲之外所有的现代人类群体之中[56]。丹人的成分主要出现在南亚人群(<1%)[60,61]、东南亚岛屿地区人群[62]、巴布亚新几内亚人(约4.0%)[56]、美拉尼西亚人(约4.8%)[56]、澳大利亚原住民(约3.18%)[23,63]、东亚人(<1%)[60]、北亚人群和美洲原住民之中[61,62,64]。现代人与丹人的混合可能发生过多次。第一次混血导致丹人的遗传成分出现在欧亚大陆东部几乎所有人群之中，尽管频率很低[56,61,62]。第二次混血则可能发生在西藏人的始祖群体之中。学者们推测，尽管目前只在阿尔泰山的丹尼索瓦洞穴发现丹人的遗骨，但丹人很可能分布在十分辽阔的地

理区域[56,62,64]，包括南亚、东南亚、东亚和南西伯利亚地区。丹人生活的年代和地域与东亚早期智人存在相当程度的重合，因此也有学者推测，东亚早期智人有可能可以被包括在丹人这一概念之中。目前，我们还不能完全确定现代人的始祖群体与丹人群体发生的混合次数和具体的地点。第一次混合可能发生在中东与南亚之间。可能发生在东南亚的一次混合导致大洋洲人群和部分东南亚岛屿地区人群有高比例的丹人成分。可能在东亚地区西北部发生过一次混合，导致西藏人群中含有少量丹人成分。另外，在阿尔泰山地区丹尼索瓦洞穴或其附近地区可能也发生过一次混合。

据研究，来自丹人的遗传成分提高了现代人的免疫系统对疾病的抵抗能力[31-33]。此外，一个有意思的发现是丹人成分的混合可能与西藏人群高原适应的关系。研究者认为，西藏人群基因组中的 EPAS1 是源自丹人的基因渗入[65-67]，帮助高原上的人群适应高原环境。但也有学者认为虽然高原人群基因组中确实存在丹人基因成分的渗入[68]，但 EPAS1 是否属于这些片段还不能最终确定[69]。西藏人群中的 EPAS1 单倍型仅存在于丹人基因组中，而含有高比例丹人成分的美拉尼西亚人中却没有这一基因片段。因此有学者推测，这是一次独立的混合事件引入的[65-67]。

对丹人基因组的研究帮助我们更好地理解东亚人类的演化过程。如上所述，东亚早期智人有可能可以被包括在丹人这一概念之中。东亚早期智人在年代上继承更早的直立人，而早于东亚地区晚期智人的出现。有学者主张东亚晚期智人有可能是经由东亚直立人→早期智人→晚期智人这样的途径连续演化而来。因此，东亚早期智人是研究东亚现代人起源非常关键的一环。未来针对东亚早期智人的全基因组、父系 Y 染色体和母系线粒体的研究可能会出现 3 种结果。其一，东亚早期智人与丹人属于同一个种群，或者是丹人不同的、独立的海德堡人后裔种群，那么这些研究将说明东亚早期智人既不是东亚直立人的直系后裔，也不是东亚晚期智人的直系祖先。不过，在这种情况下，需要回答现代东亚人群何以没有较高比例的丹人成分或者早期智人成分。其二，东亚早期智人的遗传成分与目前所有已知的古老型人类的分离年代超过 140 万年，则说明东亚早期智人很可能是东亚直立人的直系后裔，但不是东亚现代人的直系祖先。其三，东亚早期智人内部包含直立人后裔、类似丹人的个体、独立的海德堡人后裔种群以及三者混合后裔。另外，研究丹人或东亚早期智人对现代人的遗传贡献以及这些成分的生物学功能，将是一个更有趣的领域。如果东亚早期智人相关的古 DNA 研究揭示了与上述情况都不同的结果，那我们就需要全面地检讨我们对东亚人类演化历史的认识。

6.4　非洲和东亚人群基因组中其他远古人类的混合

非洲人群遗传结构中来自古老型人类的混合是一直被忽略的部分。因为研究尼人和丹人对现代人的基因渗入的前提之一，就是这种渗入成分（几乎）不在于非洲人群之中。这一假设前提本身就忽略了未知的古老型人类对非洲人群的基因渗入。不过，学者们很早就认识到这一点，并建立了不同的模型来研究非洲人群基因组中的古老成分[70-72]。2009年的一项研究在欧洲、东亚和西非人群的基因组中都检测到了来自古老型人类的混合成分。M. F. Hammer等人在2011年发表了一项研究成果认为在撒哈拉以南非洲人群的基因组中有2%的比例来自一种古老型人类[73]。这种古老型人类大约在70万年前（150万—12.5万年）与现代人的始祖群体发生分离，而混血事件则发生在约3.5万年前（<7万年）。此外，非洲人群基因组中的4qMB179片段源自一个与现代人已经分离了125万年（210万—70万年）的古老型人类，混合的时间约为3.7万年（13.7万—1万年）前。另外一个研究小组对非洲的采集狩猎人群的基因组进行了研究[74]，结果也发现大量来自古老型人类的混合。研究者发现，这些来自古人的片段与现代人类种群基因组的片段的分离时间为100万—30万年前，而最古老的分离时间可达130万—120万年前。2016年发表的一项研究显示，在非洲中部俾格米人的基因组中也存在大量来自古老型人类的基因渗入[75]。这些来自古人的片段与现代人在基因组上的分离时间的中值为104万年（散布在360万—53万年前的范围内），最近的一次混合可能发生在9 000年前。这些研究结果说明非洲人群的祖先群体与其他古老型人群的混合历史很复杂。

尽管M. F. Hammer的研究给出的年代的方差很大，但其关键的分离/混合年代与其他基于尼人/丹人全基因组数据所给出的年代是吻合的[23,56,57]。70万—66万年前这个时间段大致相当于智人三大分支（丹人、尼人和现代人）的分离年代，在考古上对应于脑容量显著高于直立人的海德堡人出现的年代。而40万—35万年前这个时间段大致相当于尼人和现代人发生混合的年代，在考古上相当于第三模式石器工业（勒瓦娄哇技术）的出现。当然，基于尼人和丹人全基因组数据的计算相对更加准确。

研究者们在东亚人群[68]和美拉尼西亚人[76]的基因组中也观察到了来自

尼人和丹人之外其他未知古老型人类的遗传成分。但目前尚不清楚这些成分对应哪些考古学上的人类种群。由于来自古老型人类的混合成分会随着时间的流逝而被稀释，因此研究者们期待在东亚地区年代较为古老的晚期智人身上观察到比较多的古老成分。不过，通过对田园洞人（约 4 万年前）常染色体 DNA（主要是 21 号染色体）的研究[77]，研究者发现田园洞人基因组中来自尼人和丹人的成分与现代欧亚大陆人群的比例相当（都接近痕量）。这项研究说明，至少在整个欧亚大陆东部现代人类群体的层面上，来自尼人和丹人的遗传成分在约 4 万年前已经基本稳定地存在了。因此可以推测东亚人始祖群体最后一次与丹人的混合发生在早于 4 万年前的年代。此后在东亚和东南亚地区也可能发生过多次现代人祖先与丹人（或早期智人）的混合，但这些混合的影响很可能是小范围的，就像在青藏高原人群基因组中可能来自丹人的那些成分（EPAS1 单倍型）。

此外，也有学者提出了一些其他的人类种群混合事件。有学者对与大脑发育有关的微脑磷脂基因（microcephalin，MCPH1）进行了研究[78]，结果认为现代人类 MCPH1 的 D 单倍型源自一种与现代人已经分离了大约 110 万年的古老型人类，基因渗入发生的年代大约在 3.7 万年前。由于这个基因可能经历过极其强烈的选择效应，并且经计算得到的年代晚于欧亚大陆人群扩张的时间，因此我们认为混合发生的年代还需要进一步研究。

6.5 石器技术的演化与人类的扩散

对尼人、丹人和胡瑟谷古人的古 DNA 研究极大地改变了我们对近 100 万年以来的人类演化历史的认识。而石器是目前考古所能发现的远古人类活动的最重要遗物之一。为此，基于以上所提到由古 DNA 研究带来的新知识，我们重新回顾了石器技术的演变所反映的人类演化历史，以期为以往有争议的地方提供一些新的看法。

传统意义上所称的“人类”，是指生物分类学上真人属的各个物种。通常认为，奥杜韦石器工业是由能人创造的。位于埃塞俄比亚的戛纳（Gona）遗址是目前已发现的最早的旧石器遗址，距今约 250 万年前[79,80]。此后，石器技术在不同的人类种群中不断进步，并一直被使用到近现代时期。由于石器制作技术的复杂性，考古学家认为：所有的石器生产都必须在技术知识的指导下才能实现，这些知识是打制者通过学习掌握的，所以在没有创新的前提下，这些旧有的石器制作知识是很稳定的。根据这一理论前提，考古学家们提出了"旧石器技术分析法"，以辨识和区分不同的人类种群创造的石器[81,82]。"旧石器技术分析法"被认为是经典的考古学研究方法之一，揭示了远古时期人类的演化过程和历史活动。

在前人研究成果的基础上，考古学家 G. Clark 在 20 世纪 70 年代前后提出了关于人类旧石器时代石器工业演化过程的理论体系[83]。他认为，尽管存在各种细节上的形态差异，旧石器时代人类的石器制作技术依然可以被归类为前后相继的 5 种模式。具体为：第一模式，亦称奥杜韦技术（Oldowan technology），运用锤击法和砸击法制作简陋的石核制品；第二模式，亦称阿舍利技术（Acheulean technology），出现两面加工的手斧和薄刃斧等石器，以阿舍利手斧而著称；第三模式，以勒瓦娄哇技术（Levallois technology）为主，其技术特征是使用硬锤和软锤打击法从预制的石核上剥离石片并进一步加工，主要分为非洲的旧石器时代中期（Middle Stone Age）诸文化以及欧洲的莫斯特文化（Mousterian Culture）；第四模式，亦称旧石器时代晚期技术（Upper Paleolithic technology），其典型器物是从预制有平直脊的石核上剥制的两侧中上部平行或近平行、背面有平直的脊、长度一般为宽度两倍或以上、宽度超过 12 mm 的石片[84]；第五模式，被认为是旧石器时代中期的典型技术模式，典型器物包括出现于西亚、北非和欧洲的几何形细石器和亚洲北部的非几何形细石器。值得说明的是，基于第三模式的勒瓦娄哇技术制作的石片类型（flakes）的石器在广义上也可以被认为是石叶的一种，但其与第四模式的典型石叶（blades）存在本质上的区别。G. Clark 所总结的体系不排除在所提出的技术模式之外存在其他同时代的石器技术，也不排除世界上不同地区的石器技术模式的转变过程存在时间的差异。J. Shea 在 2013 年之后提出了一个包含 9 种技术模式的理论体系，加深了人们对人类石器技术演化过程的理解[85,86]。

考古学家在很早的时候就注意到欧亚大陆东部地区石器模式演变的过程与非洲和欧亚大陆西部地区存在较大差异。基于当时在东亚和东南亚没有发现手斧的考古现状，H. L. Movius 在 1949 年提出了著名的莫维斯线（Movius Line）[87]。这一理论极大地促进了学者们对早期人类演化过程以及石器传播过程的研究。不过，考古学家之后陆续在东亚和东南亚多个地区发现了手斧。这些发现事实上已经否定了莫维斯线。在 2001 年，C. G. Gamble 和 G. D. Marshall提出了罗氏线（Roe Line），用以解释世界上不同地区的手斧制作模式的差异[88]。从约 166 万年前古人出现泥河湾遗址[89]直到约 3 万年前细石器出现之时，东亚地区的石器基本维持在奥杜韦技术体系内，包括北方的小石片工业体系和南方的大型砾石石器体系。东亚早期人类的石器模式一直是以第一模式为主，间或出现很少的体现其他技术模式的石器组合[90,91]。东亚的考古学家把东亚地区石器模式在更新世期间的不间断延续作为支持东亚地区人类"连续演化附带杂交"假说的支持证据之一。在这里，我们将结合一些新的证据对东亚地区石器模式的演化过程进行讨论。

第一模式的奥杜韦类型石器被认为是由能人创造的。能人和树居人是真人属之下最初的两个分支(图 6.2)。在非洲，基于奥杜韦技术的石器繁荣的时段从约 250 万年前一直延续到约 170 万年前。但同类技术在 100 万年前仍被使用，在非洲的部分地区甚至延续到 25 万年前[83]。在东亚地区，与非洲的奥杜韦技术平行的技术体系被称为"砍砸器传统"(chopper-chopping tool tradition)或"简单石核—石片工业"(simple core-flake industry)。东亚的砍砸器传统一直延续到旧石器时代结束之时。

在约 170 万年前后(Konso 和 Kokiselei 等遗址)，第二模式的石器技术兴起，手斧等器物出现[92-94]。考古学家认为这对应了非洲直立人的兴起、智力上的演化以及技术上的进步。在约 60 万年前，手斧变得更薄，经过了全面的修整，因而显得更为精致和对称[95]。以距今 60 万年前为界，考古学家把手斧分为早期阶段和晚期阶段。晚期阶段的手斧明显经历了复杂化的过程，并且很可能使用了新的方法——软锤法(比如木头和骨头)来进行制作。考古学家认为这对应海德堡人在非洲的兴起以及向欧洲扩散的阶段[95]。目前最早的伴随第二模式石器出现的海德堡人遗址是埃塞俄比亚的 Bodo 遗址(约 60 万年前)[44,96]。在非洲西部的森林地区，手斧在相当晚的时间才替代第一模式的石器。在欧洲发现的阿舍利手斧是第二模式石器的典型器物，被认为随着海德堡人的到来而出现。基于阿舍利技术传统制作的石器在欧洲一直延续到距今 10 万年前[97]。南亚地区出现手斧的主要遗址介于 40 万—12.5 万年前[98]。但 Attirampakkam 遗址的手斧的年代为 150 万年前[99]。根据目前的考古材料，手斧广泛分布于东亚和东南亚地区。其中，印度尼西亚的 Ngebung 2、Wolo Sege 和 Liang Bua 等多个遗址中都发现了手斧[100]。在中国的百色盆地发现的手斧的年代距今约 80 万年前。在秦岭—汉水流域发现了数量极为庞大的手斧及其伴生石器，其年代下限为约 5 万年前，上限可达 25 万年前或更早[101,102]。东亚地区的手斧的年代上限似乎可以接续南亚地区和中亚—蒙古

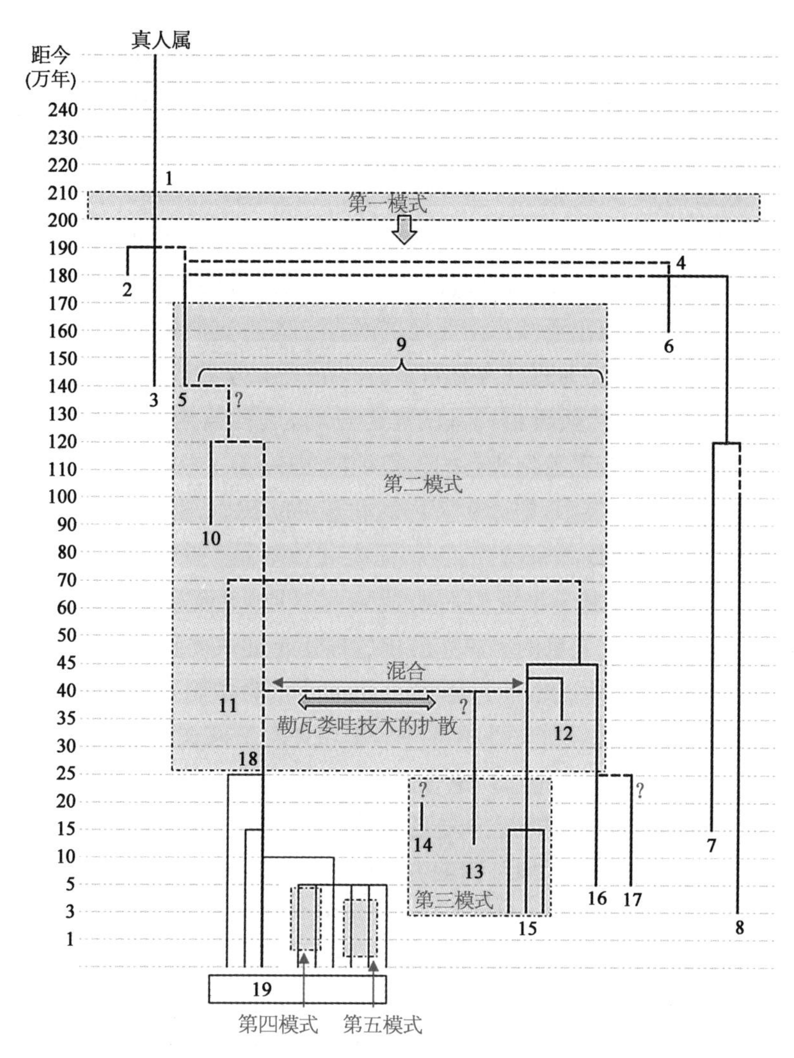

图 6.2 旧石器时代人类石器技术的 5 种模式

注：1. 真人属；2. 鲁道夫人(*H. rudolfensis*)；3. 能人；4. 直立人；5. 匠人；6. 格鲁吉亚人；7. 东亚直立人；8. 梭罗人(*H. soloensis*)；9. 智人；10. 先驱人；11. 欧洲海德堡人；12. 胡瑟谷人；13. 罗德西亚人；14. 长者智人；15. 弗洛勒斯人；16. 丹人；17. 东亚早期智人；18. 赫尔梅人；19. 晚期智人。

地区的手斧的年代。韩国临津江—汉滩江地区(IHRB)的手斧距今约 35 万—30 万年前[103]。此外，在越南的度山遗址和蒙古国的 Tsagan-Agui 遗址也发现了手斧。

从已有的证据看，第二模式的石器技术可能仅仅是非洲地区的匠人的技术创新。关于匠人和直立人之间的关系，目前学者们还没有达成一致观点：或者认为直立人是匠人的早期分支，或者认为匠人和直立人是两个平行的分支，或者认为匠人事实上是直立人位于非洲的一个小分支。我们在图 6.2 展示了匠人与直立人早期分化的复杂状态。在格鲁吉亚 Dmanisi 遗址发现了很多格鲁吉亚人的遗骸，其年代距今 180 万年前[104]。这个年代早于手斧出现在非洲的年代(约 170 万年前)。因此，部分学者主张直立人有可能是在非洲之外的地区(中东—高加索地区)演化的。考虑到手斧出现的年代晚于不同地区直立人的扩散年代，以及东亚和东南亚地区的直立人一直使用第一模式的石器，匠人很可能可以被归类为直立人分布于非洲的一个分支。这意味着第二模式的石器技术属于全体人类种群内部的局部创新，这种技术出现之后发生了大范围的扩散，但并没有覆盖到所有的人类种群之中。

第三模式的石器技术，即通常所称的勒瓦娄哇技术，事实上是经过漫长的时间从第二模式中孕育出来的[105]。勒瓦娄哇技术是一个由多个技术要素构成的复杂技术体系。由于学者们对所谓的"前(原)勒瓦娄哇(pre-Levallois/proto-Levallois)"技术要素的起源和演化过程还未达成一致，第三模式石器技术的确切起源时间和地点还有争议[106]。但通常认为预制石核的做法在 50 万年前已经出现在非洲。到了 25 万年前，典型的第三模式石器开始在非洲东部、南部和北部，以及欧洲地区快速扩散[52]。欧洲的第三模式石器文化被称为莫斯特文化，通常被认为是尼人创造的文化。莫斯特文化也盛行于中东地区，并扩散到了中亚、阿尔泰山地区和蒙古高原及其周围地区[107]。尼人本身创造的莫斯特文化并没有扩散到南亚，这可能是因为在其扩散之时南亚地区还生活着更早时期迁徙过去的使用手斧的人类种群。

非洲的第三模式石器文化被归类为"旧石器时代中期(约 28 万—5 万年前)"[55,108]。由于非洲旧石器时代中期的某些石器技术事实上可以追溯到 55 万年前(如 Kapthurin Formation)，也有一些学者把这个年代作为非洲旧石器时代中期开始的时间[51,105,106]。第三模式的石器技术在东非、北非、欧洲和中东地区经历成功的扩散，但在非洲撒哈拉以南的其他地区则是不同的情形。撒哈拉以南草原地区的福尔史密斯文化(Fauresmith Culture，约 55 万—25 万年前)的后期阶段虽然兼有圆盘状石核技术(也属于第三模式的勒瓦娄哇技术)，但其主体继承自之前的阿舍利手斧文化传统[51,109]。撒哈拉以南森林地区的桑戈文化(Sangoan Culture，约 13 万—1 万年前)则一直保持着阿舍利手斧文化的传统。另一方面，福尔史密斯文化本身的内涵以及确切的起止年代尚有待进一步研究[109]。福尔史密斯文化被认为是罗德西亚人的考古文化，而罗德西亚人被认为是现代人的直系祖先[110]。而桑戈文化则被认为与非洲现代人的活动直接相关。

根据以上论述，我们认为第三模式的石器技术也仅仅是一小部分人类种群的技术创新，此类技术兴起之后并没有传播到所有的人类种群之中。第三模式的石器技术可能是由罗德西亚人创造的(如果接受罗德西亚人这个概念能够包括尼人的始祖群体以及现代人类的直系祖先的话)。第三模式的石器在南亚和东亚很罕见。在撒哈拉以南的非洲，旧石器时代中期福尔史密斯文化以及桑戈文化的石器技术主要继承了第二模式(手斧)的传统，而并不属于典型的第三模式石器技术，即莫斯特文化石器技术。重要的是，福尔史密斯文化以及桑戈文化的居民被认为是现代人类直系祖先。当然，另一方面，在 40 万—15 万年前，现代人类的直系祖先与其他的古老型智人(包括可能与尼人有亲缘关系的种群)在非洲东部毗邻而居。由于两者之间并不存在生殖隔离，因此可能存在长期的遗传交流和文化交流。这种情况可能导致我们很难从考古材料的角度去区分这两个种群。勒瓦娄哇技术有可能是由尼人的直系祖先(即非洲海德堡人)所创造，然后被现代人类的直系祖先所学习。但也有可能勒瓦娄哇技术是现代人类的直系祖先所创造，然后被尼人的直系祖先所学习。目前的现状是：① 福尔史密斯文化以及桑戈文化的古代居民很可能是现代人类的直系祖先，主要的石器传统是第二模式的手斧，但在福尔史密斯文化的后期阶段也出现了第三模式的勒瓦娄哇技术；② 尼人创造的莫斯特文化是最典型的第三模式石器技术。由于目前考古学家所认为的非洲海德堡人或者罗德西亚人同时包括了尼人的祖先群体和现代人的祖先群体[3]，因此我们难以从考古学的角度去探究创造勒瓦娄哇技术的最初人群的归属。

10 万—5 万年前中东地区的古代人类及其文化特征是非常值得重视的。参照考古学的证据，现代人类在 10 万年前已经走出非洲并在中东地区留下了以色列的 Qafzeh 等遗址[111,112]。2016 年的两篇重要文献分析了全世界人类的全基因组数据，支持考古学证据所主张的走出非洲年代(早于 10 万年前)[113,114]。但是，尼人在中东地区的存在一直延续到 4 万年前。在以色列 Qafzeh 等遗址出土的人类遗骸可明确判断为现代人，但伴生的石器却无法与尼人创造的莫斯特文化中的石器相区别[115]。从传统的观点来看，这种情况是十分难以理解的。但是，通过比较尼人和现代人类的基因组，研究者发现在走出非洲的早期阶段，现代人类与尼人发生过混血，并且来自尼人的 DNA 片段出现在所有非洲之外的现代人类的基因组中，这意味着混血的后裔是现在所有非洲之外的现代人类的直系祖先[23]。由此可以推测，不管走出非洲的那个人类始祖群体生活在非洲之时采用何种石器技术，在扩散到中东地区之后，他们与当地的尼人发生了遗传交流，并且习得了后者的石器技术[115]。

第四模式的石器技术大约在5万—4.5万年前出现于黎凡特地区[116]，其特征是石叶工业以及共生的端刮器、雕刻器、石锥、尖状器、骨器和角器等。奥瑞纳文化(Aurignacian Culture)是最典型的第四石器模式考古文化。奥瑞纳文化以及类似的考古文化在4.5万年前之后强势覆盖了欧洲的大部分地区。第四模式的石叶工业也扩散到了南西伯利亚、贝加尔湖地区以及中国华北的水洞沟遗址中。在非洲，第四模式的石叶工业只出现在与中东邻近的北部和东部边沿地区。值得说明的是，在中东地区出现的第四模式——石叶工业与当地盛行已久的第三模式的莫斯特文化有很深的渊源，可视为后者的一个变体。由此可见，第四模式的石器技术也仅仅是一小部分人类种群的技术创新，分布在非洲大部分地区、南亚、东南亚、澳大利亚和东亚地区的现代人类在更早的时间里已经与中东地区创造第四模式的现代人类群体发生了分离。由于第四模式的石叶工业在中国境内仅零星出现，在后文讨论东亚石器模式的演变时将不涉及第四模式。

第五模式的石器工业以石器的小型化和复杂化为特征。非洲和欧亚大陆西部的几何形细石器与亚洲北部的非几何形细石器是独立起源的。在距今4万年前开始，石器的小型化在全世界范围内都是普遍趋势。因此，第五模式的石器工业在世界各地的出现并没有伴随着广泛的人群扩散而扩散。在欧亚东部地区，细石器技术可能是在南西伯利亚地区起源并向华北、朝鲜半岛、亚洲东北部和美洲西北部扩散的。细石器技术一度分布于中国北方地区，但始终没有在整个东亚地区成为主流。因此，我们在后文讨论东亚石器模式的演变时将不涉及第五模式。

旧石器时代东亚地区的石器工业一直以第一模式为主。在现有的证据下，我们可以重新考虑这一现状的成因。以往的疑问在于，在“走出非洲”的理论前提下，为什么在直立人之后从非洲地区迁来的晚近的人类群体没有带来新的石器技术并全面覆盖旧有的石器技术？这确实是一个很值得思考的问题。

新的石器技术未能从某一个时空的人类种群(种群1)中间传播到另一个时空的人类种群(种群2)之中，原因可能有多种。其一，种群2与种群1在起源和时空分布上是独立的，彼此没有晚近的亲缘关系和文化交流。其二，种群 2 是创造新技术的种群 1 的直系后裔，但在扩散的过程中，由于生存环境和获取食物的方式的彻底改变，种群 2 抛弃了新技术而采用了适应新的生存环境的(旧)技术。其三，种群 2 是创造新技术的种群 1 的直系后裔，但在扩散的过程中遇到了另一种技术体系的种群(种群 3)，与后者发生混血并继承了后者的技术体系。其四，创造了新技术的种群 1 的后裔(种群 2)在长距离迁徙或灾难事件中经历了强烈的瓶颈效应，遗忘了新的技术而退回到最原始的技术体系之中。

第二石器模式的手斧没有在东亚广泛扩散的原因可能有多种。如上所述，第二模式的手斧有可能只是非洲匠人的技术创新，在更早时期已经分化出去的其他直立人种群不拥有这一技术是很正常的状态。另一方面，如前文所述，目前的考古学证据表明在 30 万年以前手斧事实上广泛分布于东南亚和东亚地区，只是遗址的数量不多。如果直立人在东亚和东南亚地区持续存在而带来手斧技术的新移民的人口数量很少，那么出现目前看到的第一模式始终在东亚地区占据主流地位的现状也是很正常的状态。

我们观察到东亚早期智人开始繁荣的时间与秦岭—汉水流域出现大量手斧的时间存在一定程度的契合。目前已知的东亚早期智人的年代在距今 26 万年(金牛山人)前至 10 万年(许家窑人)前。另一方面，秦岭—汉水流域出现了大量的手斧以及伴生的薄刃斧和手镐，因此可以毫无争议地归入典型的第二模式石器工业之中[91]。王社江等学者对经过科学发掘的秦岭—汉水流域遗址进行了分析，结果显示手斧等石器出现的年代下限是约 5 万年前，上限可达中更新世中晚期(约 25 万年前或更早)[101,102]。手斧等石器既出现在中更新世黄土地层中，也出现在晚更新世黄土地层中。按我国学者的主张，东亚早期智人是由东亚直立人演化而来，其颅骨特征是直立人颅骨性状自然演变的结果。但也有学者主张东亚早期智人与非洲和欧洲的海德堡人更为接近[54]。秦岭—汉水流域的手斧持续的时间很长，应是一个长期存在的人类种群的遗物。该地区的手斧可能是经由中亚和蒙古扩散而来，也可能是经过南亚地区扩散而来。根据以上证据，需要考虑以下可能性：非洲海德堡人的后裔向东亚的迁徙导致了手斧等石器工业在秦岭—汉水流域的出现。目前还难以确定这一次迁徙是否也是导致早期智人出现在东亚的原因。在这种假设之下，仍需要解释为什么已发现的东亚早期智人并不伴生手斧等石器。我们推测，有可能是上述第二种(环境改变)和第四种(瓶颈效应导致技术退化)原因导致的。但也有可能，东亚早期智人本身不是一个具有晚近共祖的同质性的人类种群，而可能是多个异质性的人类种群的混合，如同时包含直立人的后裔、海德堡人的多个后裔分支以及混血种群。

晚期智人在东亚地区的扩散没有带来第三模式的石器工业，这一点也是值得考虑的问题。如前文所述，在走出非洲的早期阶段，现代人类与中东的尼人发生遗传上的混合并使用莫斯特类型石器技术。目前所有非洲之外的现代人类都是这个混血群体的后裔。但我们发现，到了距今 4.5 万年前后，现代人类已经分化成相当多的支系并扩散到全世界各个地区，并没有任何一个支系还在使用典型的莫斯特类型石器技术，部分采用经创新而形成的第四模式石器技术。这说明在 10 万—5 万年前现代人类与尼人之间混血的次数非常有限，并且可能在混血之后不久，尼人和现代人类的种群就发生了分离，以致无法保持莫斯特类型石器技术的传承。另一方面，我们认为，上述第二种（环境改变）和第四种（瓶颈效应导致技术退化）原因也可能是导致现代人类没有传承莫斯特类型石器技术的重要原因之一。根据分子人类学对人类 Y 染色体的研究，现代人类父系在 10 万—5.5 万年前之间经历了长期的瓶颈效应[117]。约在 10 万年前走出非洲的父系共祖类型 CT-M168 在 5.5 万年前只留下了 4 个幸存的男性后裔。以人类世代为 30 年计算，在长达 4.5 万年的时间里这部分人类经历了约 1 500 代的传承。在此期间，这部分人类还经历了第四纪已知的最大的火山喷发——多巴火山喷发。多巴火山喷发的时间与父系 CT-M168 在 10 万—7.4 万年前经历的长期瓶颈期的下限十分吻合。因此我们猜测，多巴火山喷发一定程度上导致了东南亚和南亚地区现代人数量的减少。此外，父系类型 CT-M168 的后裔扩散到澳大利亚，和东亚的距离非常遥远。长途迁徙、灾难和极少的人口数量等因素在遗传上会造成强烈的瓶颈效应。

在之前的研究中，学者们对于手斧及其后的其他石器技术没有传播到东亚和东南亚地区的原因提出了多种假说。一些学者提出，当人类迁徙到南亚和东南亚的热带和亚热带区域之时，获取食物的主要方式从狩猎变为采集植物的果实和块茎，用于狩猎和宰杀大型野兽的复杂石器工具变得无用，而简单的砍砸器和石片工具就足以应付日常所需[118,119]。而第二模式的阿舍利手斧以及第三模式的三角形尖状器和刮削器正是捕获以及分割大型野兽的极佳工具。在此基础之上，考古学家 G. Pope 提出了“竹制工具替代假说”，认为在东南亚的热带雨林之中，竹制工具和木制工具能够实现生存所必要的功能，因此替代了手斧以及其他复杂的石器技术[120]。此外，还有学者提出东南亚当地缺乏优质的原材料可能也是第二和第三模式石器技术被放弃的原因之一[121]。S. J. Lycett 和 R. Dennell 等多位学者提出，在人类从南亚前往东南亚和东亚的过程中，一系列自北向南流动的河流是他们的巨大障碍，特别是河面十分宽广的恒河三角洲[122]。能够越过这些障碍的人类种群的人口数量可能非常少，之后快速扩散到东南亚和东亚的不同区域，彼此之间孤立而且没有技术交流。这种情形很有可能导致原有的石器技术体系的丢失，从而退化到使用最原始的第一模式的石器技术[103,123]。特别值得一提的是第二模式的手斧在非洲大陆的扩散范围。我们知道，手斧在 170 万年前已经在非洲东部出现，但直到约 30 万年前整个非洲大陆出现大范围的干旱化之时，手斧才出现在非洲中西部沿海地区，也就是目前热带雨林覆盖的地区[52]。这可能意味着，对于在热带雨林中生存的旧石器人群而言，手斧等复杂的石器技术确实不是必需的。以上的部分假说是在东亚地区和东南亚地区尚未发现手斧的情况下提出的。在这些地区已经发现多处手斧遗址的今天，我们认为这些学者的理论仍然非常有价值。

关于技术退化，陈淳在一篇论文中举出了多个实例[124]。相较于更早的梭鲁特文化，欧洲的早期马格德林文化显示了一种特有的技术退化。北美西北部的细石器工艺随着时间的推进不断退化和衰落。近千年以来，澳大利亚原住民制作的石器远远落后于他们祖先创造的石器。

总之，我们在本节重新梳理了人类 5 种石器工业模式的兴起和扩散过程。我们认为，第二模式以及之后的其他石器技术都仅仅是一小部分人类种群的技术创新，在被创立之后虽然经历一定程度的扩散，但并没有扩散到所有的人类种群之中。在人类迁徙到东亚的过程中，有多种因素可能会导致石器技术退化到第一模式，包括长途迁徙、瓶颈效应、生存环境以及获取食物的方式的彻底改变等。因此，东亚地区石器工业第一模式的延续可能是上述多种原因造成的，是否能够作为判定人群连续演化的充分证据之一，尚有待进一步研究。

6.6　真人属内部人类种群的分化

在尼人和丹人的遗传学数据被报道之前，考古学家们对真人属内部人类种群的分化进行了长期的研究，有一些关键之处还存在争议。近年来有关尼人和丹人基因组的研究解决了一些以往的争议，但也引起了一些更复杂的难题。为此，我们重新绘制了真人属内部人类分支的分化关系图（图 6.3），其中整合了前文所述的古 DNA 研究引发的一些新认识。需要说明的是，目前无论是考古学还是遗传学的证据都说明人类的演化过程并不是简单的直线演化，各个分支之间存在广泛的基因交流，使谱系树呈现出网状演化的状态。但我们认为，在很早的时期已经分离的两个人类种群之间的混血会导致少量遗传

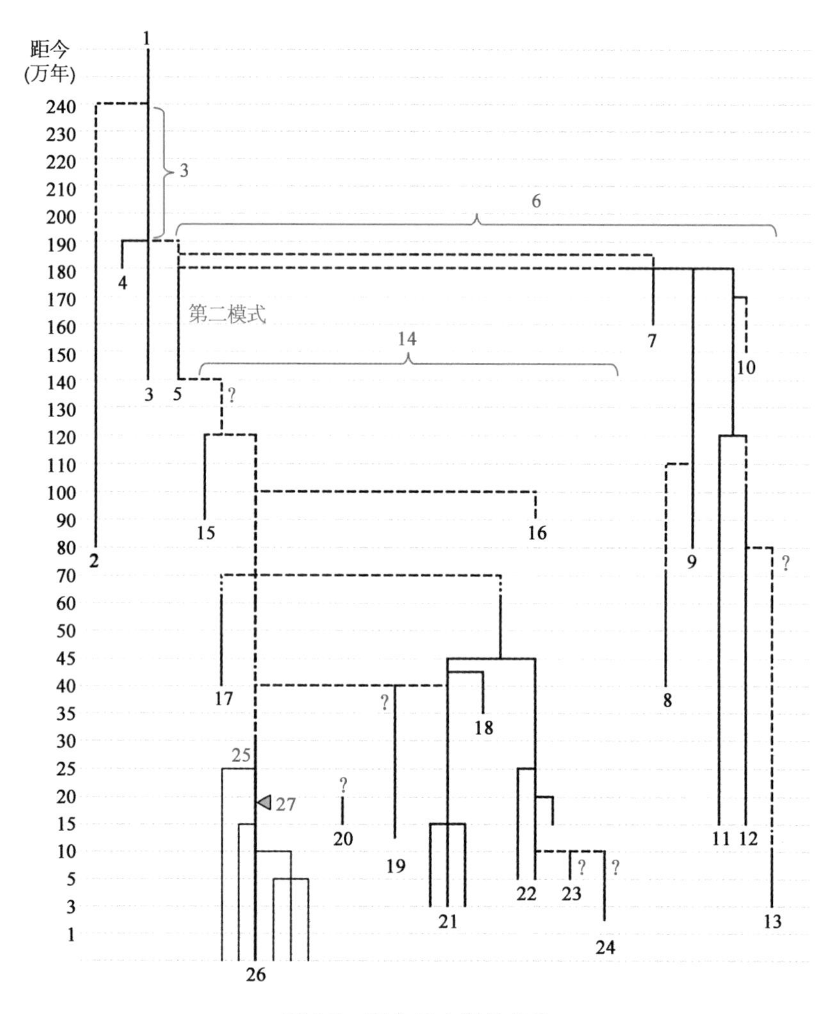

图 6.3 真人属内部的分化

1. 真人属；2. 树居人；3. 能人；4. 鲁道夫人；5. 匠人；6. 直立人；7. 格鲁及亚人；8. 托塔维尔人；9. 西布兰诺人；10. 元谋人；11. 东亚直立人；12. 梭罗人；13. 弗洛勒斯人；14. 智人；15. 先驱人；16. 未知人类种群；17. 海德堡人；18. 胡瑟谷人；19. 罗德西亚人；20. 长者智人；21. 尼人；22. 东亚早期智人；23. 丹人；24. 马鹿洞人（*H. Maludong*）；25. 赫尔梅人；26. 晚期智人；27. 奥莫人。

成分的渗入，但并不会影响两个种群本身在更早的时期已经分离的事实。因此，我们还是采取简化的方式来绘制整个分化关系图。

真人属内部最早的两个分支是能人和树居人。能人的延续时间约为 230 万—140 万年前[125,126]。已有的树居人化石的年代为 200 万—80 万年前[127]。但树居人的骨骼形态比能人的更为原始，因此推测树居人可能在早于 230 万年前就已与能人发生分离。

在 190 万—170 万年前，能人的后裔分化为直立人和匠人[128,129]。发现于肯尼亚的卢道夫人（约 190 万年前）可能也是能人的一个分支[130]。直立人在 180 万年前已经分化出去并最终扩散到了东亚和东南亚地区[128]。格鲁吉亚人是迄今为止非洲之外最早的人类化石，出现在距今 185 万年[104]前。此外，还有法国的托塔维尔人和意大利的西布兰诺人等亲缘分支。目前比较确定的东亚直立人的化石年代是从距今 120 万年前（蓝田人）到 15 万年前（和县直立人）。泥河湾遗址的早期人类遗迹的年代可达距今 170 万年前[89]。元谋人（*H. erectus yuanmouensis*）也可能处在这一时段，但其种属和年代都还有一些争议[131,132]。另一方面，东南亚地区的直立人的化石年代为距今 160 万年前（Sangiran, Indoniesian）到距今 5 万年前[133,134]。弗洛勒斯人（俗称小矮人）可能一直生活到 3 万年前，很可能是直立人后裔，但目前还有一点争议[135,136]。

在 170 万年前，伴随着第二模式石器工业（手斧）的出现，匠人出现在非洲东部和南部[128,137]，一直延续到 140 万年前，其脑容量比能人的大[138,139]，所制造的工具也比能人的更为进步。因此，考古学家认为匠人很有可能是现代人的直系祖先。如前文所述，匠人与直立人之间的分化关系目前还有争议：或者认为直立人是匠人的早期分支，或者认为匠人和直立人是两个平行的分支，或者认为匠人事实上是直立人位于非洲的一个分支。

目前我们对智人早期分化历史的认识还非常模糊。西班牙阿塔坡卡发现的先驱人有可能是最早的智人分支[140,141]。比较有意思的是，研究者认为先驱人的部分颅骨特征与中国的部分直立人有相似之处（如郧县直立人），可能代表了某种亲缘关系[142]。学者们认为先驱人可能可以代表从智人诞生到海德堡人诞生期间的智人分化的早期阶段，就像海德堡人可以代表智人分化的中期阶段那样[140]。目前年代最早的明确属于智人的人类种群是海德堡人[143]。这个新种群的平均脑容量显著超过直立人的平均脑容量，并且与现代人脑容量相当[143]。欧洲海德堡人的化石年代在 60 万—40 万年前。而狭义的罗德西亚人则包括那些非洲地区 40 万—20 万年前的人类化石[3]。罗德西亚人的骨骼很强壮，拥有发达的眉弓和很宽的面部，整体性状介于现代人和尼人之间[3,55]。罗德西亚人也被称为“非洲尼人”。

为了研究非洲地区那些脑容量较大、年代在70万—20万年前以及不能明确归属到尼人和现代人的那些古代人类化石，人类学家提出了广义的“海德堡人”的概念[53,143]。这种主张对相关化石的讨论和研究非常有利，因此为大部分学者所接受。狭义的海德堡人是指发现于欧洲的60万—40万年前的人类遗骸，以超过现代人类的平均脑容量和粗壮的体格而著称。广义的“海德堡人”包括自60万—20万年前非洲和欧洲所有脑容量接近现代人的那些人类遗骸，包括罗德西亚人和现代人的直系祖先。从生物演化的角度，我们觉得这种主张很有道理：广义的“海德堡人”的脑容量基本处于同一水平，且显著大于世界各地直立人的脑容量。把上述4种人类种群归类为一个群体是有生物学基础的。

但上述主张未能完全解决尼人独特体质特征的来源问题。在过去，一般认为尼人源自欧洲的海德堡人。但是，更精细的研究显示尼人的直接祖先更有可能生活在非洲大陆上[55,144-146]。有关非洲东部第三模式石器工业的起源和扩散历史的研究表明，掌握典型第三模式石器技术(也就是莫斯特文化)的典型尼人不太可能是使用手斧的欧洲海德堡人的直系后裔[52]。此外，广义的“海德堡人”内部很可能包含多个分离时间已经很久远的不同人类种群，甚至也包含了这些不同种群的混血后裔。这种状态事实上不利于讨论尼人和现代人的晚近的起源历史。为了研究尼人的起源，人类学家J. J. Hublin提出了新的主张[3]。他提出了广义的“罗德西亚人”概念，以便概括非洲和欧洲那些脑容量较大、年代在70万—20万年前的大部分古代人类化石。同时，他提出了广义的“尼人”的概念，用于囊括那些40万年前及其后所有带有部分或者全部典型尼人骨骼性状的那些古代人类化石。J. J. Hublin的主张很大程度上清晰地解决了尼人的起源问题。在本书中，我们完全同意J. J. Hublin关于广义尼人的定义，但更倾向于使用广义的“海德堡人”的概念，而不是广义的“罗德西亚人”的概念。

另一方面，有部分学者主张把非洲距今约28万—7万年前的一系列人类遗骸归类为赫尔梅人，并把赫尔梅人作为现代人的直系祖先[55,147]。其中著名的遗骸包括来自坦桑尼亚的Ngaloba人(37万—20万年前)、肯尼亚的Guomde人(30万—27万年前)、南非的Florisbad人(约26万年前)以及埃塞俄比亚的奥莫人(19万年前)。后三者的年代是对人骨测试而得到的，因此比较可靠。约 16 万年前的长者智人的骨骼性状介于罗德西亚人和现代人之间[148]。长者智人的骨骼较为粗壮，存在一些不见于现代人的特征，但较接近圆形的颅骨以及面部特征则与现代人类较为相似。因此，考古学家认为罗德西亚人是长者智人的祖先，而长者智人又是现代人的直系祖先。但是这种主张难以解释赫尔梅人和奥莫人的颅骨状态[55]。相比较而言，Florisbad 人和奥莫人比长者智人更加接近现代人，特别是就眉弓的形态而言。这就产生了矛盾：年代更晚的长者智人（约 16 万年前）比年代要早得多的 Florisbad 人（26 万年前）和奥莫人（约 19 万年前）更接近具有古老型智人特征（近似于尼人特征）的罗德西亚人。比较合理的做法是把赫尔梅人作为现代人的直系祖先，而罗德西亚人以及长者智人与现代人的亲缘关系则需要进一步研究。

根据尼人、丹人和胡瑟谷古人的全基因组数据，现代人的直系祖先在 66 万年前已经与"尼人—丹人"的共祖发生分离。按照 J. J. Hublin 的主张，胡瑟谷古人可以归属为广义的尼人。考虑到上述赫尔梅人、罗德西亚人和东亚早期智人的种种状态，我们对中更新世以后（78 万年前至今）的智人演化过程进行了归纳，折中地采取了上述各个学者的意见。其一，把赫尔梅人（28 万—7 万年前）作为现代人的直系祖先。其二，用广义的"尼人"的概念囊括那些 45 万年前及其后所有带有部分或者全部典型尼人骨骼性状的那些古代人类化石，也就是包括了胡瑟谷古人等化石。其三，正如吴新智先生提出的那样，目前已发现的东亚早期智人可划为一个单独的种群，即大荔人（*Homo Daliensis*，可能等价于丹人，有待古 DNA 证据）[149]。其三，用广义的"海德堡人"的概念来囊括那些不能明确归属于上述 3 个种群的古人类化石。其四，罗德西亚人（包括长者智人）的地位待定，可能是独立的海德堡人种群，也可能与广义的尼人更接近，还可能是尼人与现代人的直系祖先（也就是赫尔梅人及其祖先）混合的产物。关于罗德西亚人与尼人和现代人的关系问题，也还有待进一步研究。赫尔梅人的概念是否能够向上衍生到 40 万年前后，还有待更多的化石证据。此外，中国云南发现的马鹿洞人的种群归属也未定[150]。

6.7　"走出非洲，连续杂交"

根据尼人和丹人的古 DNA 数据，对于东亚地区现代人类的起源问题，金力在 2012 年之后对欧美学者提出的人类"走出非洲"学说进行了改进，在不同场合多次提出了"走出非洲，连续杂交"的学说（Out-of-Africa and Continuous

Introgression,简称 OA+CI 学说)[29,35]。这一学说的主要内涵是:① 非洲大陆是智人物种发生演化直至产生现代人直系祖先的区域,非洲之外的智人后裔种群都是非洲地区古代人类持续走出非洲向外扩散的结果;② 智人后裔各个种群之间不存在生殖隔离,因此可以持续不断地发生杂交。此外,由于存在相互之间的遗传物质的渗入,智人后裔各个种群的分化谱系出现一定程度的网状结构。但是我们认为,后期混血导致的少量遗传物质混合并不会影响两个种群在更早时期已经分离的事实。

在以往没有现代人类和古老型智人的 DNA 数据之时,考古学家根据骨骼材料的变化,推测欧洲地区的古代人类是连续演化的,沿着直立人→先驱人→海德堡人→早期尼人→典型尼人这样的途径持续发生演化(图 6.4)。如果仅仅考虑欧洲内部的人类化石材料,确实可以看到各种骨骼性状在逐步变化并最终演变为典型尼人。各种测量性状与非测量性状也显示这一系列人群是“连续演化”的,演化趋势是明显的。不过,如果考虑非洲以及亚洲的所有人类化石,则会呈现出完全不同的图景:智人[140]和海德堡人[54,143]都是在非洲地区产生和分化的(图 6.4),甚至尼人也很可能在非洲发生演化[146]。目前,至少已有古 DNA 证据表明,欧洲的早期尼人(胡瑟谷古人等)并不是典型尼人的直系祖先,而仅仅是典型尼人直系祖先的旁系亲缘群体[48]。目前化石本身的证据说明智人、海德堡人和赫尔梅人(现代人的直系祖先)都是在非洲地区演化的。对于东亚地区现代人类起源而言,我们认为很难出现例外的情况。但是,智人后裔各种群之间的混血可能会使不同种群之间的化石出现相似性,从而混淆了从化石的角度划分不同人类种群的边界。人类早期演化的历史可能很复杂。但我们认为,基于坚实的科学证据以及合理的科学逻辑,最终是能够还原真实的历史细节的。我们认为,以下研究逻辑是合理的:表观性状的相似性不构成确定前后直系继承关系的充分必要条件。表观性状的相似性确实指向较大的前后继承关系的可能性,但其他方面的证据也是需要考虑的因素。

东亚地区直立人、早期智人和晚期智人的骨骼性状中的一些相似之处被认为是东亚地区人类连续演化的关键证据。目前还不了解决定这些骨骼性状的基因以及这些基因的起源和扩散过程,因此我们无法从遗传学的角度去理解这些相似性的来源。但这些相似性的来源是关于东亚人类起源的重大问题。因此,我们对此做一些推测。导致相似性的第一个可能原因是:生物群落内部的某一个分支群体之中的某一个性状发生局部创新(比如基因突变)而导致外在形式(比如表型性状)发生改变。相对而言,没有发生创新的其他分

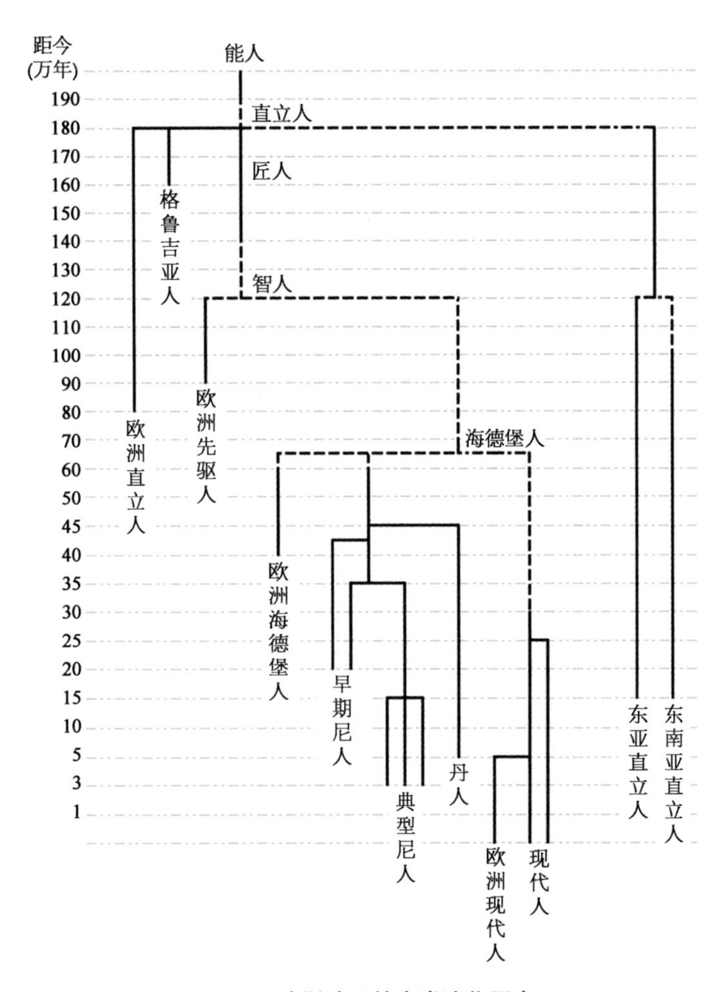

图6.4　欧洲地区的人类演化历史

支群体之间在这一个性状上会显示出相似性，如图6.5所示。这种创新不一定是基因上的，也可以是文化上的（如石器技术）。值得说明的是，在其他分支群体之中并非完全没有发生创新，只是创新发生在别的性状上。从科学论证的角度而言，种群中的某一个分支因为创新而导致表型发生变化，从而导致没有发生变化的其他分支表现出“相对的相似性”，这种状态并不足以成为支持“任意两个其他的分支群体之间存在直接的先后继承关系”的充分必要条件。

如图6.5所示，种群A内部在漫长的时间里分化出了很多支系。假设所有分支群体之间的谱系关系都已经是通过DNA确定的。而在种群A1c和A1b3之中分别在两个性状上发生了突变而导致表型发生变化，而其他种群在

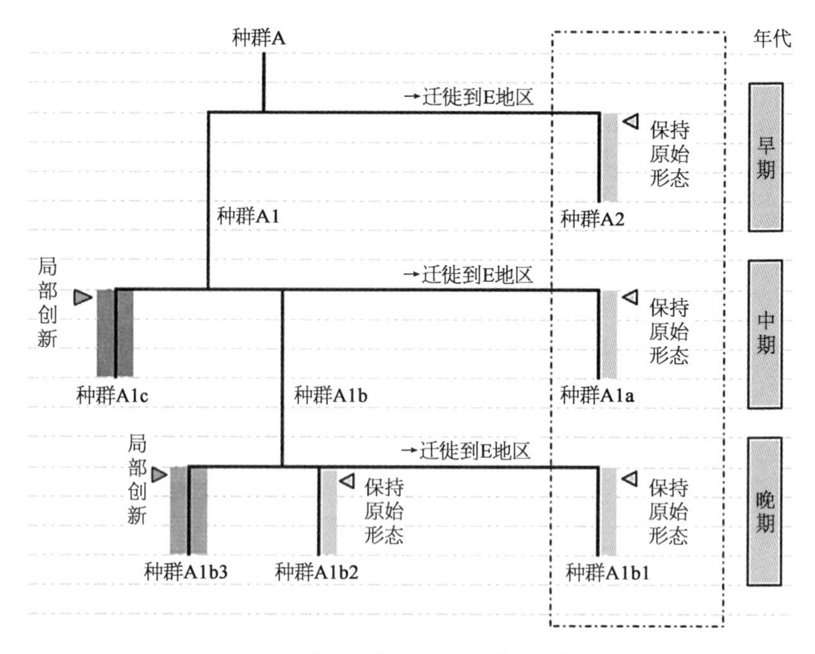

图 6.5　生物群落局部创新的简化模型

这两个性状上没有发生变异。这样，在不同的时期生活在E地区的3个种群A2、A1a和A1b1就会呈现出在两个性状上“连续演化”。但事实上这3个种群之间并不存在直接的先后继承关系。

就东亚地区的人类化石性状而言，人字缝间骨或印加骨可以作为一个例子。这个性状被作为东亚地区人类连续演化的证据之一，但是近代非洲人和现代非洲人也同样具有很高的比例。再如，铲形门齿这一性状在侏罗纪的早期哺乳动物中已经普遍存在[151,152]，这一性状也可能是所有智人种群的原始性状之一，因此可能并不适用于判断智人种群内部各个分支是否存在直系继承关系的依据。东亚人、科伊桑人和班图人之间的差异也可以作为一个例子。从部分体质性状看，东亚人和科伊桑人有很多相似之处。两者与属于典型尼格罗人种的班图人之间的差异很明显。但是，东亚人和科伊桑人彼此的相似性是相对于班图人而言的，这种相似性并不能证明两者之间有继承关系。更有可能的情况是：这种相似的性状是对所有现代人类的共同始祖人群的古老性状的继承，而班图人的独特性状是源自这个群体对热带气候的适应性变异，属于局部创新。当然，目前我们并不了解东亚地区人类的相关性状的遗传学基础，这些性状对应的基因以及这些基因的起源和扩散过程，还有待进一步研究。

导致东亚地区古代人类骨骼性状出现相似性的第二个原因可能是不同人类种群之间的混血。目前的古DNA证据显示海德堡人的后裔之间都不存在生殖隔离。现有的古DNA证据表明，东亚人群中来自丹人的遗传成分接近痕量(<1%)。但是，极少量的遗传成分的渗入也可能造成表型上的极大变化。例如，EDAR基因就会影响人体多个器官和组织的形态[153]。在现代人类走出非洲并扩散到世界各地之时，当地原有的人类种群已经在当地生存了数十万年。可以推测，古老型人类对现代人类的基因渗入会使现代人类的种群更能够适应当地环境。如前文所述，来自尼人和丹人的基因渗入确实给现代人的生存带来了多方面的好处。虽然目前还不清楚东亚地区古老型人类对现代人的遗传贡献的确切比例和具体基因片段，但这些遗传成分所发挥的生理功能可能是很显著的。从化石角度观察到的东亚地区近120万年以来人类骨骼性状的相似性是无可辩驳地存在的。但自然界中不同起源的生物种群也会具有表型性状上的相似性，这也是很常见的。从遗传学的角度研究决定这些性状的基因以及这些基因的起源与扩散历史，可以为这些问题的最终解决提供证据。

造成东亚地区古代人类骨骼性状出现相似性的第三个原因可能是趋同演化。如前文所述，南亚—东南亚地区热带雨林与非洲东部稀树大草原的生存环境存在着极大的差异[119,120]。如果东亚直立人、早期智人和晚期智人都是经由南亚和东南亚地区扩散而来，那么南亚—东南亚地区热带雨林中的生存环境将会给这些人类种群的基因组施加很大的选择压力，最终导致在某些决定环境适应的基因及其对应的表型上出现由趋同演化带来的相似性。

此外，对阿尔泰山地区丹尼索瓦洞穴中的人类遗骨的古DNA研究显示，**在时间上先后连续地使用同一个遗址的古代人类可能是不同源的**。尼人、丹人和现代人类在不同的时期都使用过丹尼索瓦洞穴。丹尼索瓦洞穴中也出土了现代人的大量活动遗物，只是还没有对骨骼进行古DNA测试。如果单纯从考古学的角度而言，丹尼索瓦洞穴被人类长期使用，留下了持续的考古遗物堆积以及人类化石遗骸。但是这些遗物却是完全不同起源的3个人类种群在不同时期留下的。东亚地区也有相当多的洞穴遗址以及邻近水源的遗址。丹尼索瓦洞穴的现状提示我们在对类似遗址进行分析时需要加以注意：在层位上不间断的人类活动遗物堆积可能并不一定是同一个人群留下的。

M. Karmin等学者在2015年发表了一篇文献，重新计算了整个人类父系Y染色体的分化年代[117]。其研究结果表明，非洲之外现代人的父系CT-M168在约10万年前已经走出非洲，但绝大部分非洲之外的现代人的父系是在约 5 万年前后诞生的。东亚现代人中现存最古老的父系 DE* 的分化年代约为 7.2 万年[154]。M. Karmin 等学者的研究与更早的母系线粒体方面的研究一致[155]。2016 年的两篇文献研究了全世界人群的高精度的全基因组数据，其结果也支持人类走出非洲的年代至少为 10 万年前[113,114]。因此，目前遗传学的数据支持欧亚大陆东部地区可能存在 10 万—5 万年前的现代人类的化石遗骸。

由此可见，现有的化石和 DNA 方面的证据说明，在 10 万—5 万年前，东亚以及东南亚地区同时存在多个人类种群，包括直立人（包括弗洛勒斯人）、早期智人、现代人以及他们的混血后裔。目前，东亚地区已经发现了很多 12 万—5 万年前的人类化石。这些化石具体属于哪一个人类种群，抑或是多个种群的混血后裔，尚有待进一步研究。在不久的将来我们可能会看到很多激动人心的成果。

6.8 东亚人类起源研究的相关展望

有关尼人、丹人和现代人之间复杂混合过程的研究使一些旧有的人类学名词的内涵发生了变化。首先，“智人物种”的概念需要改变。尼人和丹人的基因组数据说明这两种古老型人类在 80 万—60 万年前已经与现代人的始祖发生了分化，但三者之间在近 10 万年前以内仍然可以发生遗传交流。这说明尼人和丹人也包含在“智人物种”这一概念之内，相互之间不存在生殖隔离。其次，一部分“东亚早期智人”可能包含在“丹人”这一古老型人类之中。科学家们推测，广泛分布于南亚、东南亚和东亚地区的早期智人可能都是丹人的亲缘分支。再次，广义的“海德堡人”的概念得到有力的支撑，海德堡人可以被视为智人物种演化的一个中间阶段（约 70 万—40 万年前或更晚），其后主要分化出了尼人、丹人和现代人。

近年来的人类学研究成果极大地拓展了我们对东亚人类起源过程的理解，但同时也引发了一些更具有挑战性的科学研究议题。在未来，如果这些问题（或部分地）得到解决，将为我们长久以来最为关心的问题，即“中华民族以及其他东亚人群的起源”，提供最终答案。这些科学研究议题包括：

1）东亚早期智人的全基因组，特别是父系 Y 染色体和母系线粒体基因组。此类研究将解答这一远古人类种群与现代东亚人群始祖之间的混合历史，并将确定东亚早期智人是否与丹人属于同一个演化分支。另一方面，此类研究将解释东亚早期智人是否是东亚直立人的直系后裔，抑或是从海德堡人或先驱人中分化出来的。此类研究也将为早期智人是否为东亚晚期智人(也就是我们所属于的东亚现代人群)的直系祖先提供最终的答案。

2) 马鹿洞人的全基因组。马鹿洞人的发现本身已经是一个令人惊讶的存在。作为一个其骨骼具有能人和直立人特征但又生活在距今 1.4 万前的种群,马鹿洞人的基因组将揭示东亚地区远古时期不同种类的古人与晚期智人共同存在、相互混合的一段极其重要的历史。

3) 弗洛勒斯人(也称"小矮人")的全基因组。弗洛勒斯人的全基因组将揭示直立人或更早的其他古老型人类在东亚地区的演化历程,也将为东亚直立人或者其他古老型人类是否为东亚晚期智人的直系祖先提供最终的答案。

4) 阿尔泰山以东地区的尼人的全基因组。被认为与尼人直接相关的莫斯特文化的因素(基于勒瓦娄哇技术的石器)在蒙古国,我国新疆地区、华北地区、东北地区以及俄罗斯远东地区都被发现[156,157]。蒙古国东北部出土的 Salkhit Skull 被认为可能是早期智人和晚期智人的混合,而华北的许家窑人被认为混合了尼人的特征。如果能够确认尼人的活动范围已经扩展到了中国北方以及东亚北部,则欧亚大陆东西两侧古人之间交流的广度和深度就远远超出了我们的想象。

5) 10 万—4.5 万年前的晚期智人的基因组。这一时期是晚期智人扩散到东亚地区的关键时期。这一时期的晚期智人的基因组将有助于我们了解东亚地区现代人群的直系祖先的起源和扩散历史。

据了解,有科研机构已经开始对上述提到的部分人骨化石遗骸进行古 DNA 测试。但是,这些化石的年代极其久远,内含的 DNA 可能已经降解到非常短的片段。中国南部和东南亚地区的湿热环境非常不利于古 DNA 的保存。可以预见从这些化石中提取古 DNA 的研究工作将是十分艰难的。

阐明东亚地区人群——特别是中华民族的起源和演化历史,是中国人类学研究者长久以来的目标。这一领域的研究内容很多,在短时间内难以全部完成。化石中古 DNA 的彻底降解和缺乏关键材料等因素可能会使我们关心的某些问题无法得到最终的答案。前路漫漫,道阻且长。我们十分期待与国内外的同行一起为探索这一目标而努力。

参考文献

[1] Green R E, Krause J, Briggs A W, et al. A draft sequence of the Neandertal genome.

Science, 2010, 328(5979): 710 - 722.
[2] Meyer M, Kircher M, Gansauge M T, et al. A high-coverage genome sequence from an archaic Denisovan individual. Science, 2012, 338(6104): 222 - 226.
[3] Hublin J J. Out of Africa: modern human origins special feature: the origin of Neandertals. Proc Natl Acad Sci U S A, 2009, 106(38): 16022 - 16027.
[4] Helmuth H. Body height, body mass and surface area of the Neanderthals. Zeitschrift für Morphologie und Anthropologie, 1998, 82(1): 1 - 12.
[5] Froehle A W, Churchill S E. Energetic competition between Neandertals and anatomically modern humans. PaleoAnthropology, 2009: 96 - 116.
[6] Holloway R L. Volumetric and asymmetry determinations on recent hominid endocasts: Spy I and II, Djebel Ihroud I, and the Sale *Homo erectus* specimens, with some notes on Neanderthal brain size. Am J Phys Anthropol, 1981, 55(3): 385 - 393.
[7] Rightmire G P. Brain size and encephalization in early to Mid-Pleistocene *Homo*. Am J Phys Anthropol, 2004, 124(2): 109 - 123.
[8] Gunz P, Neubauer S, Maureille B, et al. Brain development after birth differs between Neanderthals and modern humans. Curr Biol, 2010, 20(21): R921 - 922.
[9] Pettitt P B. Neanderthal lifecycles: developmental and social phases in the lives of the last archaics. World Archaeol, 2000, 31(3): 351 - 366.
[10] Romagnolia F, Baenad J, Sartie L. Neanderthal retouched shell tools and Quina economic and technical strategies: an integrated behaviour. Quatern Int, 2016, 407: 29 - 44.
[11] Pettitt P. The Palaeolithic Origins of Human Buriad. London: Routledge, 2010: 307.
[12] Stringer C B, Hublin J. New age estimates for the Swanscombe hominid, and their significance for human evolution. J Hum Evol, 1999, 37(6): 873 - 877.
[13] Arsuaga J L, Martinez I, Arnold L J, et al. Neandertal roots: cranial and chronological evidence from Sima de los Huesos. Science, 2014, 344(6190): 1358 - 1363.
[14] Underdown S. A potential role for transmissible spongiform encephalopathies in Neanderthal extinction. Med Hypotheses, 2008, 71(1): 4 - 7.
[15] Houldcroft C J, Underdown S J. Neanderthal genomics suggests a pleistocene time frame for the first epidemiologic transition. Am J Phys Anthropol, 2016, 160(3): 379 - 388.
[16] Mellars P, French J C. Tenfold population increase in Western Europe at the Neandertal-to-modern human transition. Science, 2011, 333(6042): 623 - 627.
[17] Tzedakis P C, Hughen K A, Cacho I, et al. Placing late Neanderthals in a climatic context. Nature, 2007, 449(7159): 20620 - 20628.
[18] Finlayson C. Neanderthal populations during the Late Pleistocene. Quatern Sci Rev, 2008, 27(23 - 24): 2246 - 2252.
[19] Gilpin W, Feldman M W, Aoki K. An ecocultural model predicts Neanderthal

extinction through competition with modern humans. Proc Natl Acad Sci U S A, 2016, 113(8): 2134 - 2139.

[20] Mcdermott F, Grün R, Stringer C B, et al. Mass-spectrometric U-series dates for Israeli Neanderthal/early modern hominid sites. Nature, 1993, 363(6426): 252 - 255.

[21] Benazzi S, Douka K, Fornai C, et al. Early dispersal of modern humans in Europe and implications for Neanderthal behaviour. Nature, 2011, 479(7374): 525 - 528.

[22] Finlayson C, Pacheco F G, Rodriguez-Vidal J, et al. Late survival of Neanderthals at the southernmost extreme of Europe. Nature, 2006, 443(7113): 850 - 853.

[23] Prufer K, Racimo F, Patterson N, et al. The complete genome sequence of a Neanderthal from the Altai Mountains. Nature, 2014, 505(7481): 43 - 49.

[24] Sankararaman S, Mallick S, Dannemann M, et al. The genomic landscape of Neanderthal ancestry in present-day humans. Nature, 2014, 507(7492): 354 - 357.

[25] Vernot B, Akey J M. Complex history of admixture between modern humans and Neandertals. Am J Hum Genet, 2015, 96(3): 448 - 453.

[26] Vernot B, Akey J M. Resurrecting surviving Neandertal lineages from modern human genomes. Science, 2014, 343(6174): 1017 - 1021.

[27] Key F M, Fu Q, Romagne F, et al. Human adaptation and population differentiation in the light of ancient genomes. Nat Commun, 2016, 7: 10775.

[28] Gittelman R M, Schraiber J G, Vernot B, et al. Archaic hominin admixture facilitated adaptation to out-of-Africa environments. Curr Biol, 2016, 26(24): 3375 - 3382.

[29] Ding Q, Hu Y, Xu S, et al. Neanderthal origin of the haplotypes carrying the functional variant Val92Met in the MC1R in modern humans. Mol Biol Evol, 2014, 31(8): 1994 - 2003.

[30] Jacobs L C, Wollstein A, Lao O, et al. Comprehensive candidate gene study highlights UGT1A and BNC2 as new genes determining continuous skin color variation in Europeans. Hum Genet, 2013, 132(2): 147 - 158.

[31] Abi-Rached L, Jobin M J, Kulkarni S, et al. The shaping of modern human immune systems by multiregional admixture with archaic humans. Science, 2011, 334(6052): 89 - 94.

[32] Mendez F L, Watkins J C, Hammer M F. A haplotype at STAT2 introgressed from Neanderthals and serves as a candidate of positive selection in Papua New Guinea. Am J Hum Genet, 2012, 91(2): 265 - 274.

[33] Mendez F L, Watkins J C, Hammer M F. Neandertal origin of genetic variation at the cluster of OAS immunity genes. Mol Biol Evol, 2013, 30(4): 798 - 801.

[34] Deschamps M, Laval G, Fagny M, et al. Genomic signatures of selective pressures and introgression from archaic hominins at human innate immunity genes. Am J Hum Genet, 2016, 98(1): 5 - 21.

[35] Ding Q, Hu Y, Xu S, et al. Neanderthal introgression at chromosome 3p21. 31 was under positive natural selection in East Asians. Mol Biol Evol, 2014, 31(3):

683－695.
[36] Harris K, Nielsen R. The genetic cost of Neanderthal introgression. Genetics, 2016, 203(2): 881－891.
[37] Simonti C N, Vernot B, Bastarache L, et al. The phenotypic legacy of admixture between modern humans and Neandertals. Science, 2016, 351(6274): 737－741.
[38] Consortium S T D, Williams A L, Jacobs S B, et al. Sequence variants in SLC16A11 are a common risk factor for type 2 diabetes in Mexico. Nature, 2014, 506(7486): 97－101.
[39] Dannemann M, Andres A M, Kelso J. Introgression of Neandertal- and Denisovan-like haplotypes contributes to adaptive variation in human toll-like receptors. Am J Hum Genet, 2016, 98(1): 22－33.
[40] Fu Q, Hajdinjak M, Moldovan O T, et al. An early modern human from Romania with a recent Neanderthal ancestor. Nature, 2015, 524(7564): 216－219.
[41] Wall J D, Yang M A, Jay F, et al. Higher levels of Neanderthal ancestry in East Asians than in Europeans. Genetics, 2013, 194(1): 199－209.
[42] Kim B Y, Lohmueller K E. Selection and reduced population size cannot explain higher amounts of Neandertal ancestry in East Asian than in European human populations. Am J Hum Genet, 2015, 96(3): 454－461.
[43] Meyer M, Fu Q, Aximu-Petri A, et al. A mitochondrial genome sequence of a hominin from Sima de los Huesos. Nature, 2014, 505(7483): 403－406.
[44] Clark J D, De Heinzelin J, Schick K D, et al. African *Homo erectus*: old radiometric ages and young Oldowan assemblages in the Middle Awash Valley, Ethiopia. Science, 1994, 264: 1907－1910.
[45] Schick K D, Clark J D. The Acheulean and the Plio-Pleistocene Deposits of the Middle Awash Valley, Ethiopia//The Acheulean and the Plio-Pleistocene Deposits of the Middle Awash Valley, Ethiopia. De Heinzelin J, Clark J D, Schick K D, et al. Tervuren: Musée Royal de l'Afriqe Centrale, 2000: 123－181.
[46] Noonan J P, Coop G, Kudaravalli S, et al. Sequencing and analysis of Neanderthal genomic DNA. Science, 2006, 314(5802): 1113－1118.
[47] Green R E, Krause J, Ptak S E, et al. Analysis of one million base pairs of Neanderthal DNA. Nature, 2006, 444(7117): 330－336.
[48] Meyer M, Arsuaga J L, De Filippo C, et al. Nuclear DNA sequences from the Middle Pleistocene Sima de los Huesos hominins. Nature, 2016, 531(7595): 504－507.
[49] Bermudez De Castro J M, Nicolas M E. Palaeodemography of the Atapuerca-SH Middle Pleistocene hominid sample. J Hum Evol, 1997, 33(2－3): 333－355.
[50] Martinon-Torres M, Bermudez De Castro J M, Gomez-Robles A, et al. Morphological description and comparison of the dental remains from Atapuerca-Sima de los Huesos site(Spain). J Hum Evol, 2012, 62(1): 7－58.
[51] Porat N, Chazan M, Grün R, et al. New radiometric ages for the Fauresmith industry

from Kathu Pan, southern Africa: implications for the Earlier to Middle Stone Age transition. J Archaeol Sci, 2010, 37(2): 269 - 283.
[52] Foley R, Lahr M M. Mode 3 Technologies and the evolution of modern humans. Camb Archaeol J, 1997, 7(1): 3 - 36.
[53] Stringer C B. Out of Africa-a personal history//Origins of anatomically modern humans. Nitecki M H, Nitecki D V. New York: Plenum, 1994: 149 - 172.
[54] Rightmire G P. Human evolution in the Middle Pleistocene: the role of *Homo heidelbergensis*. Evol Anthropol, 1998, 6: 218 - 227.
[55] Mcbrearty S, Brooks A S. The revolution that wasn't: a new interpretation of the origin of modern human behavior. J Hum Evol, 2000, 39(5): 453 - 563.
[56] Reich D, Green R E, Kircher M, et al. Genetic history of an archaic hominin group from Denisova Cave in Siberia. Nature, 2010, 468(7327): 1053 - 1060.
[57] Krause J, Fu Q, Good J M, et al. The complete mitochondrial DNA genome of an unknown hominin from southern Siberia. Nature, 2010, 464: 894 - 897.
[58] Sawyer S, Renaud G, Viola B, et al. Nuclear and mitochondrial DNA sequences from two Denisovan individuals. Proc Natl Acad Sci U S A, 2015, 112(51): 15696 - 700.
[59] Brown S, Higham T, Slon V, et al. Identification of a new hominin bone from Denisova Cave, Siberia using collagen fingerprinting and mitochondrial DNA analysis. Sci Rep, 2016, 6: 23559.
[60] Vernot B, Tucci S, Kelso J, et al. Excavating Neandertal and Denisovan DNA from the genomes of Melanesian individuals. Science, 2016, 352(6282): 235 - 259.
[61] Skoglund P, Jakobsson M. Archaic human ancestry in East Asia. Proc Natl Acad Sci U S A, 2011, 108(45): 18301 - 18306.
[62] Reich D, Patterson N, Kircher M, et al. Denisova admixture and the first modern human dispersals into Southeast Asia and Oceania. Am J Hum Genet, 2011, 89(4): 516 - 528.
[63] Rasmussen M, Guo X, Wang Y, et al. An aboriginal Australian genome reveals separate human dispersals into Asia. Science, 2011, 334(6052): 94 - 98.
[64] Qin P, Stoneking M. Denisovan ancestry in East Eurasian and native American populations. Mol Biol Evol, 2015, 32(10): 2665 - 2674.
[65] Huerta-Sanchez E, Casey F P. Archaic inheritance: supporting high-altitude life in Tibet. J Appl Physiol(1985), 2015, 119(10): 1129 - 1134.
[66] Hackinger S, Kraaijenbrink T, Xue Y, et al. Wide distribution and altitude correlation of an archaic high-altitude-adaptive EPAS1 haplotype in the Himalayas. J Hum Genet, 2016, 135(4): 393 - 402.
[67] Jeong C, Ozga A T, Witonsky D B, et al. Long-term genetic stability and a high-altitude East Asian origin for the peoples of the high valleys of the Himalayan arc. Proc Natl Acad Sci U S A, 2016, 113(27): 7485 - 7490.
[68] Lu D, Lou H, Yuan K, et al. Ancestral origins and genetic history of Tibetan

Highlanders. Am J Hum Genet, 2016, 99(3): 580 - 594.
[69] Lou H, Lu Y, Lu D, et al. A 3.4 - kb copy-number deletion near EPAS1 is significantly enriched in high-altitude Tibetans but absent from the Denisovan sequence. Am J Hum Genet, 2015, 97(1): 54 - 66.
[70] Wall J D, Lohmueller K E, Plagnol V. Detecting ancient admixture and estimating demographic parameters in multiple human populations. Mol Biol Evol, 2009, 26(8): 1823 - 1827.
[71] Plagnol V, Wall J D. Possible ancestral structure in human populations. PLoS Genet, 2006, 2(7): e105.
[72] Garrigan D, Mobasher Z, Kingan S B, et al. Deep haplotype divergence and long-range linkage disequilibrium at xp21.1 provide evidence that humans descend from a structured ancestral population. Genetics, 2005, 170(4): 1849 - 1856.
[73] Hammer M F, Woerner A E, Mendez F L, et al. Genetic evidence for archaic admixture in Africa. Proc Natl Acad Sci U S A, 2011, 108(37): 15123 - 15128.
[74] Lachance J, Vernot B, Elbers C C, et al. Evolutionary history and adaptation from high-coverage whole-genome sequences of diverse African hunter-gatherers. Cell, 2012, 150(3): 457 - 469.
[75] Hsieh P, Woerner A E, Wall J D, et al. Model-based analyses of whole-genome data reveal a complex evolutionary history involving archaic introgression in Central African Pygmies. Genome Res, 2016, 26(3): 291 - 300.
[76] Rogers A R, Bohlender R J. Bias in estimators of archaic admixture. Theor Popul Biol, 2015, 100C: 63 - 78.
[77] Fu Q, Meyer M, Gao X, et al. DNA analysis of an early modern human from Tianyuan Cave, China. Proc Natl Acad Sci U S A, 2013, 110(6): 2223 - 2227.
[78] Evans P D, Mekel-Bobrov N, Vallender E J, et al. Evidence that the adaptive allele of the brain size gene microcephalin introgressed into *Homo sapiens* from an archaic *Homo* lineage. Proc Natl Acad Sci U S A, 2006, 103(48): 18178 - 18183.
[79] Semaw S, Renne P, Harris J W, et al. 2. 5 - million-year-old stone tools from Gona, Ethiopia. Nature, 1997, 385(6614): 333 - 336.
[80] Semaw S, Rogers M J, Quade J, et al. 2.6 - Million-year-old stone tools and associated bones from OGS-6 and OGS-7, Gona, Afar, Ethiopia. J Hum Evol, 2003, 45(2): 169 - 177.
[81] Bordes F. Typologie du Paléolithique ancien et moyen. Bordeaux: Imprimerie Delmas, 1961.
[82] Binford L R, Binford S R. A preliminary analysis of functional variability in the Mousterian of Levallois Facies. Am Anthropol, 1966, 68: 238 - 295.
[83] Clark G. World Prehistory: a New Outline. 2. Cambridge: Cambridge University Press, 1969.
[84] 李锋. 石叶概念探讨. 人类学学报, 2012, 31(1): 41 - 50.

[85] Shea J J, Lithic Modes A I. A new framework for describing global-scale variation in stone tool technology illustrated with evidence from the East Mediterranean Levant. J Archaeol Meth The, 2013, 20(1): 151 - 186.
[86] Shea J J. Sink the Mousterian? Named stone tool industries(NASTIES) as obstacles to investigating hominin evolutionary relationships in the Later Middle Paleolithic Levant. Quatern Int, 2014, 350: 169 - 179.
[87] Movius H L J. The Lower Paleolithic Cultures of Southern and Eastern Asia, Transactions of the American Philosophical Society, new series, Vol. 38, Part 4, Philadelphia: The American Philosophical Society, 1949: 329 - 420.
[88] Gamble C, Marshall G. The shape of handaxes, the structure of the Acheulian world//Milliken S, Cook J. A very remote period indeed: papers on the Palaeolithic presented to Derek Roe. Oxford: Oxbow, 2001: 19 - 27.
[89] Zhu R X, Potts R, Xie F, et al. New evidence on the earliest human presence at high northern latitudes in Northeast Asia. Nature, 2004, 431(7008): 559 - 562.
[90] 高星,张晓凌,杨东亚,等.现代中国人起源与人类演化的区域性多样化模式.中国科学: 地球科学 2010,40(9): 1287 - 1300.
[91] 高星.更新世东亚人群连续演化的考古证据及相关问题论述.人类学学报,2014,33(3): 237 - 253.
[92] Lepre C J, Roche H, Kent D V, et al. An earlier origin for the Acheulian. Nature, 2011, 477(7362): 82 - 85.
[93] Beyene Y, Katoh S, Woldegabriel G, et al. The characteristics and chronology of the earliest Acheulean at Konso, Ethiopia. Proc Natl Acad Sci U S A, 2013, 110(5): 1584 - 1591.
[94] Diez-Martin F, Sanchez Yustos P, Uribelarrea D, et al. The origin of the Acheulean: the 1.7 million-year-old site of FLK West, Olduvai Gorge(Tanzania). Sci Rep, 2015, 5: 17839.
[95] Klein R G. The Human Career: Human Biological and Cultural Origins. 3rd. Chicago: University of Chicago Press, 2009: 1024.
[96] Rightmire P G. The human cranium from Bodo, Ethiopia: evidence for speciation in the Middle Pleistocene? J Hum Evol, 1996, 31(1): 21 - 39.
[97] Lycett S J, Gowlett J a J. On questions surrounding the Acheulean "tradition". World Archaeol, 2008, 40(3): 295 - 315.
[98] Chauhan P R. Comment on "Lower and Early Middle Pleistocene Acheulian in the Indian sub-continent". Quatern Int, 2010, 223 - 224: 248 - 259.
[99] Pappu S, Gunnell Y, Akhilesh K, et al. Early Pleistocene presence of Acheulian hominins in South India. Science, 2011, 331(6024): 1596 - 1599.
[100] Dennell R. Life without the Movius Line: the structure of the East and Southeast Asian Early Palaeolithic. Quatern Int, 2016, 400: 14 - 22.
[101] Sun X, Lu H, Wang S, et al. Ages of Liangshan Paleolithic Sites in Hanzhong

Basin, Central China. Quat Geochronol, 2012, 10: 380 - 386.

[102] 王社江,鹿化煜.秦岭地区更新世黄土地层中的旧石器埋藏与环境.中国科学: 地球科学,2016,46(7): 881 - 890.

[103] Lycett S J, Norton C J. A demographic model for Palaeolithic technological evolution: the case of East Asia and the Movius Line. Quatern Int, 2010, 211(1 - 2): 55 - 65.

[104] Martín-Francés L, Martinón-Torres M, Lacasa-Marquina E, et al. Palaeopathology of the Pleistocene specimen D2600 from Dmanisi (Republic of Georgia). Comptes Rendus Palevol, 2014, 13(3): 189 - 203.

[105] Herries A I. A chronological perspective on the Acheulian and its transition to the Middle Stone Age in Southern Africa: the question of the Fauresmith. Inter J Evol Biol, 2011, 2011: 1 - 25.

[106] Whit M, Ashton N, Scott B. The Emergence, Diversity and Significance of Mode 3 (Prepared Core) Technologies//Ashton N, Lewis S G, Stringer C. The Ancient Human Occupation of Britain. Amsterdam: Elsevier, 2011: 53 - 65.

[107] Brantingham P J, Olsen J W, Rech J A, et al. Raw material quality and prepared core technologies in Northeast Asia. J Archaeol Sci, 2000, 27(3): 255 - 271.

[108] Lombard M. Thinking through the Middle Stone Age of sub-Saharan Africa. Quatern Int, 2012, 270: 140 - 155.

[109] Underhill D. The study of the fauresmith: a review. South African Archaeological Bulleti, 2011, 66(193): 15 - 26.

[110] Phillipson D W. African Archaeology. 3. Cambridge: Cambridge University Press, 2005: 406.

[111] Mcdermott F, Grun R, Stringer C B, et al. Mass-spectrometric U-series dates for Israeli Neanderthal/early modern hominid sites. Nature, 1993, 363 (6426): 252 - 255.

[112] Stringer C B, Grun R, Schwarcz H P, et al. ESR dates for the hominid burial site of Es Skhul in Israel. Nature, 1989, 338(6218): 756 - 758.

[113] Mallick S, Li H, Lipson M, et al. The Simons Genome Diversity Project: 300 genomes from 142 diverse populations. Nature, 2016, 538(7624): 201 - 206.

[114] Pagani L, Lawson D J, Jagoda E, et al. Genomic analyses inform on migration events during the peopling of Eurasia. Nature, 2016, 538(7624): 238 - 242.

[115] Shea J J. Neandertals, competition, and the origin of modern human behavior in the Levant. Evol anthropol, 2003, 12(4): 173 - 187.

[116] Bar-Yosef O, Arnold M, Mercier N, et al. The dating of the upper Paleolithic layers in Kebara Cave, Mt Carmel. J Archaeol Sci, 1996, 23(2): 297 - 306.

[117] Karmin M, Saag L, Vicente M, et al. A recent bottleneck of Y chromosome diversity coincides with a global change in culture. Genome Res, 2015, 25 (4): 459 - 466.

[118] Harisson T. Present status and problems for Paleolithic studies in Borneo and Admacent Islands//Ikawa-Smith F. Early Paleolithic in South and East Asia. The Hague：Mouton Publishers，1978：37－57.
[119] Brumm A. The Movius Line and the bamboo hypothesis：early hominin stone technology in Southeast Asia. Lithic Technol，2010，35(1)：7－24.
[120] Pope G G. Bamboo and human evolution. Nat Hist，1989，10：49－56.
[121] Jian L，Shannon C. Rethinking early Paleolithic typologies in China and India. J East Asian Archaeol，2000，2(1)：9－35.
[122] Dennell R. The Palaeolithic Settlement of Asia. Cambridge：Cambridge University Press，2009：572.
[123] Von Cramon-Taubadel N，Lycett S J. Human cranial variation fits iterative founder effect model with African origin. Am J Phys Anthropol，2008，136(1)：108－113.
[124] 陈淳.旧石器研究：原料、技术及其他.人类学学报，1994，15(3)：268－275.
[125] Lordkipanidze D. Chapter 3－The History of Early Homo A2//Tibayrenc，Michel，Ayala F J. On Human Nature. San Diego：Academic Press，2017：45－54.
[126] Kramer A，Donnelly S M，Kidder J H，et al. Craniometric variation in large-bodied hominoids：testing the single-species hypothesis for Homo habilis. J Hum Evol，1995，29(5)：443－462.
[127] Curnoe D. A review of early *Homo* in Southern Africa focusing on cranial，mandibular and dental remains，with the description of a new species (*Homo gautengensis* sp. *nov.*). J Compar Hum Biol，2010，61(3)：151－177.
[128] Carotenuto F，Tsikaridze N，Rook L，et al. Venturing out safely：The biogeography of *Homo erectus* dispersal out of Africa. J Hum Evol，2016，95：1－12.
[129] Gilbert W H，White T D，Asfaw B. *Homo erectus*，*Homo ergaster*，*Homo* "*cepranensis*，" and the Daka cranium. J Hum Evol，2003，45(3)：255－259.
[130] Lieberman D E，Wood B A，Pilbeam D R. Homoplasy and early *Homo*：an analysis of the evolutionary relationships of *H. habilis* sensu stricto and *H. rudolfensis*. J Hum Evol，1996，30(2)：97－120.
[131] Zhu R X，Potts R，Pan Y X，et al. Early evidence of the genus *Homo* in East Asia. J Hum Evol，2008，55(6)：1075－1085.
[132] Hyodo M，Nakaya H，Urabe A，et al. Paleomagnetic dates of hominid remains from Yuanmou，China，and other Asian sites. J Hum Evol，2002，43(1)：27－41.
[133] Zaim Y，Ciochon R L，Polanski J M，et al. New 1.5 million-year-old *Homo erectus* maxilla from Sangiran (Central Java，Indonesia). J Hum Evol，2011，61(4)：363－376.
[134] Swisher C C，Rink W J，Antón S C，et al. Latest *Homo erectus* of Java：potential contemporaneity with *Homo sapiens* in Southeast Asia. Science，1996，274(5294)：1870－1874.
[135] Kaifu Y，Baba H，Sutikna T，et al. Craniofacial morphology of *Homo floresiensis*：

description, taxonomic affinities, and evolutionary implication. J Hum Evol, 2011, 61(6): 644 - 82.

[136] Argue D, Donlon D, Groves C, et al. *Homo floresiensis*: microcephalic, pygmoid, Australopithecus, or *Homo*? J Hum Evol, 2006, 51(4): 360 - 374.

[137] Simpson S W. Early Pleistocene *Homo* A2//Muehlenbein, Michael P. Basics in Human Evolution. Boston: Academic Press, 2015: 143 - 161.

[138] Baab K L. The taxonomic implications of cranial shape variation in *Homo erectus*. J Hum Evol, 2008, 54(6): 827 - 847.

[139] Chaline J. Increased cranial capacity in hominid evolution and preeclampsia. J Reprod Immunol, 2003, 59(2): 137 - 152.

[140] Bermúdez-De-Castro J M, Martinón-Torres M, Martín-Francés L, et al. *Homo antecessor*: the state of the art eighteen years later. Quatern Int, 2017, 433(Part A): 22 - 31.

[141] Carretero J M, Lorenzo C, Arsuaga J L. Axial and appendicular skeleton of *Homo antecessor*. J Hum Evol, 1999, 37(3): 459 - 499.

[142] Vialet A, Guipert G, Jianing H, et al. *Homo erectus* from the Yunxian and Nankin Chinese sites: anthropological insights using 3D virtual imaging techniques. Comptes Rendus Palevol, 2010, 9(6 - 7): 331 - 339.

[143] Rightmire G P. Out of Africa: modern human origins special feature: middle and later Pleistocene hominins in Africa and Southwest Asia. Proc Natl Acad Sci U S A, 2009, 106(38): 16046 - 16050.

[144] Gomez-Robles A, Bermudez De Castro J M, Arsuaga J L, et al. No known hominin species matches the expected dental morphology of the last common ancestor of Neanderthals and modern humans. Proc Natl Acad Sci U S A, 2013, 110(45): 18196 - 18201.

[145] Mounier A, Caparros M. The phylogenetic status of *Homo heidelbergensis* — a cladistic study of Middle Pleistocene hominins. Bull Mem Soc Anthropol. Paris, 2015, 27: 110 - 134.

[146] Mounier A, Mirazon Lahr M. Virtual ancestor reconstruction: revealing the ancestor of modern humans and Neandertals. J Hum Evol, 2016, 91: 57 - 72.

[147] Basell L S. Middle Stone Age(MSA) site distributions in Eastern Africa and their relationship to Quaternary environmental change, refugia and the evolution of *Homo sapiens*. Quaternary Sci Rev, 2008, 27(27 - 28): 2484 - 2498.

[148] White T D, Asfaw B, Degusta D, et al. Pleistocene *Homo sapiens* from Middle Awash, Ethiopia. Nature, 2003, 423(6941): 742 - 747.

[149] 吴新智.陕西大荔县发现的早期智人古老类型的一个完好头骨.中国科学：数学, 1981(2): 74 - 80,131 - 132.

[150] Curnoe D, Xueping J, Herries A I, et al. Human remains from the Pleistocene-Holocene transition of Southwest China suggest a complex evolutionary history for

East Asians. PLoS One，2012，7(3)：e31918.

[151] Meng Q J，Ji Q，Zhang Y G，et al. Mammalian evolution：an arboreal docodont from the Jurassic and mammaliaform ecological diversification. Science，2015，347(6223)：764 - 768.

[152] Luo Z X，Meng Q J，Ji Q，et al. Mammalian evolution：evolutionary development in basal mammaliaforms as revealed by a docodontan. Science，2015，347(6223)：760 - 764.

[153] Kamberov Y G，Wang S，Tan J，et al. Modeling recent human evolution in mice by expression of a selected EDAR variant. Cell，2013，152(4)：691 - 702.

[154] Shi H，Zhong H，Peng Y，et al. Y chromosome evidence of earliest modern human settlement in East Asia and multiple origins of Tibetan and Japanese populations. BMC Biol，2008，6：45.

[155] Behar D M，Van Oven M，Rosset S，et al. A "Copernican" reassessment of the human mitochondrial DNA tree from its root. Am J Hum Genet，2012，90(4)：675 - 684.

[156] 陈宥成，曲彤丽."勒瓦娄哇技术"源流管窥.考古，2015，2：71 - 78.

[157] 李浩.中国旧石器时代早、中期石器技术多样性研究的新进展.人类学学报，2018，37(4)：602 - 612.

索　引

G

H

J

K

L

M

N

P

Q

R

S

T

W

X

Y

Z

作 者 简 介

韦兰海（1984—），内蒙古师范大学民族学人类学学院教授。毕业于复旦大学，获人类生物学博士学位。曾任职于厦门大学社会学与人类学学院。主要研究领域为人类遗传学、民族学人类学、历史人类学和语言人类学等。发表中英文论文20余篇，出版专著两部。

李辉（1978—），复旦大学生命科学学院教授、博士生导师，现代人类学教育部重点实验室主任，亚洲人文与自然研究院院士，复旦大同中华民族寻根工程研究院院长，中国人类学民族学研究会常任理事，中国人类学学会理事，上海人类学学会常务副会长。主要研究分子人类学，从DNA探索人类起源与文明肇始，被*Science*以《复活传奇》为题专版报道，应邀在联合国总部做文明起源报告。在*Science*、*Nature*、*PNAS*等期刊发表论文290多篇。出版《Y染色体与东亚族群演化》《人类起源与迁徙之谜》等科技著作，《岭南民族源流史》等史学著作，《茶道经译注》《道德经古本合订》等哲学著作，《自由而无用的灵魂》《谷雨》等文学著作，翻译过《夏娃的七个女儿》等科学名著。

金力(1963—),中国科学院院士,复旦大学校长、教授、博士生导师。德国马普学会外籍会员、中国遗传学会副理事长。主要研究方向为医学遗传学及遗传流行病学、人类群体遗传学和计算生物学。近年来承担多项国家重点研发计划、国家科技支撑重点项目、国家自然科学基金委创新群体、上海市市级科技重大专项等研究项目,在 *Nature*、*Science*、*Cell* 等国际重要学术刊物发表论文 800 多篇。任 *Phenomics* 杂志主编,牵头发起人类表型组国际大科学计划。获国际人类基因组组织(HUGO)卓越科学成就奖、国家自然科学二等奖(2 次,第一完成人)、谈家桢生命科学成就奖、何梁何利基金科技进步奖等奖励。